Len Howard • Alle Vögel meines Gartens

Len Howard

Alle Vögel meines Gartens

Mit einem Vorwort
von Stephen Moss

Aus dem Englischen
von Ulrike Kretschmer

btb

INHALT

VORWORT

Als ich das erste Mal von *Alle Vögel meines Gartens*, verfasst von Len Howard, hörte, nahm ich leichtsinnigerweise sofort an, das Buch wäre von einem Mann geschrieben. Später fand ich heraus, dass Len schlicht die Kurzform von Gwendolen war, dem eigentlichen Vornamen der Autorin. Allerdings frage ich mich, ob Howard, ähnlich wie George Eliot, die auf den Namen Mary Ann Evans getaufte Schriftstellerin aus dem 19. Jahrhundert, die männlicher klingende Kurzform bewusst wählte. Vielleicht war das ihre Art, dem allgegenwärtigen Klima des Sexismus, das zu ihren Lebzeiten und darüber hinaus gegenüber Autorinnen herrschte, aus dem Weg zu gehen.

Eine Zeitgenossin von Howard, die Naturforscherin und Schriftstellerin S. Vere Benson, benutzte ebenfalls nie ihren Vornamen (Stephana) und wurde ebenfalls häufig für einen Mann gehalten. Vere Bensons bekanntestes Buch, *The Observer's Book of Birds*, erschienen 1937 und stieg zum Bestseller unter den Vogelbüchern des 20. Jahrhunderts auf. Für mich und viele andere meiner Generation war es das erste Vogelbestimmungsbuch überhaupt.

Len Howard war ein solcher Welterfolg oder Ruhm

nicht vergönnt. Ihre beiden veröffentlichten Werke (diesem, *Alle Vögel meines Gartens*, aus dem Jahr 1952 folgte vier Jahre später *Living with Birds*) erreichten lediglich bescheidene Verkaufszahlen und wurden von der Presse wenig beachtet. Eine bemerkenswerte Ausnahme bildet eine anonyme Rezension aus der Zeitschrift *The Spectator*, in der es heißt: »Miss Howards Buch über Vogelbeobachtung ist das außergewöhnlichste, das ich je gelesen habe.«

In ihrem 2023 erschienenen Buch *Beastly: The Epic 40 000-Year Story of Animals and Us* räumt Keggie Carew Howards Leben und Arbeit einen angemessenen Platz ein. Sie ist der Meinung, Howards detaillierten Langzeitstudien aus nächster Nähe ist nie wirklich die Anerkennung zuteilgeworden, die sie verdienen, trotz ihrer erstaunlichen Ergebnisse und der Originalität ihrer Herangehensweise: Eine ihrer Kohlmeisen wurde neun Jahre alt, was den Glauben widerlegt, Kohlmeisen hätten mit viel Glück vielleicht drei Jahre zu leben. Ihr musikalisch geschultes Ohr war das perfekte Instrument, um selbst die kleinsten Veränderungen im Tonfall der Tiere wahrzunehmen, und ihr entging auch nicht die minimalste Nuance im Verhalten der Vögel.

Möglicherweise gibt es noch einen anderen Grund, warum Howards Bücher keine Bestseller wurden. Im Gegensatz zu heute, da sich die Tische in den Buchhandlungen unter der Last der neuesten »Nature Writing«-Bände biegen, war die Nachkriegsära – und eigentlich auch der Großteil der zweiten Hälfte des letzten Jahrhunderts – nicht unbedingt das goldene Zeitalter der Naturbeschreibung.

Zwar gab es jede Menge wissenschaftliche Abhandlungen – darunter auch die berühmte »New Naturalist«-Reihe, ebenfalls von Howards Verleger Collins herausgegeben und ungeheuer beliebt bei Leserinnen und Lesern der Nachkriegszeit, die mehr über die Natur wissen wollten. Zudem wurden in dieser Zeit auch die ersten echten Naturführer veröffentlicht, etwa die »Bibel der Vogelbeobachter«, der *Field Guide to the Birds of Britain and Europe* (auch bei Collins). Aber Werke, die wir heute als erzählende Sachbücher bezeichnen würden – Erzählungen mit der Autorin oder dem Autor im Mittelpunkt –, waren dünn gesät.

Der lebende Berg beispielsweise wurde zwar schon in den 1940er-Jahren geschrieben – von Nan Shepherd, ebenfalls beinahe eine Zeitgenossin Howards –, aber erst 1977 veröffentlicht, kurz vor dem Tod der Verfasserin. Das zeigt, wie sehr Len Howard ihrer Zeit tatsächlich voraus war.

Erst in den frühen Jahren des aktuellen Jahrhunderts erlangten weibliche Nature Writer endlich den längst verdienten gleichen Rang wie ihre männlichen Kollegen. Die lange Ausgeschlossenen dominierten das Genre schon bald: Nun führen Werke wie *H wie Habicht* von Helen Macdonald, *The Outrun* (dt. *Nachtlichter*) von Amy Liptrot und *Wilding* (dt. *Wildes Land*) von Isabella Tree die Bestsellerlisten an und gewinnen eine literarische Auszeichnung nach der anderen.

Ganz gewiss unterscheidet sich *Alle Vögel meines Gartens* sehr vom heutigen Nature Writing. Es liest sich wie eine Mischung aus Tagebuch und Lehrbuch: Die Prosa ist schnörkellos, der Ton forsch, die Herangehensweise nüchtern. Tatsächlich fühlt man sich als Leser mitunter wie von einer ziemlich strengen, wenngleich zutiefst kundigen Lehrerin geschulmeistert.

Und obwohl Howard uns Einblick in ihr häusliches

Leben gewährt (insbesondere in Schmutz und Unordnung, die sich aus dem Einlassen wilder Geschöpfe in ihr Cottage ergeben), ist dies doch stets den Vögeln selbst untergeordnet, die das Herz ihrer Beschreibungen ausmachen. Der Umgang mit ihnen hat ihr offensichtlich großes Vergnügen bereitet, und trotzdem legt sie den Fokus nie auf ihre eigenen innersten Gedanken und Gefühle, sondern immer auf das Leben und Verhalten der einzelnen Vögel.

Das ist nur einer von mehreren Aspekten, die ihre Bücher so interessant und wertvoll machen, heute, mehr als siebzig Jahre nachdem sie geschrieben und veröffentlicht wurden.

*

Len Howard kam 1894 gegen Ende von Königin Victorias langer Regentschaft in Wallington, Surrey, zur Welt und wuchs in einer literarisch und generell kulturell gebildeten Familie auf – ihr Vater, (Henry) Newman Howard, war Dichter und Dramatiker. Schon von Kindesbeinen an zeigte Howard musikalisches Talent: Nach dem Abgang von der Schule gab sie Musikunterricht, spielte Bratsche im Orchester und organisierte Konzerte für Kinder aus armen und sozial benachteiligten Verhältnissen.

1938, ein Jahr vor Beginn des Zweiten Weltkriegs, kaufte Howard eine Parzelle Land nicht weit von Ditchling, einem Dorf in Sussex, auf den South Downs nördlich von Brighton. Hier baute sie sich ein kleines Haus, das sie Bird Cottage nannte und in dem sie für die restlichen drei Jahrzehnte ihres Lebens lebte.

Bis zu diesem Umzug nach Sussex – da war sie schon

Mitte vierzig – hatte sie sich nicht besonders für die spezifischen Details des Vogelverhaltens interessiert, wie sie selbst zugibt:

> *Als ich in Bird Cottage einzog, hatte ich vorher nie Gelegenheit gehabt, das Verhalten von Vögeln selbst zu studieren, wenngleich mir die Londoner Bibliotheken natürlich ausgiebig Zugang zu Literatur über Vögel gewährten. […] ich [erwartete] Intelligenz im Verhalten der Tiere nur in Maßen […]*

Doch eines Frühlingsmorgens, nur drei Monate nach ihrem Einzug, veränderte ein einziger Vorfall den Verlauf von Len Howards weiterem Leben. Sie war gerade mit alltäglichen Aufgaben des Haushalts beschäftigt, als eine Blaumeise zur offenen Tür hereingeflogen kam:

> *Sie flatterte aufgeregt vor mir herum, ihre Augen fest an meine geheftet, und rief so jämmerlich, wie ich nie zuvor eine Blaumeise hatte rufen hören. Mir war sofort klar, dass hier etwas nicht stimmte und sie mich um meine Hilfe bat.*

Howard ging nach draußen, um nachzuforschen, und entdeckte, dass das Nest der Blaumeisen mitsamt einem Dutzend winziger Eier aus dem Nistkasten gerissen worden war, vermutlich von einer Katze aus der Nachbarschaft. Sie verlor keine Zeit, sammelte Nistmaterial und Eier auf und legte alles vorsichtig zurück in den Kasten. Zu ihrer Überraschung schlüpfte die gesamte Brut zehn Tage später und wurde schließlich auch erfolgreich flügge.

Sie schlussfolgerte, dass der Vogel in Not sie absichtlich um Hilfe gebeten hatte – eine schamlos vermenschlichende Schlussfolgerung, wie sie wiederum selbst zugab: Howard legte dem ungewöhnlichen Vogelverhalten menschliche Emotionen zugrunde. Und sie ging noch weiter: Sie gab ihren Vögeln Namen, damit sie sich besser an die einzelnen Individuen erinnern konnte. Sie riss die Barrieren zwischen sich und der Natur nieder, indem sie ein »offenes Haus« für die Vögel schuf, wie Keggie Carew anmerkt:

> *Wollten die Kohlmeisen an ihrer Butter picken, was normalerweise verboten war, sahen sie zuerst die Butter, dann Howard und dann wieder die Butter an. Redete sie ihnen gut zu und sagte: »Na, kommt schon«, bedienten sie sich; sagte sie streng: »Nein«, hielten sie sich fern. Und ein wütendes »Nein!« ließ sie für gewöhnlich zum Fenster fliehen.*

Jeder, der schon einmal einen Hund hatte, wird mit dieser Art von Mensch-Tier-Dynamik vertraut sein, allerdings erlangte Howard sie, ähnlich wie der österreichische Zoologe Konrad Lorenz, mit wilden – oder, akkurater ausgedrückt, an den Menschen gewöhnten – Vögeln.

Trotzdem standen die Wissenschaftler damals – und stehen vielleicht auch heute noch – ihrer formlosen und anscheinend rein willkürlichen Herangehensweise höchst misstrauisch gegenüber. Oder, wie Julian Huxley, seinerzeit einer der führenden Evolutionsbiologen Großbritanniens, gegen Ende seines Vorworts zu Howards Buch schrieb:

Miss Howard erwartet sicher nicht, dass professionelle Biologen all ihren Schlussfolgerungen uneingeschränkt zustimmen. Dennoch können sie dankbar für die Fakten sein – und ich persönlich kann bezeugen, wie kurzweilig und informativ die Lektüre ihres Buchs ist.

Trotz dieses Hauchs von Skepsis lobte Huxley Howard für ihre außerordentlich detaillierten Beobachtungen. Indem sie das Vertrauen der Vögel in ihrem Garten gewann und diese die angeborene Angst vor ihr verloren, konnte sie »in die Geheimnisse des Vogellebens eingeweiht werden und den Grad seiner Intelligenz erkunden«, wie Huxley anmerkte.

Dass sie den Vögeln sowohl während des Kriegs als auch danach sogar einen Teil ihrer mageren Essenszuteilungen gewährte – die Rationierung hielt noch bis in die frühen 1950er-Jahre hinein an –, zeugt von der Hingabe Howards an ihre gefiederten Freunde. Sie wurde belohnt: Schon bald verloren die Vögel ihre Angst vor dem Menschen – genauer: vor ihr –, was es ihr wiederum ermöglichte, tiefe Einblicke in ihr Leben zu gewinnen, Einblicke, die nur wenigen anderen je gelungen sind.

Um dieses Vertrauen aufrechtzuerhalten, wurde sie zu einer Art Einsiedlerin und gestattete es Besuchern nur selten, das Cottage zu betreten. Sie stellte sogar ein typisch unverblümtes Warnschild auf, um zufällige Passanten abzuschrecken:

KEINE BESUCHER
NISTENDE VÖGEL
HIER MUSS RUHE HERRSCHEN

Wenn sie doch einmal jemanden zögerlich in ihre heiligen Hallen ließ, meist aus rein praktischen Gründen, wurden die Gäste reich belohnt, wie sie im Eröffnungskapitel ihres Buchs erzählt:

Da fallen mir immer die Worte eines Elektrikers ein, der sich um die Anschlüsse in meinem Cottage in Sussex gekümmert hat. Verblüfft war er vor meiner Haustür stehen geblieben, als unzählige Vögel von den Bäumen heruntergeflogen kamen und sich auf mir niederließen [...], mit einem Mal hatte sich seine ganze Haltung verändert: Sein Gesicht strahlte, seine Augen leuchteten, und er murmelte unablässig: »Wie schön!«

Als sich ihre Beziehung zu den Vögeln vertiefte, begann Howard, die Theorie zu entwickeln, ihr Verhalten sei nicht rein instinktgesteuert, sondern hinge auch von der Intelligenz des jeweiligen Vogels ab.

Mit dieser Erkenntnis war sie nicht allein: Zwei ausgesprochen bedeutende Ornithologen, Alexander Skutch und Bernd Heinrich, kamen ebenfalls zu der Überzeugung, Vögel handelten nicht ausschließlich rein automatisch und seien weitaus intelligenter, als wir für gewöhnlich glauben. Jeder der beiden veröffentlichte gut besprochene Bücher – Skutch *The Minds of Birds* (1996) und Heinrich *Mind of the Raven* (1999), dt. *Die Weisheit der Raben*. In diesen Büchern finden sich zahlreiche Beispiele komplexer Verhaltensmerkmale, die unsere Vorstellung vom »Spatzenhirn« ziemlich alt aussehen lassen.

In meinen Augen werden die faszinierenden Fragen hinsichtlich der Vogelintelligenz, die Len Howard in ihren Büchern aufwirft, jedoch von etwas weitaus Einfacherem und trotzdem Dringlicherem noch in den Schatten gestellt: der Tatsache, dass die Populationen so vieler einst weitverbreiteter Arten so drastisch zurückgegangen sind, seit Howard in den 1950er-Jahren mit ihren Beobachtungen begann.

Meine eigene Leidenschaft für Vögel hat ihre Wurzeln etwa zehn Jahre später, zu dieser Zeit war ich noch ein Kind. Deshalb beschäftigen mich die Statusveränderungen, die die gefiederten Besucher ihres Gartens in Sussex und der unmittelbaren Umgebung seit damals in nur zwei Generationen erfahren haben.

Mehrere Spezies, die zu Howards Zeit noch weitverbreitet waren, sind mittlerweile entweder sehr selten geworden oder aus Sussex sowie aus dem Großteil des restlichen Südostenglands praktisch verschwunden. Sie schreibt von einem Grauschnäpperpaar, das gleich vor ihrem Fenster nistet; von Scharen nicht nur von Haus-, sondern auch von Feldsperlingen; von Grauammern und Mehlschwalben – deren Zahlen allesamt dramatisch gesunken sind. Auch Vögel, die einst so häufig vorkamen, dass sie unauslöschlich mit der Folklore, Kultur und Literatur unserer Nation verwoben sind – insbesondere Kuckuck und Nachtigall –, sind in weiten Teilen des englischen Tieflands ebenfalls nicht mehr zu finden.

Warum das so ist, wissen wir alle. Der erschreckende Rückgang an Insekten ist in erster Linie das Ergebnis der modernen industriellen Landwirtschaft, wie auch die Arbeit von Professor Dave Goulson an der University of Sussex belegt. Dazu die infolge des Klimawandels immer unvorhersehbareren Wettermuster, die häufigere Dürren, Überschwemmungen und andere extreme Wetterereignisse mit sich bringen.

Alles zusammen dezimiert dies die Populationen der Vögel, die wir früher für selbstverständlich gehalten haben, zu einem bloßen Überbleibsel dessen, was Len Howard kannte und woran sie sich erfreute. Die von ihr Mitte des 20. Jahrhunderts in einem einzigen Garten festgehaltene Anzahl gewöhnlicher Vögel führt uns lebhaft vor Augen, wie wenige von ihnen es noch gibt. Dieser dramatische Kontrast zwischen damals und heute ist vielleicht das größte Vermächtnis ihrer Tagebücher und Beobachtungen.

Gwendolen Howard starb in Bird Cottage, am 5. Januar 1973, in ihrem achtzigsten Lebensjahr. Für beinahe ein halbes Jahrhundert danach war sie mehr oder weniger vergessen. Doch im Laufe der vergangenen zehn Jahre wurden ihre Bücher und Artikel wiederentdeckt und werden nun von einer neuen Generation Nature Writer gefeiert.

Dank dieser neuen Ausgabe kann Len Howards Arbeit nun von allen Natur- und Literaturinteressierten gelesen werden. Und ich bin mir sicher, dass die Lektüre dieser außergewöhnlichen Berichte und Beobachtungen über unsere vertrauten und doch immer wieder aufs Neue faszinierenden Gartenvögel Ihnen große Freude bereiten wird.

Stephen Moss, 2024

Stephen Moss ist ein englischer Naturforscher, Autor und Rundfunksprecher. Er ist leitender Dozent für kreatives Schreiben an der Bath Spa University. Auf Deutsch erschienen von ihm die hoch gelobten Sachbücher *Über die Schwalbe* und *Wie zehn Vögel die Welt veränderten*.

Teil 1

Vogelverhalten

· KAPITEL 1 ·

Einleitung: Vertrauen, Vernunft und intelligentes Verhalten

An meinen halb zahmen Vögeln haben schon sehr viele Menschen Interesse gezeigt. Häufig halten Fremde, die mich mit einem Vogel auf der Hand erblicken, auf der Straße an und fragen mich, wie es kommt, dass er so zutraulich da sitzen bleibt. Wird es in dieser »besseren Welt«, die derzeit für zukünftige Generationen vorgesehen ist, noch immer so ungewöhnlich sein, diese wunderschönen Wildtiere ohne Angst auf der Hand eines Menschen zu sehen? Da fallen mir immer die Worte eines Elektrikers ein, der sich um die Anschlüsse in meinem Cottage in Sussex gekümmert hat. Verblüfft war er vor meiner Haustür stehen geblieben, als unzählige Vögel von den Bäumen heruntergeflogen kamen und sich auf mir niederließen. Bis dahin hatte er wie ein völlig normaler »Dann wollen wir mal die Ärmel hochkrempeln«-Handwerker ausgesehen; dann aber hatte er die Vögel bemerkt, und mit einem Mal hatte sich seine ganze Haltung verändert: Sein Gesicht strahlte, seine Augen leuchteten, und er murmelte unablässig: »Wie schön! Wie schön!« Anschließend sagte er: »Aber warum sollte es auch nicht so sein? Es sollte so sein!«

Natürlich bringt es einige Schwierigkeiten mit sich, so zu

leben, wie ich es tue, in beständiger Gesellschaft einer Vielzahl von Vögeln. Da wären zunächst einmal die ganz praktischen: das Saubermachen, Dinge, die ruiniert werden, die Zimmer, die immer aussehen, als hätte sich der Schornsteinfeger angekündigt, mit Zeitungen über den Möbeln und Stofftüchern über den Büchern. Dann der Schlafmangel, denn die Vögel hämmern geradezu an die Scheiben, wenn ich die Fenster im Morgengrauen schließe, um die Tiere in den kurzen Nächten des Sommers auszusperren. Außerdem geben sie sich alle Mühe, mich davon abzuhalten, mich auf etwas anderes als sie selbst zu konzentrieren. Es gibt aber noch Schlimmeres. Lebt man mit Vögeln zusammen, ist es schlichtweg unmöglich, keine Zuneigung zu jedem einzelnen von ihnen zu entwickeln. Doch ein Vogelleben ist kurz, es kann von vielen Tragödien ereilt werden. Katzen richten das größte Unheil an, bin ich nicht beständig auf der Hut. Bird Cottage liegt alles andere als abgeschieden – es befindet sich auf einem Streifen alten Farmobstlands am Rand eines relativ großen Dorfs in Sussex. Da die Farm in mehrere private Grundstücke aufgeteilt wurde, ist das Cottage von verschiedenen Häusern umgeben, die im Laufe der Zeit gebaut wurden. Einzig der Garten ist gut durch Bäume und hohe Hecken abgeschirmt, und ich lasse einen Großteil von ihm verwildern und so anmutig wachsen, wie er nur will. Dornbusch, Weißdorn, Wildpflaume und Holunder säen sich selbst aus, dicke Efeuranken überwuchern die hohen Stümpfe alter Apfel- und Birnbäume. In ihnen finden die Vögel Nahrung und Deckung, wobei die Efeubeeren besonders nützlich sind, reifen sie doch zu einer Zeit, zu der andere Nahrung durch den Frost knapp geworden ist. In der Brutzeit lasse ich das Gras um die Grenzen meines Grundstücks herum hoch wachsen; ist es feucht von Tau oder Regen, haben es die Katzen schwerer, sich Zugang zu verschaffen, wenngleich nichts, was ich tue, sie ganz fernhalten kann.

Dann gibt es noch die Dohlen und Elstern, die sich die Jungvögel holen. Vor allem die Elstern haben überhandgenommen und die Sumpf- sowie Tannenmeisen in der Umgebung praktisch ausgelöscht. Meine Vögel verlassen sich darauf, dass ich sie vor all diesen Plünderern schütze. In jüngster Zeit bin ich meist morgens um fünf von einer Kohlmeise geweckt worden, die aufgeregt zwischen meinem Bett und dem Fenster hin und her flog und dabei laute Alarmrufe ausstieß. Der Vogel wollte mir mitteilen, rasch mit hinauszukommen, da eine Elster seine Jungen bedrohte. Also springe ich aus dem Bett und vertreibe den Feind mit einem Stock. Kaum habe ich mich wieder hingelegt, gibt es neuen Ärger: Die Amsel ruft mich mit nicht minder aufgeregten »Tschinks« in Fensternähe. Wieder stehe ich auf und verscheuche diesmal die Katze, indem ich einen vollen Wasserkrug mit einem großen Platsch in ihre Richtung ausschütte. Sie schleicht sich durch die Sträucher davon, natürlich will sie nicht nass werden. Trotz all meiner Bemühungen fallen manche Vögel den Katzen und Elstern dennoch zum Opfer. Bin ich einmal im Urlaub, ereignen sich so viele Katastrophen, dass ich schon kaum mehr wegfahre, obwohl ich mir sehr gern auch andere Vogelarten in anderen Gegenden ansehen würde.

Von meinen vielen Vögeln sind auch häufig welche verletzt und bezüglich ihrer Genesung von mir abhängig. So verlangen meine Vögel auf die eine oder andere Weise von morgens bis abends nach meiner Aufmerksamkeit. Sie bemühen sich nach Kräften, mich an konzentrierter Arbeit zu hindern – während ich versuche, diese Seite zu tippen, sitzen einige von ihnen auf der Schreibmaschine, andere zupfen an meinen Haaren, wieder andere fliegen mir auf die Hände und fallen herunter, wenn ich versuche, die Buchstaben anzuschlagen. Es gibt noch einen Menschen, der aus eigener Erfahrung weiß, wie fordernd meine Kohlmeisen sein können. Er wird Old Harry genannt und liebt genau wie ich alle wilden Tiere. Er bewohnt eine kleine Hütte in einem Gehölz, das rund zehn Minuten zu Fuß von meinem Cottage entfernt liegt. Als eine meiner Kohlmeisen dieses Jahr wegen Überfüllung aus meinem Garten vertrieben wurde, nistete sie in diesem Gehölz. Bis ihre Jungen geschlüpft waren, flog sie jeden Morgen und Abend zu mir zurück und bestand mit Nachdruck darauf, ordentlich gefüttert zu werden. Irgendwann wurde dann der freundliche alte Mann, der ebenfalls Vögel füttert, zum Opfer ihrer einfordernden Art. »Ganz schön unverschämt, diese Kohlmeise«, erzählte Old Harry. »Sie weckt mich jeden Morgen, indem sie an meiner Bettdecke zerrt und mir ins Gesicht pickt. Da bleibt einem nichts anderes übrig, als ihr zu geben, was sie will, und zwar schleunigst.« Ich schloss aus seiner Beschreibung sofort, um welchen Vogel es sich handelte, denn genau so sprang das kleine Biest auch mit mir um.

Vielleicht liegt es daran, dass ich Vögel so mag, dass sie, ohne zu zögern, zu mir kommen und ich nicht die geringsten Schwierigkeiten habe, ihr Vertrauen zu gewinnen. Unmittelbar nach meinem Einzug in Bird Cottage stellte ich ganz in der Nähe der Terrassentür ein Vogelhäuschen und ein Vogelbad auf, und es dauerte nicht lange, bis die

Plätze von einem Rotkehlchen, einer Blaumeise und einer Amsel genutzt wurden. Bald kamen auch andere Arten, darunter die Kohlmeisen. Ich habe immer zu meinen Vögeln gesprochen, in meiner ganz normalen Sprechstimme, denn sie lernen in relativ kurzer Zeit, anhand des Tons einige der Wörter zu verstehen. Diese Nähe intensivierte sich rasch, und ebenso rasch kamen immer mehr Vögel. Abgesehen davon, dass ich ihre Gesellschaft liebe, finde ich es auch ungeheuer interessant, ihren jeweiligen Charakter zu studieren, und durch diesen engen Kontakt gelange ich allmählich zu einem besseren Verständnis ihrer Denkweise.

Als ich in Bird Cottage einzog, hatte ich vorher nie Gelegenheit gehabt, das Verhalten von Vögeln selbst zu studieren, wenngleich mir die Londoner Bibliotheken natürlich ausgiebig Zugang zu Literatur über Vögel gewährten. Da ich Intelligenz im Verhalten der Tiere nur in Maßen erwartete, war ich ungeheuer überrascht, als sich der folgende Vorfall ereignete. Es war an einem Frühlingsmorgen, drei Monate nachdem mein kleines Cottage gebaut worden war, und ich war gerade im Haus beschäftigt, in der Nähe einer offenen Tür. Plötzlich kam eine Blaumeise zu mir geflogen und stieß dabei Rufe in höchster Not aus. Sie flatterte aufgeregt vor mir herum, ihre Augen fest an meine geheftet, und rief so jämmerlich, wie ich nie zuvor eine Blaumeise hatte rufen hören. Mir war sofort klar, dass hier etwas nicht stimmte und sie um Hilfe bat. Ihr Partner war ebenfalls da, saß aber direkt vor dem Cottage und wandte seinen Blick nicht von mir ab. Als ich nach draußen ging, hörte sie auf zu rufen, und beide Vögel führten mich zu ihrem Nistkasten; dabei flogen sie vor mir her, blieben ab und zu an geeigneter Stelle sitzen und sahen sich nach mir um, ob ich ihnen auch folgte. Das ganze Nest war aus dem Kasten gerissen worden, die zwölf Eier des Blaumeisenpaars lagen auf dem nackten Holzboden des Kastens verstreut. Der Deckel war geschlossen; vermutlich hatte eine Katze das Nest durch das Einflugloch herausgekratzt. (Daraus habe ich gelernt, dass Nistkästen auf jeden Fall tiefer als zwölf Zentimeter sein sollten.)

Beide Meisen warteten in der Nähe und sahen stumm zu, wie ich rasch die Einzelteile des Nests vom Boden aufhob, die Eier aus dem Kasten nahm, das Nest, so gut ich es vermochte, im Kasten wieder herrichtete und die Eier auf der rechten Seite hineinlegte, in der Annahme, die Meise würde sie ungefähr dort haben wollen, wo sie vorher gewesen waren. Als ich fertig war, flog der Muttervogel sofort hinein, rollte die Eier auf die andere Seite des recht großen Nistkastens und nahm das Bebrüten des Geleges wieder auf. Zehn Tage später schlüpften die Jungen, die die Blaumeisenmutter trotz des Unglücks durchgebracht hatte – weil sie sich vernünftigerweise an mich gewandt und um Hilfe gebeten hatte. Was sonst, wenn nicht Denken und Vernunft, hätte sie so handeln lassen sollen? Es ist alles andere als Instinkt, einen Menschen aufzusuchen, im Gegenteil: Vor allem in der Brutzeit halten sich Vögel instinktiv von Menschen fern. Ich war zu dieser Zeit noch nicht lange im Cottage und hatte noch keinem Vogel dort geholfen, weder bei einer Nist- noch bei einer anderen Angelegenheit. Ich hatte die Vögel lediglich gefüttert und sie heimlich, still und leise beim Nestbau beobachtet. Allerdings waren viele der Vögel schon sehr zahm geworden und hatten Vertrauen zu mir entwickelt.

Es war faszinierend gewesen, diese Blaumeise und ihren Partner beim Nestbau zu beobachten. Er hatte zunächst versucht, ihr Interesse an einer Höhle in einem Baumstumpf zu wecken, doch vergebens: Der große Nistkasten an einem anderen Baum war anscheinend mehr nach ihrem Geschmack. Sie verbrachte viel Zeit damit, in den Nistkasten hinein- und wieder hinauszuschlüpfen, während er auf dem Sims des Kastens saß und vorsichtig durch das Einflugloch hineinspähte oder Deckel und Seitenwände des Kastens untersuchte. Dann begann er, mit ihr gemeinsam hineinzuschlüpfen, und von draußen war viel eifrig klingendes Gezwitscher zwischen den beiden Vögeln zu hören. Spielerisch jagte er seine Partnerin aus dem Kasten und um die Bäume, bis sie schließlich wieder zu ihrer ausgewählten Niststätte zurückflog. So ging es über einen Monat lang weiter, erst dann wurde das erste Nistmaterial zum Kasten gebracht. Dabei diente als Grundlage nicht wie üblich Moos oder Wolle, sondern Füllmaterial von Kartons. Sie flog mit dem Füllmaterial in den Nistkasten, er flog ihr nach und sah durchs Einflugloch, bis sie wieder herauskam, um mehr zu holen. Danach wurden Moos und schließlich die Haare eines weißen Pferds sowie Federn herbeigeschafft, zu Letzteren kamen nach dem Legen der zwölf Eier gelegentlich neue hinzu. Das Blaumeisenmännchen gab seiner Partnerin bei dem einen Monat dauernden Nestbau keinerlei praktische Unterstützung, doch war seine Begeisterung, sie zu begleiten und ihr bei der Arbeit zuzusehen, ebenso groß wie ihr offensichtliches Vergnügen an der Arbeit und seiner Gesellschaft.

Nicht alle Blaumeisen zeigen eine solche Zuneigung zueinander; sie variiert in ihrer Ausprägung. Häufig ist das Verhalten der Vögel, hat das Nisten erst begonnen, sehr zurückhaltend, ja sogar geheimnistuerisch. Ich denke, dies trifft vor allem auf die älteren, erfahreneren Vögel zu, die ein weniger auffälliges Verhalten klüger finden; auch mein überschwängliches Blaumeisenpaar verhielt sich danach, als das Brüten begann, vergleichsweise ruhig, nüchtern und vorsichtig.

Später in diesem Jahr fielen zwei Rotkehlchennestlinge, bevor sie flügge waren, aus ihrem unsicheren Nest in einer flachen Baumhöhle. Da die restlichen beiden Jungen Gefahr liefen, ebenfalls aus dem Nest zu fallen, waren die Elternvögel sehr besorgt. So legte ich die vier Nestlinge in eine Kokosnussschale, in die sie sich auch sofort zufrieden hineinkuschelten, band das improvisierte Nest an die Sitzfläche eines Stuhls, der unter dem Baum stand, tarnte den Stuhl mit Zweigen und bedeckte ihn schließlich so mit Sackleinen, dass nur noch ein kleines Einschlupfloch für die Rotkehlcheneltern blieb. Die waren währenddessen damit beschäftigt, in der nahe gelegenen Hecke auf und ab zu hüpfen und die Nachbarskatze mit Tick-Tick-Rufen auf Abstand zu halten. Sie schienen mein Eingreifen nicht zu bemerken, allerdings drehen sich Rotkehlchen häufig um und tun kaum interessiert, wenn sie es in Wirklichkeit sind. Ich zog mich zurück und fragte mich, ob sie ihre Nestlinge wohl finden würden, vor allem bei einem so kleinen Einschlupfloch. Doch schon bald verließen sie die Hecke und flogen schnurstracks zur Kokosnuss, obwohl die Jungen keinen Mucks von sich gaben. Nicht ein einziges Mal kehrten die Elternvögel zum alten Nest zurück, aus dem ich immerhin zwei Küken genommen hatte. Und die Jungen versuchten nie, das Kokosschalennest zu verlassen, bis sie eine Woche später flügge waren.

Ich zweifle nicht im Geringsten daran, dass sich die Blaumeisen und Rotkehlchen nicht so intelligent verhalten hätten, hätten sie Angst vor mir gehabt. Häufig beurteilen wir das Verhalten von Vögeln, wenn der Vogel große Angst vor dem Beobachtenden zeigt. Wie aber ist das bei uns Menschen? Würden wir gern einen Intelligenztest mit uns machen lassen, wenn unser Leben oder das Leben unserer Kinder unmittelbar bedroht wäre? Sicher nicht. Meiner Meinung nach verhalten sich Vögel, insbesondere Meisen, in ungewöhnlichen Situationen intelligent – es sei denn, sie sind nervös, weil sie Angst haben.

Einmal hob ich den Deckel eines Blaumeisennistkastens halb an, schloss ihn aber rasch wieder, als ich sah, dass die Meisenmutter gerade brütete. Sie geriet in Panik – sie hatte den Deckel nie zuvor offen gesehen – und flog aus dem Einschlupfloch direkt zu ihrem Partner auf der anderen Seite meines Cottages, der unmöglich hatte mitbekommen können, was soeben geschehen war. Sie kehrten umgehend gemeinsam zum Nest zurück, wo sie das Brüten wieder aufnahm und er sich verhielt, als wüsste er genau, was sie so erschreckt hatte. Zuerst inspizierte er den Deckel des Nistkastens sorgfältig, dann sah er sie durch das Einschlupfloch an, bevor er sich nach einer weiteren Inspektion schließlich auf dem schmalen Rand vor dem Einschlupfloch niederließ, anscheinend, um Wache zu halten oder sie zu beruhigen. Hin und wieder steckte er den Kopf in den Nistkasten, um das Weibchen erneut anzusehen. So hatte er sich in der gesamten Brutzeit noch nicht verhalten. Nach etwa einer halben Stunde verließ sie den Nistkasten, um nach Nahrung zu suchen – und das Männchen blieb nicht wieder am Einschlupfloch sitzen, während sie brütete. Das tun die Vögel normalerweise auch nicht, würde es doch nur unwillkommene Aufmerksamkeit auf das Nest lenken.

Es scheint auf der Hand zu liegen, dass Vögel durch leichte Veränderungen im Tonfall und in den Bewegungen miteinander kommunizieren können. Die Vögel, die mich gut kennen, verstehen mich durch ihre feinfühlige Interpretation meiner Stimme oder kleiner Gesten. Wenn Kohlmeisen beispielsweise an meine Butterdose wollen – sie wissen, dass das normalerweise verboten ist –, bleiben sie in einiger Entfernung sitzen und sehen erst die Butter und dann mich an; sie zögern also noch, obwohl sie sich liebend gern bedienen würden, denn sie haben eine Leidenschaft für Butter. Rede ich ihnen gut zu und sage etwa: »Na, kommt schon«, kommen sie tatsächlich zutraulich näher und picken an der Butter herum. Sage ich hingegen leicht streng: »Nein«, bleiben sie, wo sie sind, blicken aber weiterhin erst mich flehentlich an und dann zur Butter. Ein etwas verärgerteres »Nein« lässt sie weiter weg hüpfen; ein wütendes »Nein«, und sie fliegen zum offenen Fenster. Rufe ich ihnen in einschmeichelndem Tonfall: »Ist schon gut« hinterher, kehren sie sofort zurück, und bin ich dann still, hüpfen sie auf dem Tisch Zentimeter für Zentimeter näher an die Butter heran, behalten mich dabei aber im Auge, ob ich nicht doch noch etwas einzuwenden habe. Sind sie durch das »Nein« erst einmal auf der Hut, nähern sie sich der Butter nicht mehr mit demselben Zutrauen, das sie durch mein: »Na, kommt schon« an den Tag legten. Sie interpretieren jeden Einwand in Stimme oder Gestik korrekt, gehen aber ohne ermunternden Tonfall (solange ich hinsehe) nicht an die Butter, weil ich es ihnen ein- oder zweimal durch ein zorniges »Nein« verboten habe. Diese äußerste Sensibilität lässt sie außergewöhnlich schnell lernen. Ich muss den Vogel allerdings kennen, bevor ich mittels Tonfall zufriedenstellend mit ihm kommunizieren kann; fremde Vögel sind naturgemäß unsicher, weil sie nervös sind, doch verstehen Kohlmeisen mich im Allgemeinen sehr rasch.

Einige Amseln und in geringerem Ausmaß auch verschiedene andere Vögel sind meiner Erfahrung nach ähnlich sensibel. Eine Amsel von nebenan (sie heißt Thief (Dieb) und wird in Kapitel 3 näher vorgestellt) hat mich einmal in der ihr typischen Weise übers Ohr gehauen, nachdem sie zuerst vorbildlich wie die Kohlmeisen in dem gerade beschriebenen Beispiel mit der Butterdose gehorcht hatte. Für seinen Gehorsam und seine Intelligenz belohnte ich das Amselmännchen mit Brot und Kartoffeln; das Fleisch, das dabei auf dem Teller auf meinen Knien lag – mein Mittagessen und rund die halbe Wochenration! –, war für Thief eigentlich tabu. Plötzlich schlug er aber allen Gehorsam in den Wind, flog mir direkt vors Gesicht, schnappte sich das ganze Stück Fleisch vom Teller und war mit einem kichernden Geräusch über die Hecke verschwunden, bevor ich protestieren oder auch nur begreifen konnte, was geschehen war. Von allen Amseln würde nur Thief in seiner Langfingerart einen solchen Diebstahl direkt vor meiner Nase wagen und erfolgreich durchführen.

Kohlmeisen verüben gelegentlich ähnliche Diebstähle, wenn sie merken, dass ich gerade nicht bei der Sache bin. Anscheinend können sie nicht nur Tonfall und Gestik interpretieren, sondern auch viel an meinen Augen und meinem Gesichtsausdruck ablesen. Sehe ich sie an, bin mit meinen Gedanken dabei aber woanders, verhalten sie sich so, als wendete ich ihnen den Rücken zu, und begehen Sünden, die sie nie begehen würden, wenn ich meine Aufmerksamkeit ganz bewusst auf sie richtete.

Beobachtet man Vögel ganz genau und aus nächster Nähe, zeigen sich wiederholt Verhaltensweisen, die sich nicht mit Instinkt und automatischer Reaktion erklären lassen. Allerdings variiert die Intelligenz sowohl zwischen den einzelnen Arten als auch zwischen den einzelnen Vertretern der verschiedenen Arten. Von den Vögeln, die mir am vertrautesten sind, erreichen die Kohlmeisen den höchsten Grad an Intelligenz und somit auch den höchsten Grad an Individualität innerhalb ihrer Spezies.

Leider herrscht mancherorts immer noch die irrige Annahme, Kohlmeisen verhielten sich anderen Vögeln gegenüber grausam. Diese Annahme gründet auf einer Geschichte des verstorbenen Viscount Grey of Fallodon, nach der eine Kohlmeise das Gehirn eines Spatzen verzehrte, als beide in einem Käfig gefangen waren. In den zehn Jahren, in denen ich Kohlmeisen nun schon kontinuierlich beobachte, ist mir nicht ein Akt der Grausamkeit untergekommen, den die Spezies begangen hätte. Spatzen oder Sperlinge hingegen schikanieren andere Vögel gern, auch Kohlmeisen, und Letztere wehren sich noch nicht einmal. Sie breiten als Zeichen des Protests lediglich die Flügel aus und fliegen dann einfach weg – wahrlich gutmütige Zeitgenossen, die andere Arten in der Regel nicht bekämpfen. Außerdem ist es unfair, einen Vogel zu beurteilen, wenn er eingesperrt ist und Hunger hat und somit nicht er selbst ist. Kohlmeisen verfügen über eine ganz außergewöhnliche Lebenskraft; vielleicht hat die Kohlmeise im Käfig den Spatz überlebt und sich vernünftigerweise vor dem Verhungern gerettet, indem sie das Gehirn des toten Vogels fraß. Wenn die Kohlmeise den Spatz getötet hat, ist es durchaus wahrscheinlich, dass Letzterer den Streit angefangen hat und die Kohlmeise sich im Käfig nicht wie in freier Wildbahn zurückziehen konnte. Blaumeisen gehen mit anderen Arten viel weniger sanft um als Kohlmeisen. Man muss schon manchmal lachen, wenn man beobachtet, wie eine Blaumeise eine Kohlmeise angreift – diese wehrt sich meist nämlich nur durch das Ausbreiten der Flügel und zeigt ihrem kleineren Verwandten gegenüber eine erstaunliche Nachsichtigkeit. Ich habe schon einmal miterlebt, wie eine Blaumeise eine Amsel angriff, weil diese an der heruntergefallenen Talgstange der Meise knabberte. Die Amsel reagierte, indem sie die Blaumeise auf ihren Schnabel nahm und etwa einen Meter weit von sich schleuderte – als wäre die Meise nur ein Blatt. Dann setzte sie ihre Mahlzeit unbeeindruckt fort, während sich die Meise hinter ihrem Rücken aufrappelte und davonflog.

In den vergangenen drei Jahren hat sich im Herbst und Winter jeden Abend immer folgende kleine Episode in meinem Cottage abgespielt. Eine Blaumeise flattert durchs Wohnzimmer, zögerlich aufgrund des schwachen Lichts, und fliegt zur Schiebetür zwischen den beiden Räumen. Ich habe sie für sie offen gelassen, sie will durch einen sehr schmalen Spalt zwischen der Laufschiene der Tür und dem Deckenbalken schlüpfen. Sie schlägt mit den Flügeln, während sie versucht, Halt zu finden, meist gelingt es ihr nicht auf Anhieb. Deshalb zieht sie sich für einen Augenblick auf eine Stuhllehne zurück und versucht es anschließend erneut. Kräftig schlägt sie mit den Flügeln und bringt sich in die richtige Position, bis es ihr schließlich gelingt, ihren kleinen Körper vorsichtig durch den Spalt in eine Nische über dem Deckenbalken zu quetschen – ein geräumiges Schlafzimmer für eine Blaumeise. Ist die Tür geschlossen, wenn sie schlafen gehen will, kommt sie mit einem wimmernden Ruf zu mir geflogen, und ich öffne sie für sie. Befindet sich der Vogel in der Nische, kann sich die Tür in ihrer Laufschiene bewegen; erwacht die Meise früh am Morgen und ist die Tür dann noch geschlossen, klopft der Vogel mit dem Schnabel an den Balken, um herausgelassen zu werden. Manchmal verschläft die Blaumeise, und ich öffne die Tür und ziehe die Vorhänge am Fenster zurück, bevor sie aufgestanden ist; dann beeilt sie sich, aus ihrem Schlafplatz zu schlüpfen und zum Fenster zu fliegen, augenscheinlich noch nicht ganz munter. Ist sie erst im Freien, ist sie plötzlich ganz Leben und Energie und beginnt ihren Tag mit eifrigem Putzen auf den Bäumen in der Nähe des Fensters. Sie hat derart Gefallen an diesem Schlafplatz gefunden, dass sie sich auch nicht von ihm abbringen ließ, als sie letztes Jahr eines Morgens falsch abbog, über das hintere Ende der Tür stürzte und auf einmal in unbekannten, dunklen Gefilden gefangen war. Ich musste eigens einen Handwerker rufen, um sie zu befreien. Die Blaumeise aber ließ sich davon nicht beirren und kehrte am nächsten Abend wie gewöhnlich zurück. In diesem Herbst hat sie ihren Partner mitgebracht: Er beherrscht das Schlüpfen in die Nische noch nicht ganz und braucht immer mehrere Anläufe, bevor er sich neben ihr auf dem inneren Balken zum Schlafen niederlassen kann.

· KAPITEL 2 ·

Vogelporträts: Kohlmeisen

1

Beim Beobachten des Nistens verschiedener Vögel in meinem Garten hat sich eine große Vielfalt an Verhaltensweisen innerhalb der jeweiligen Spezies gezeigt, insbesondere bei den Kohlmeisen. Im Grunde verwundert das nicht, weisen die Vögel doch einen hohen Grad an Intelligenz auf. Obwohl sich Kohlmeisen fürs Leben paaren, scheint manchen die Gesellschaft des Partners oder der Partnerin außer in der Brutzeit recht gleichgültig zu sein, während andere Paare ständig zusammen sind. Verliert diese Kohlmeise den Partner beziehungsweise die Partnerin doch einmal für wenige Minuten aus den Augen, nimmt sie eine äußerst wachsame, starre Haltung ein, bis er oder sie wiederauftaucht. Stirbt ein Partner oder eine Partnerin dieser einander zugetanen Paare, wird der Nachfolger oder die Nachfolgerin mit vergleichsweisem Desinteresse behandelt, manchmal sogar in der Brutzeit. In diesen Fällen besonderer Zuneigung, die ich beobachtet habe, handelte es sich um junge Vögel, die sich zuvor noch nicht gepaart hatten. Das trifft nicht nur auf Kohlmeisen, sondern auch auf andere Arten zu.

Ich erkenne meine einzelnen Kohlmeisen anhand verschiedener Dinge. Sie sind leichter auseinanderzuhalten als die Individuen der meisten anderen Spezies. Da ich in so engem Kontakt zu ihnen stehe, kenne ich mittlerweile die verschiedenen Gesichtsausdrücke, die charakteristischen Eigenheiten und die individuell typischen Posen. Zudem gibt es erhebliche Abweichungen in ihrem Aussehen von vorn, manchmal auch in der Form der weißen Gesichtszeichnung sowie leichte Unterschiede in der Tönung des Gefieders. Die Vögel aber, die in den Vogelporträts die größte Rolle spielen, konnte ich auch erkennen, wenn ihr Gefieder nach einem Bad dunkel vom Wasser und zerzaust und somit jeglicher charakteristischer Merkmale beraubt war. Ihr ganzer Habitus, ihre ganze Persönlichkeit war viel zu eigentümlich, als dass es zu Verwechslungen hätte kommen können, zumindest wenn ich sie aus nächster Nähe sehen konnte. Auch nach der Mauser bleiben die Gefiederzeichnungen im Großen und Ganzen erhalten, außer natürlich der Vogel wechselt vom Jugend- zum Alterskleid. Mausern die Jungen jedoch zum ersten Mal, kann ich den Veränderungen, die dabei stattfinden, im Allgemeinen Tag für Tag folgen, da diejenigen, mit denen ich besonders vertraut bin, häufig auf meiner Hand oder auf meinem Schoß sitzen, ebenso wie ihre Eltern.

Ein Kohlmeisenweibchen habe ich sechs Jahre lang genauestens beobachtet. Es wurde im Obstgarten meines Nachbarn aufgezogen und verpaarte sich mit einem Vogel gleichen Alters aus meinem Garten. Drei Mal hintereinander zogen sie wiederum zweimal im Jahr Junge auf, ein hingebungsvolles Paar, das immer zusammen war, selbst im Winter. Erschien einer der Vögel ohne den anderen an meinem Fenster, verharrte er oder sie regungslos und verschmähte das angebotene verführerische Futter, bis sich der Partner beziehungsweise die Partnerin dazugesellte. Für gewöhnlich flogen sie gemeinsam in mein Zimmer hinein und wieder hinaus.

Das Weibchen, Jane, hatte die Eigenwilligkeit, in der Brutzeit immer ein ganz zauberhaftes Lied zu singen. Sie war einzigartig begabt. Andere weibliche Kohlmeisen singen nicht, wenngleich sie über eine Vielzahl an Rufen, beispielsweise einen Schimpfruf, verfügen. Jane aber übertraf mit ihrem Gesang sogar die Männchen. Er war jedes Jahr ein wenig anders; in den ersten Jahren ihres Lebens ähnelte er dem »Zi-tuhi«-Gesang des Männchens, war aber viel melodischer. Statt immer die gleichen Noten zu wiederholen, ging sie in ineinander übergehenden annähernden Terzen die Tonleiter hinab. Das Lied begann in fröhlichen, hellen Tönen und wurde mit abnehmender Tonhöhe allmählich immer leiser und lieblicher. Wie Glockengeläut, das vom Wind fortgetragen wird.

Im vierten Jahr starb Janes Partner an einem verletzten Bein. Sie verpaarte sich mit einem anderen Vogel in seinem ersten Jahr, der ihrem verstorbenen Partner äußerlich ähnelte: Er war außergewöhnlich groß und besaß eine breitere Frontalzeichnung als andere Kohlmeisenmännchen. Im Frühling dieses Jahres nistete sie in einem Baumstamm weiter unten an der Straße, da ein recht streitlustiges Pärchen Kohlmeisen sie von ihrem angestammten Platz in meinem Garten vertrieben hatte – gierigerweise wollte das Pärchen den Garten wohl ganz für sich. Als Janes erste Brut von Partner Nummer zwei flügge geworden war, versuchte sie, die Jungen in meinen Garten zu bringen, was das andere Kohlmeisenpärchen jedoch verhinderte. Selbst wenn ich sie am Bach jenseits der Straße füttern wollte, schoss das kämpferische Männchen mit wütendem Gebaren über die Hecke, um Jane und Partner Nummer zwei davon abzuhalten, aus meiner Hand Futter für ihre Jungen zu nehmen. Während ihre zweite Brut im Nestlingsalter war, wurde Partner Nummer zwei von einer Katze getötet. Daraufhin unternahm Jane verstärkte Anstrengungen, ihre Jungen weiter zu füttern, und nicht selten hielt sie beim Wegfliegen auf dem Rand des Nests mit besorgtem Gesichtsausdruck[1] inne. Dann flog sie auf den Wipfel des Baums und blickte in alle Richtungen, als suche sie ihren Partner. Sobald die Jungen flügge waren, brachte sie sie erneut in meinen Garten. Dieses Mal verhielt sich das andere Kohlmeisenpaar friedlich; weitere Artgenossen ließ es in meinem Garten jedoch nicht zu, denn auch hier wuchs eine zweite Brut heran. Hin und wieder kam es sogar vor, dass das kämpferische Männchen mit Nahrung für den Nachwuchs im Schnabel innehielt, dem Betteln von Janes acht hungrigen Küken zu lauschen schien und, statt die eigenen Nestlinge zu füttern, zu einem Jungen der Witwe flog und diesem die Raupe in den Schlund steckte.

Im darauffolgenden Jahr verpaarte sich Jane wiederum neu, dieses Mal mit einem der Jungen des streitlustigen

1 Das klingt vermenschlichend, doch erweckten ihr Verhalten und ihr Blick eindeutig den Eindruck der Besorgnis. Durch die Beobachtung der Meisen aus nächster Nähe konnte ich ihnen im Laufe der Zeit am Aussehen und Verhalten ansehen, ob sie von irgendetwas beunruhigt waren, und ich bin mir sicher, dass das bei Jane der Fall war.

Paars. Und wiederum hatte sie sich einen groß gewachsenen Partner mit dunkler Frontalzeichnung ausgesucht, eine sehr eindrucksvolle Persönlichkeit. Erneut ging es ans Nisten – in ungewöhnlicher Weise. Zuerst konkurrierte Jane mit einer anderen Kohlmeise namens Grey um einen großen Nistkasten, der an einem Baum in meinem Obstgarten hing. Anfang April begannen beide Weibchen damit, Moos zum Nistkasten zu bringen, wobei jeder Vogel nur am Nest arbeitete, wenn der andere nicht da war. Ich glaube allerdings, dass Jane das Moos der Konkurrentin wieder aus dem Kasten beförderte, da fast jedes Mal wenn sie mit dem eigenen Nistmaterial hineinflog, anschließend etwas aus dem Einschlupfloch geworfen wurde. Grey tat so etwas nie.

Ich war zu dieser Zeit verwirrt, weil Grey keinen Partner zu haben schien und entweder allein oder mit Jane und ihrem Partner Nummer drei zusammenlebte. Ein paar Tage später sah ich, wie Jane in den Nistkasten flog und Grey ihr folgte. Dort blieben die beiden Vögel mehrere Minuten lang und stießen beständig die schrillen, an Nestlinge erinnernden Rufe aus, die Kohlmeisen in bestimmten Phasen des Nistens zu eigen sind. Anschließend flogen beide gemeinsam, wie beste Freundinnen, wieder aus dem Nistkasten hinaus. Das geschah in der Zeit, in der Jane ihr Nest fertigstellte, viele Male. Grey brachte nun kein Nistmaterial mehr zum Kasten.

Partner Nummer drei war in der Zwischenzeit damit beschäftigt, unermüdlich zu singen und den Baum gegen Eindringliche zu verteidigen, was ihn seine Schopffedern kostete. Deshalb hieß er von da an Baldhead (Kahlkopf). Ab und zu flog er in den Nistkasten, anscheinend um nachzusehen, wie die Dinge so liefen. Ich habe nie gesehen, dass eine männliche Kohl- oder Blaumeise beim Nestbau geholfen hätte, doch eskortieren viele aufmerksame Männchen ihre Weibchen vom und zum Nest, während Letztere das Nistmaterial zusammensuchen. Solch aufmerksame Männchen gibt es bei zahlreichen Vogelarten, was den fälschlichen Eindruck erweckt, die Männchen würden sich am Nestbau beteiligen.

Janes zauberhaftes kleines Lied, das nun origineller war denn je, erklang häufig in meinem Obstgarten. Sie sang, während sie vom Nest flog, um neues Nistmaterial zu holen, als liefe ihr das Herz über vor lauter Glück. Und oft flog Grey ihr wie ihr stummer Schatten nach.

Als Jane ihr erstes Ei legte, war Grey im Nistkasten nicht mehr geduldet. Daraufhin beeilte Letztere sich, in einem anderen Nistkasten in meinem Obstgarten ein eigenes Nest zu bauen. Greys Nest war wunderschön: Es war aus bunten leuchtenden, flauschigen Wollfäden geflochten, die Grey aus meinen Läufern, Jacken und bunten Decken gezupft und schnabelweise aus dem Fenster zum Nest geschafft hatte. Ich hatte es nicht übers Herz gebracht, dieser Zerstörungswut Einhalt zu gebieten, denn ich wusste, dass der Vogel es verzweifelt eilig hatte. Zu diesem Zeitpunkt fand ich heraus, dass Janes Partner auch Greys Partner war. Mit identischer Hingabe bewachte Baldhead beide Nistplätze, folgte beiden Weibchen und inspizierte beide Nester. Jane und Grey gingen weiterhin freundschaftlich miteinander um, die perfekte Ménage-à-trois. Innerhalb von nur drei Tagen hatte Grey ihr Nest fertiggestellt und ebenfalls ihr erstes Ei gelegt. Mit großer Aufmerksamkeit fütterte Baldhead beide Partnerinnen, sowohl am Nest, wenn sie brüteten, als auch wenn sie das Nest kurz verlassen hatten – was sie häufig gleichzeitig taten. Beide flatterten vor ihm mit den Flügeln und stießen Babyrufe aus, woraufhin er sie fütterte, immer äußerst galant und ohne eine der beiden Damen zu bevorzugen. Manchmal fütterte er Grey in den Bäumen nahe Janes Nest, wenn diese brütete. Jane musste ein Guckloch in ihrem Nistkasten gehabt haben, denn sie schien immer zu wissen, wenn Grey in ihrer Nähe gefüttert wurde, und sang vom Nest aus dann mehrmals ihr kleines Lied, wahrscheinlich um Baldheads Aufmerksamkeit auf sich zu ziehen. Anschließend steckte sie ungehalten ein paarmal den Kopf aus dem Einschlupfloch. Umgekehrt wartete Grey immer geduldig, bis sie an der Reihe war.

Am 8. Mai begannen Janes Junge zu schlüpfen, und von dem Tag an, da Baldhead Janes Nestlinge fütterte, war Grey vollkommen auf sich gestellt. Sie flatterte weiter vor ihm mit den Flügeln und stieß Babyrufe aus wie zuvor, doch Baldhead ignorierte sie. Am 11. Mai begannen auch Greys Junge zu schlüpfen. Wenn sie nicht gerade brütete, folgte sie Baldhead aufgeregt rufend und rasch mit den Flügeln schlagend zu Janes Nistkasten. (Damit schien sie ihm mitzuteilen, dass die Jungen schlüpften.) Ihr Partner nahm noch immer keine Notiz von ihr, und Jane jagte sie fort. Grey schien verzweifelt, sie machte seltsame Laute und zeterte und schimpfte, während sie zu ihrem Nest zurückkehrte. In den folgenden ein bis zwei Tagen wiederholte sich das mitleiderregende Schauspiel, wann immer Grey Baldhead sah, doch ohne Erfolg. Am 14. Mai kam sie zu mir ins Zimmer geflogen, als ich Baldhead gerade etwas Käse für Janes Nestlinge gab. Sofort verharrte sie mit bebenden Flügeln und lauterem Klagen als je zuvor. Da plötzlich beäugte Baldhead sie neugierig und bestieg sie noch mit dem Käse im Schnabel. Zornig breitete Grey das Schwanzgefieder aus und schüttelte Baldhead ab. Der flog davon und beachtete sie nie wieder. Einmal lockte ich ihn zu Greys Nest, damit er sich die Nestlinge ansah. Das tat er auch einen Augenblick lang, dann aber flog er zu Janes Nest und kehrte nicht mehr zurück. Wann immer die verlassene Grey Jane oder Baldhead sah, baute sie sich mit klagenden Rufen und immer stärker zitternden Flügeln vor ihnen auf; und manchmal, wenn sie weggeflogen waren, setzte sie sich mit noch immer heftig zitternden Flügeln auf meine Schulter und sah mich mit herzergreifendem, flehendem Gesichtsausdruck an. Da sie mir immer aus der Hand gefressen hatte, konnte ich ihr Futter für ihre Nestlinge geben, sie selbst aber nahm zu diesem Zeitpunkt nichts. Greys Problem war nicht das Füttern der Jungen – die Weibchen können die Jungen durchbringen, wenn der Partner stirbt, wie Jane beim Tod von Partner Nummer zwei bewiesen hatte, ohne dabei unnötig Energie auf die Demonstration von Trauer zu verwenden. Nein, an Grey nagte es ganz offensichtlich, verlassen worden zu sein.

Am Morgen des 19. Mai kam Grey nicht wie üblich zu mir, um sich Futter für ihre Nestlinge zu holen. Stattdessen verbrachte sie beinahe die gesamte Zeit damit, mit unablässigem, übertriebenem emotionalem Gebaren über Janes Nest fast in der Luft zu stehen. Es war kaum mehr zu ertragen, sie so zu sehen, so quälend war ihr klagender Ruf, so herzzerreißend ihre Erscheinung, wie ihre Flügel zitterten vor lauter Anstrengung. Sie hatte sogar ihren Nachwuchs verlassen, um diesen letzten flehentlichen Versuch zu unternehmen. Am Nachmittag dieses Tages starb sie, offensichtlich vor Kummer. Ihre Nestlinge überlebten sie um nur wenige Stunden.

Jane und Baldhead zogen ihre Jungen auf und brachten sogar ein zweites Gelege erfolgreich durch. Danach jedoch wirkte Jane sehr müde, nach der folgenden Mauser kam sie nicht wieder vollständig zu Kräften. Im Winter zeigten sie und Baldhead kein besonderes Interesse mehr aneinander, wenngleich sie häufig zusammen waren. Das Geräusch ihrer Flügel im Flug hatte sich verändert, es war schwerer geworden. Sie überlebte den strengen Winter, starb aber Anfang April 1947 im Alter von sechs Jahren.

2

Baldhead war schon als Jungvogel ziemlich faszinierend und hatte einen ausgesprochen eigenen Charakter. Seine Eltern, das streitlustige Kohlmeisenpaar, begannen zwei Wochen, nachdem er flügge geworden war, mit den Vorbereitungen für eine zweite Brut, und seltsamerweise war Baldhead geradezu besessen davon, alle Nistangelegenheiten genauestens zu verfolgen. Normalerweise nehmen Erstgelege-Kohlmeisen keine Notiz vom zweiten Gelege, das ohnehin nur bei manchen Vertretern der Art vorkommt. Der Rest der Jungvögel zeigte nach dem Flüggewerden auch keinerlei Interesse mehr am Nest, nur Baldhead hielt sich größtenteils am Einschlupfloch des Nistkastens auf, als versuche er, dem Rätsel des Brutgeschäfts auf die Spur zu kommen und herauszufinden, warum sein Vater auf einmal nicht mehr ihn, sondern seine Mutter fütterte. Verließ Letztere den Nistkasten, verrenkte sich der neugierige Sprössling fast den Hals, um hineinzuspähen und die Eier anzustarren, bis seine Mutter wieder zurückkam, ihn wegschubste und protestierend die Flügel vor dem Einschlupfloch ausbreitete. Doch jeden Tag kehrte Baldhead wieder und wieder zum Nistkasten zurück, als würde er von ihm magnetisch angezogen. Es war lustig mitanzusehen, wie er überrascht aufhüpfte, als ihm zum ersten Mal aufgesperrte Schnäbel aus dem Nest entgegenschossen. Zuerst zuckte er zurück, dann wagte er einen zweiten Blick, wobei er den Kopf zur einen und dann zur anderen Seite neigte, wie um sicherzugehen, dass er sich nicht verguckt hatte. Anscheinend fesselte ihn der Anblick der nackten Nestlinge: Er starrte sie unaufhörlich an und schreckte dabei immer zunächst zurück – ich vermute, wenn ihm die Küken in Erwartung von Futter den aufgerissenen Schnabel entgegenstreckten. Er behinderte die Elternvögel beim Füttern des Nachwuchses, denn immer, wenn sie Futter ans Nest brachten, steckte er den Kopf durchs Einschlupfloch, um sie beim Füttern zu beobachten. Das wiederum veranlasste die Elternvögel dazu, schimpfend herausgeflogen zu kommen und ihn zu verjagen. Flogen sie ihm nach, mimte er selbst wieder das Baby, mit Flügelzittern, Bettelrufen und allem Drum und Dran. Er bekam mittlerweile nur noch selten Raupen von seinen Eltern, fraß mir aber oft aus der Hand; dabei sah er manchmal zum Nistkasten, ließ plötzlich sein Stückchen Lieblingskäse fallen und flog eiligst zum Nest, als hätte er Angst, etwas vom dort gebotenen Unterhaltungsprogramm zu verpassen.

Als die Nestlinge des zweiten Geleges flügge geworden waren und einer der Jungvögel unsicher auf einem Zweig herumbalancierte und dabei, wie es Kohlmeisenjungen beim ersten Sitzversuch zu eigen ist, nach vorn zu kippen drohte, kam Baldhead herangeflogen und führte ein ganz erstaunliches Meisenballett vor dem Jungvogel auf, der ihn mit dem Ausdruck größten Interesses im Gesicht anstarrte. Nachdem Baldhead einen Purzelbaum um den Zweig geschlagen und sich mit einem Fuß kopfüber daran gehängt hatte – den anderen schwang er in der Luft hin und her –, und nachdem er anschließend energisch Blätter abgerissen und diese auf den Boden geworfen hatte, hämmerte er schließlich laut auf der Rinde des Baums herum und flog dann davon. Danach hätten ihm sowohl die Jungvögel als auch der Nistkasten gleichgültiger nicht sein können.

Nachdem Jane Anfang April gestorben war, fand Baldhead rasch eine neue Partnerin. Sie wählte einen neuen Nistkasten an einem Baum im Obstgarten, für den Baldhead sich jedoch kaum interessierte – nur selten begleitete oder fütterte er das Weibchen. Er hatte mittlerweile eine andere Obsession: Greys alten Nistkasten. Resolut hatte er diesen gegen einzugswillige Meisen verteidigt, wohingegen er Janes alten Nestern keinerlei Beachtung mehr geschenkt hatte. (Sie hatte die Jungen in verschiedenen Nistkästen aufgezogen.) Wenn seine Partnerin nun das Nest verließ, ihn rief und seine Aufmerksamkeit verlangte, war er aufgeregt mit Greys Nistkasten beschäftigt und so vertieft, dass er sie nicht einmal wahrnahm. Sie wartete einen Augenblick, dann wandelte sich ihr sanfter Ruf in ein gedämpftes Schimpfen, bevor sie wegflog, um für sich selbst zu sorgen. Baldhead setzte seine fieberhafte Beschäftigung mit dem leeren Nistkasten fort und bekam von alldem offenbar nichts mit. Seine Partnerin hieß Monocle, da eines ihrer Augen von einem Rand umgeben war; so sah sie aus, als trüge sie ein Monokel. Es ist schwierig, Baldheads seltsames Verhalten zu beschreiben, das hauptsächlich deshalb seltsam war, weil er so aufgeregt und ganz in Anspruch genommen war. Zuerst blickte er neugierig durch das Einschlupfloch in den Kasten, als erwarte er, dort etwas zu sehen, dann schlüpfte er mit schrillen Nestlingsgeräuschen ins Nest, wo er sich zum Crescendo dringlich klingender Rufe hinaufarbeitete, bevor er plötzlich damit begann, aus dem Kasten hinaus- und wieder hineinzuhüpfen. Dabei wurde er immer schneller, als hinge sein Leben von der Geschwindigkeit der Aktion ab. Gelegentlich hüpfte er mit einem komischen kleinen Ruf auf den Deckel des Kastens, dann ging es wieder in den Kasten hinein. Anschließend wurde das Ganze wiederholt, wenn auch nicht immer im gleichen Muster. Diese frenetische Hast und die dringlich klingenden Rufe waren alles andere als normal. Für das Auge des Vogelbeobachters hatte seine aktuelle Gefährtin, Monocle, weit weniger Liebreiz oder Persönlichkeit als Jane oder Grey. Spürte Baldhead das und wollte er Grey in ihrem alten Nest zurückhaben, oder war er vielleicht unzufrieden damit, in diesem Jahr nur eine Partnerin zu haben? Es ist äußerst ungewöhnlich für Kohlmeisen, bigamistisch zu leben; allerdings sind diese Vögel solche Individualisten, dass das Nisten bei ihnen keinem starren Schema folgt. In der Regel haben sie nur ein Gelege, und das Männchen verhält sich seiner brütenden Partnerin gegenüber aufmerksam. Zudem beteiligt es sich mit Begeisterung am Füttern der Jungen, sogar noch zwei bis drei Wochen nachdem diese flügge geworden sind. Aber auch dieses normale Nistverhalten, das oft als »instinktiv« bezeichnet wird, weist im Detail viele Abweichungen auf: Keine zwei Paare verhalten sich beim Nestbau und bei der Aufzucht der Jungen absolut identisch.

Baldheads hektische Beschäftigung mit Greys Nest hörte meist so plötzlich auf, wie sie begonnen hatte; danach flog er ruhig und gemächlich in die entgegengesetzte Richtung zu Monocles Nest davon. Sein Verhalten war völlig anders als das Verhalten gegenüber seinen beiden Partnerinnen im Vorjahr. Als Jane und Grey gebrütet hatten, hatte er sie unablässig gefüttert, er hatte sie außerhalb des Nests begleitet und die Nistplätze beständig bewacht.

Diese Obsession mit Greys Nest hielt an, bis Monocles Junge geschlüpft waren und er sich hingebungsvoll dem Füttern ihrer acht Sprösslinge widmete. Darüber hinaus adoptierten er und Monocle acht bereits flügge gewordene Junge, die zu einem von seinen und Janes Nachkommen gehörten.

Und das kam so. Ein Vogel von Janes zweiter Brut, Fatty (Dickerchen), war genauso groß und frech wie sein Vater, es machte Freude, ihn zu beobachten. Wie Baldhead blieb auch er das ganze Jahr über in meinem Garten, die Nester der beiden befanden sich auf angrenzendem Terrain. Baldhead war Herr über den Obstgarten, Fatty und ein anderes Kohlmeisenpaar teilten sich den Vorgarten. Hinsichtlich der Grenzen gab es einige Dispute mit vielen Drohgebärden und lautstarkem Gezwitscher. Auch ihre Partnerinnen stritten sich lebhaft, was hin und wieder sogar so weit ging, dass sie mit ineinander verkrallten Füßen auf dem Boden herumrollten. Die Streitigkeiten der Weibchen waren heftig, aber rasch vorüber, während die Männchen es zu genießen schienen, ein anhaltendes Spiel oder eine fantasievolle Kunst daraus zu machen; ihre Auseinandersetzungen dauerten manchmal bis zu drei Stunden.

Fatty war ein aufopferungsvoller Partner, wie es so häufig bei Kohlmeisen in ihrem ersten Jahr der Fall ist. Er begleitete seine Frau, während sie Nistmaterial sammelte, er beobachtete all ihre Bewegungen, wenn er ihr auch nicht praktisch half. Versuchte er, ihr ins Nest zu folgen, drückte sie ihn hinaus, weshalb er geduldig draußen wartete und ab und zu durchs Einschlupfloch spähte, bis sie sich wieder auf den Weg machte, um mehr Material zu holen. Vielleicht besteht der Grund dafür, dass die Männchen vieler Spezies nicht beim Nestbau helfen, darin, dass die Weibchen es ihnen nicht erlauben.

Eines Nachmittags – Fattys Partnerin ruhte sich gerade auf einem Ast oberhalb des Nistkastens aus – wagte er sich doch hinein und ließ leise Nestlingsrufe aus dem Inneren des Kastens vernehmen. Sofort flog sie zu einem anderen Baum und rief ihn. Er gesellte sich zu ihr, woraufhin sie sich mit angehobenem Bein wieder auf dem Ast über dem Nistkasten zum Ruhen niederließ, nun, da sie ihn erfolgreich aus dem Nest entfernt hatte. Fatty flog erneut zum Nistkasten, blieb dieses Mal jedoch still vor dem Einschlupfloch sitzen und sah oft zu seiner Partnerin hinauf.

Am 2. Juni verlor der arme Fatty seine Partnerin. Zu dieser Zeit herrschte eine anhaltende Hitzewelle, und es war sehr erschöpfend für sie gewesen, die Jungen durch die

Hitze hindurch zu füttern. Sie waren nur noch fünf oder sechs Tage davor, flügge zu werden, zumindest unter normalen Umständen. An diesem und am nächsten Tag fütterte Fatty die Jungen weiter, machte dabei jedoch einen ruhelosen und unglücklichen Eindruck. Als er mir wie üblich auf die Hand geflogen kam, um sich Futter zu holen, warf er jedes Stückchen, das er aufpickte, auf den Boden, und flog, ohne zu fressen, wieder weg.

Am 4. Juni fütterte er die Jungen bis elf Uhr vormittags, verhielt sich dabei aber irgendwie seltsam und wirkte zerstreut. Er kam an diesem Morgen nicht zu mir auf die Hand – das erste Mal in seinem Leben reagierte er nicht, als ich ihn rief. Er schien auch seine Lieblingshappen, die ich ihm direkt vor den Schnabel hielt, nicht zu sehen, Nüsse und Käse, die er vorher sofort verschlungen oder seinen Jungen gebracht hätte. Seine Augen schienen nichts zu fokussieren, sie hatten einen merkwürdigen Ausdruck angenommen. Gegen elf verließ ich das Haus, und als ich um halb drei zurückkehrte, war Fatty verschwunden. Die Küken riefen ununterbrochen bis fünf Uhr nachmittags. Baldhead, zweifelsohne durch ihre Rufe angelockt, sah sie sich neugierig durch das Einschlupfloch des Nistkastens an, flog dann aber wieder weg, um seine eigenen Jungen zu füttern, die am 31. Mai flügge geworden waren und sich noch immer im Obstgarten aufhielten.

Würde Baldhead Fattys acht Junge adoptieren, wenn ich sie ihm brachte? Die Wahrscheinlichkeit war angesichts der Tatsache, dass er selbst acht Junge hatte, gering; dennoch nahm ich zwei von ihnen aus dem Nest und setzte sie in seinen Nistkasten. Sofort kletterte das größere Küken durch das Einschlupfloch nach draußen, zum Glück just in dem Augenblick, in dem Monocle am Nest erschien. Es flatterte zu einem nahe gelegenen Ast. Verdutzt sah Monocle ihm nach und schimpfte zuerst ein wenig, bevor sie den sanften Ruf ertönen ließ, mit dem Kohlmeisen ihre Jungen beim ersten Flugversuch begleiten. Der hungrige Jungvogel rief laut zurück und zitterte mit den Flügeln, als er sie sah. Sie sah sich um, offensichtlich um sicherzustellen, dass keine Elternvögel kamen, und begann dann, rasch mehrere Raupen zu sammeln, als sei ihr der enorme Hunger des Jungen bewusst geworden. Dann flog sie zu ihrem Nistkasten und blickte durchs Einschlupfloch. Das andere Küken hockte stumm im Nest, doch sie flog nicht hinein. Also setzte ich es neben das erste auf den Ast. Da es kleiner war und noch nicht richtig fliegen konnte, fiel es vornüber ins Gras. Monocle war besorgt, flatterte über dem Küken in der Luft, rief es leise und versuchte, es nach oben auf einen sichereren Sitzplatz zu locken. Es piepste nur, und so fütterte sie es auf dem Boden.

Ich holte zwei weitere von Fattys Jungen. Als ich sie auf den Ast neben den ersten Jungvogel setzte, kam Baldhead angeflogen. Wie seine Partnerin war auch er verdutzt, sie so nahe an seinem Nest zu sehen. Zuerst suchte er die Bäume nach den Elternvögeln ab, dann ebbte sein Schimpfen, das ohnehin nur halbherzig begonnen hatte, ganz ab, und dann warf Baldhead seiner Gefährtin einen Blick zu, den sie erwiderte. Daraufhin drehte sie sich zu den Jungvögeln um und rief sie sanft. Blitzartig schoss Baldhead davon und kehrte mit einer großen Raupe im Schnabel zurück; und obwohl die Jungen gerade nicht bettelten, stopfte er ihnen eifrig Nahrung in den Schlund, die er in Rekordgeschwindigkeit herbeischaffte. Beide Altvögel schienen zu verstehen, dass die Jungen zu verhungern drohten, auch wenn es momentan keine äußerlichen Anzeichen dafür gab.

Da sich alles so gut entwickelte, holte ich die restlichen vier Jungen, immer zwei auf einmal. Baldhead und Monocle wurden immer aufgeregter, sie riefen und fütterten die Jungen hektisch und tauschten dabei häufig Blicke aus. Schließlich flog Baldhead zu seinem Nistkasten; seine Partnerin folgte ihm, und mit gedämpftem Gezwitscher untersuchten sie gemeinsam den Kasten – hinten, unten, oben und von innen –, als wollten sie herausfinden, woher all diese Jungvögel plötzlich kamen. Da Baldhead nicht gesehen hatte, dass eines der Jungen aus dem Nistkasten geklettert war, musste Monocle ihm das irgendwie mitgeteilt haben.

Nach und nach lockten sie die größeren Jungvögel zu ihren eigenen Jungen auf den Bäumen am anderen Ende des Obstgartens. Vier von ihnen waren jedoch noch zu klein, um richtig fliegen zu können, sie brauchten meine Hilfe. Die Adoption war ein solcher Erfolg, dass sich die Altvögel beinahe mehr um die Pflegekinder als um die eigenen kümmerten. Baldhead schien in dieser neuen Rolle ganz in seinem Element, sogar sein Verhalten gegenüber seiner Partnerin änderte sich. Flog sie in die Nähe des Nests, suchte er jetzt ihre Gesellschaft; beide zitterten mit den Flügeln und ahmten Nestlingsrufe nach – ein Verhalten, das sie nach dem Flüggewerden der eigenen Jungen nicht an den Tag gelegt hatten. Diese Wiederholung des Verhaltens vor dem Nisten, das häufig mit größerer Begeisterung einhergeht als das eigentliche Nistvorbereitungsverhalten, ist typisch für Kohl- und Blaumeisen, die ihr Brutgeschäft mit großem Enthusiasmus durchführten. Zwar hatte sich Baldhead bei Monocle nach dem Flüggewerden der eigenen Jungen nicht so benommen, doch hatte ich das Schauspiel im Jahr zuvor viele Male zwischen ihm und Jane beobachten können.

Am 29. Juni, drei Wochen nach Fattys Verschwinden, kehrte er mit drei ausgewachsenen Jungvögeln zurück, die etwa fünf Tage jünger waren als seine eigenen. Er flog schnurstracks zu seinem üblichen Sitzplatz auf meiner Schulter und nahm dann Futter aus meiner Hand, das er wiederum seinen adoptierten Jungen gab. Eine Kohlmeisenwitwe musste ihn überredet haben, ihr bei der Aufzucht der Jungen zu helfen, gemeinsam mit ihm in meinem Garten ließ sie sich jedoch nicht blicken.

Fattys eigene Junge waren zu dieser Zeit in ihrer Anzahl stark dezimiert und wurden von ihren Pflegeeltern zur Unabhängigkeit erzogen. Da sie nur noch selten gefüttert wurden, jagten sie Fatty hinterher und versuchten, ihm Raupen aus dem Schnabel zu stibitzen, die eigentlich für das seinerseits adoptierte Trio gedacht waren. Er ließ sie die Nahrung zwar nicht stehlen, verhielt sich den aufdringlichen Halbstarken gegenüber jedoch überraschend gutmütig: Nie stieß er sie schimpfend weg, wie Kohlmeiseneltern es normalerweise tun, wenn sie von den ausgewachsenen Jungen einer Brut daran gehindert werden, die Jungen einer anderen Brut zu füttern. Die lautstarken Jungvögel aber waren Fattys eigen Fleisch und Blut und hatten deshalb ein größeres Anrecht auf die Raupen als die drei Adoptivkinder. Ob Fatty das bewusst war oder nicht, kann nicht bewiesen werden; angesichts der Toleranz, die er den beharrlich hinter ihm herjagenden Jungvögeln entgegenbrachte, konnte man jedoch schon glauben, dass er seinen legitimen Nachwuchs (an-)erkannte. Sie belästigten ihn so sehr, dass er sich einen cleveren Trick ausdachte und das Futter auf einem Umweg – nämlich durch mein Cottage – zu den anderen Jungen brachte. Seine eigenen Sprösslinge kannten sich nur halb so gut mit meinen Badezimmer- und Küchenfenstern aus wie er. Als eines seiner Jungen den Trick durchschaute und Fatty ins Cottage folgte, überlistete er es doch noch durch einen ungeheuer schnellen Flug um die Bäume; als das Junge Fatty schließlich einholte, konnte es nur noch dabei zusehen, wie die begehrte Raupe im Schlund eines Adoptivgeschwisters verschwand.

Nach seiner Rückkehr musste Fatty sich mit so einigem abfinden. Baldhead schien nun einen Groll gegen ihn zu hegen: Wann immer er ihn sah, verjagte er ihn aus dem Vorgarten. Da Baldheads Revier der Obstgarten hinter dem Cottage war, hatte das Verjagen nichts mit Territorialverteidigung zu tun. Die anderen Kohlmeisen mit Jungen, deren Nistbaum im Vorgarten stand, griffen Fatty nie an, und anderen Kohlmeisen außer Fatty gegenüber verhielt sich Baldhead auch nie aggressiv. Er schien zu glauben, dass Fatty durch das Verlassen seiner Jungen sein Anrecht auf seinen Nistplatz verwirkt habe, und Fatty wehrte sich auch nicht gegen Baldheads Angriffe.

Im Herbst begleitete ein Weibchen – möglicherweise die Mutter des Trios – Fatty häufig zum Cottage. Danach hörte Baldhead allmählich damit auf, Fatty zu drangsalieren – bis auf sehr milde Oktober- und Novembertage, an denen Fatty hin und wieder in die Nistkästen im Garten spähte. So nistete Fatty hier niemals wieder, er kommt mich aber außerhalb der Brutsaison oft besuchen.

Baldhead und Monocle blieben im Herbst und Winter zusammen, zeigten jedoch nicht viel Interesse aneinander. Sie stritten sich ein paarmal um neue Schlafkästen, die ich für sie aufgehängt hatte. Baldhead ging davon aus, dass er als Erster wählen durfte, schlief aber nicht jede Nacht im selben Kasten; außerdem schien er sich nicht entscheiden zu können, welchen Schlafkasten er denn nun nehmen sollte. Monocle saß auf einem Baum und sah ihm dabei zu, wie er von Kasten zu Kasten flitzte und den Kopf hineinsteckte, aber nicht hineinschlüpfte. Irgendwann verlor sie die Geduld und versuchte, sich selbst einen Kasten zu sichern. Kaum hatte sie sich einen ausgesucht, da drängelte Baldhead sich an ihr vorbei und verhinderte durch lautes Schimpfen, dass sie sich darin niederlassen konnte. Sie flog davon, schien ihm die Entscheidung dadurch aber leichter gemacht zu haben, denn kurz nachdem sie weg war, schlüpfte Baldhead in den Kasten. Monocle suchte sich einfach einen anderen aus. (Kohlmeisen schlafen normalerweise nicht beieinander, auch wenn sie tagsüber unzertrennlich sind.) Vielleicht war das Ganze aber auch nur ein Schlafengehspiel: Ich habe oft beobachtet, dass sich Vögel spielerisch verhalten, bevor sie sich zur Ruhe begeben. In der nächsten Brutzeit wird Baldhead seiner Partnerin bei allem, was sie will, den Vortritt lassen, im Herbst und Winter aber hat das Männchen Vorrang, zumindest bei Spezies, bei denen die Partner das ganze Jahr über zusammenbleiben. Der Vorrangswechsel, so habe ich beobachtet, findet statt, wenn beide Partner auf höfliche Art und Weise zögern und warten, bis sich der jeweils andere als Erster an der Nahrung bedient hat.

In meinem persönlichen Umgang mit ihm überlistet Baldhead mich manchmal. Seine Leibspeise sind Nüsse; letzten Herbst habe ich welche in einer Papiertüte mit nach Hause gebracht und ihm eine gegeben. Er verzehrte sie auf der Sprosse unter der Sitzfläche eines Stuhls. Da ich wusste, dass er die Papiertüte aufreißen würde, um sich eine weitere Nuss zu holen, wickelte ich die Tüte in ein doppelt gefaltetes Geschirrtuch und schlug die Enden so unter dem Paket ein, dass ein kleiner Vogel es unmöglich auswickeln konnte. Das Paket legte ich auf einen Beistelltisch. Ich stand mit dem Rücken zu Baldhead, als ich die Tüte in das Geschirrtuch wickelte, er konnte folglich von da, wo er saß – auf der Sprosse des Stuhls –, nicht gesehen haben, was ich tat. Bald darauf flog er mir auf die Hand und bettelte um eine weitere Nuss, ich aber gab ihm Käse – seine zweitliebste Speise. Ungehalten schleuderte er das Käsestückchen von sich, dann sah er wieder erwartungsvoll zu mir herauf. Wieder bot ich ihm Käse an. Darauf reagierte er mit einer seltsamen Grimasse, bei der er den Schnabel halb geöffnet ließ; er weigerte sich, den Käse zu nehmen, und flog stattdessen, auf der vergeblichen Suche nach der Papiertüte mit den Nüssen, im Zimmer herum. Daraufhin verließ ich das Zimmer für einige Minuten. Als ich zurückkam, flog Baldhead gerade aus dem Oberlichtfenster, mit einer Hast, die ihm für gewöhnlich nur zu eigen ist, wenn er unmittelbar davor einen Diebstahl begangen hat. Auf dem Beistelltisch rollten einige Nüsse munter umeinander. Er hatte das Geschirrtuch geöffnet, die Papiertüte zerrissen und sich an den Nüssen bedient. Ich hatte nie zuvor Essen in dieses Geschirrtuch oder in irgendein anderes Tuch gewickelt, auch hatte ich nie Vogelfutter auf diesen Beistelltisch gelegt, auf dem ich normalerweise Dinge anmalte. Baldhead hatte also keinerlei Grund gehabt anzunehmen, dass sich die Papiertüte in dem – doppelt gefalteten und sicher verstauten – Geschirrtuch befand.

Baldhead isst auch Butter für sein Leben gern, weiß aber, dass er sie nicht vom Teller stehlen darf, und versucht das auch nicht, solange ich im Zimmer bin – es sei denn, er bekommt die Erlaubnis dazu. (Vögel sind so verständig, dass sie genau wissen, was verboten und was erlaubt ist. Ein schlechtes Gewissen, wenn sie etwas Verbotenes heimlich, hinter meinem Rücken, tun, haben sie allerdings nicht!) Ist es jedoch sehr kalt und ist die Butter hart und lässt sich nur schwer gleichmäßig aufs Brot streichen, kommt Baldhead manchmal angeflogen und stibitzt mir mit der Geschicklichkeit eines Taschendiebs ein kleines Butterknötchen vom Brot, das ich mir gerade in den Mund stecken will. Da ich ihn ermutige, mir aus der Hand zu fressen, wäre es unfair von mir, ihn für diesen Diebstahl auszuschimpfen, und so tue ich es auch nicht. Doch wie um auf der sicheren Seite zu sein, fliegt Baldhead mit seiner Beute immer schnell aus dem Fenster, während er das Futter, das ich ihm gebe, immer im Haus verzehrt.

Baldhead findet wie viele andere Kohlmeisen schnell heraus, wie man kleine Schachteln öffnet, in denen ich Leckerbissen für die Vögel aufbewahre. Statt nur auf ihnen herumzuhämmern, sieht er sich jede neue Art von Schachtel und ihre Bauweise erst einmal genau an. Dann versucht er, sie in der richtigen Weise zu öffnen, was ihm in der Regel nach einiger Anstrengung auch gelingt, es sei denn, ich selbst kann die Schachtel ebenfalls nicht leicht öffnen. Streichholzschachteln beispielsweise hält er mit den Füßen fest, bevor er sie mit dem Schnabel aufzieht. Ist die Schachtel zu steif, um sie weit öffnen zu können, nimmt er sie auf, dreht sie um und schüttelt sie, damit die Leckerbissen herausfallen. Eine Bonbondose aus Blech mit einem Scharnier auf einer Seite inspizierte Baldhead erst sorgfältig von allen Seiten, bevor er sie aufstemmte – den Versuch, den Deckel auf der Seite mit dem Scharnier zu öffnen, unternahm er nie. Das Problem mit dieser Dose war, dass der Deckel, wenn er ihn nur halb öffnete, immer zufiel, bevor sich Baldhead einen Leckerbissen schnappen konnte. Nach einigen Versuchen aber gelang es ihm, die Dose weiter zu öffnen und schnell den Kopf hineinzustecken, bevor sie sich wieder schloss. Manchmal hielt er die Dose auch mit dem Fuß offen. Und das sind nur ein paar Beispiele für Baldheads Intelligenz. Manche Kohlmeisen, die in meinem Cottage ebenso zu Hause sind, gelangen nie über das Herumhämmern auf Deckeln hinaus, obwohl sie den Vorteil hatten, klügeren Artgenossen beim Öffnen der Schachteln zuzusehen. Intelligenz schwankt innerhalb einer Art also enorm.

3

Einer von Janes Nachkommen mit Partner Nummer eins war ebenfalls ein ganz außergewöhnlicher Vogel, der die Eigentümlichkeit besaß, keine Eier legen zu können. Sie war eines von drei Weibchen aus einer ersten Brut. Ihre beiden Schwestern hingen sehr aneinander und waren immer zusammen; die Dritte im Bunde aber schien Angst vor anderen Vögeln zu haben und war immer allein. Kamen sie ihr zu nahe, flog sie mit einem kleinen Piepsen weg und begann dann, nervös die eigenen Zehen zu untersuchen. Sie hatte sehr kleine Füße, was vielleicht auch ein Grund für ihre Angst war, da Vogelfüße Verteidigungszwecken dienen. Als sie soeben flügge geworden war, hat man ihr einige Schopffedern ausgerissen; danach mied sie andere Vögel mehr als je zuvor, suchte aber meine Gesellschaft und verbrachte viel Zeit auf den Sprossen unter meinem Stuhl. Nachts schlief sie auf der Bilderschiene über meinem Bett, als erste der vielen Kohlmeisen, die das später noch tun sollten. Als ihre Schopffedern nachwuchsen, sahen sie so zerzaust aus, dass sie ihr den Namen Curley (Lockenköpfchen) einbrachten, und wie andere meiner Vögel hörte sie auch bald auf diesen Namen.

Wie ihre Eltern hatte auch Curley viel Persönlichkeit. Selbst als Jungvogel konnte ich sie nie mit ihren Artgenossen verwechseln, zudem ließ ihr Verhalten hin und wieder auf ein Selbstbewusstsein schließen. Drängten sich andere Vögel zur Fütterungszeit um mich, verschwand sie; waren sie fort, schlich sie sich heimlich von hinten an mich heran, kletterte mir an den Waden hinauf und zwickte mich sanft in die Kniekehle. Danach flog sie auf einen Sitzplatz mir gegenüber, untersuchte ihre Zehen und warf mir zwischendurch immer wieder rasche Blicke zu. Rief ich dann ihren Namen, kam sie sofort zu mir geflogen, um mir eifrig aus der Hand zu fressen. Das Zwicken entwickelte sich zu einem Spiel, das wir häufig spielten. Fand sie mich in eine stille Beschäftigung vertieft vor, hüpfte sie von hinten an mich heran und zwickte mich sanft in eine unerwartete Stelle. Oder sie hüpfte auf mir herum und suchte nach dem abgetragensten Teil meiner Kleidung. Hatte sie ihn gefunden, teilte sie die Fäden sorgfältig zu einem praktischen Loch, durch das sie mich zwicken konnte. Dabei sah sie mir danach immer direkt ins Gesicht, als wolle sie sehen, ob ihr Tun auch eine Wirkung hatte. Das Spiel hielt an, bis ich irgendwann gequält aufschrie; dann sah ich die Zufriedenheit in ihren Augen, wie sie mir gegenübersaß und mich abwechselnd anblickte und ihre Zehen untersuchte.

War Curley hungrig und war es ihr nicht gelungen, mir diese Tatsache bewusst zu machen, flog sie entweder zu den Vorhängen und zupfte den Samtflor heraus oder sie nahm das Telefonbuch auseinander. Dabei sah sie mich die ganze Zeit erwartungsvoll an, denn sie wusste genau, dass eine solche Zerstörung mit Sicherheit meine Aufmerksamkeit auf sie lenkte und nicht erlaubt war.

Ihr Alterskleid war glatter und heller als das typischer Kohlmeisenweibchen, doch in anderer Hinsicht war sie ganz und gar Kohlmeisenweibchen, sowohl in ihrem Aussehen als auch in ihrer Art. Ihr erster Partner war ein gut aussehender und eher großer Vogel – Kohlmeisen weichen in der Größe stark voneinander ab. Mit ihrer zögerlichen Art, Entscheidungen zu treffen, machte Curley ihm das Leben nicht gerade leicht. Er mühte sich ab, ihr eine Niststätte schmackhaft zu machen, sie aber schwankte mehrere Wochen lang zwischen vier verschiedenen Nistkästen in meinem Obstgarten, was zur Folge hatte, dass ihr kühner, entschlossener Gefährte alle vier Kästen gegen zudringliche Meisenkonkurrenz verteidigen musste. Mit einiger Anstrengung vergrößerte sie das Einschlupfloch eines Nistkastens, nur um dann hineinzusehen, sich mit einem kleinen, ängstlich wirkenden Piepsen zurückzuziehen und zu einem anderen Nistkasten zu fliegen. Ihr Partner folgte ihr, er ermutigte sie und versuchte, sie von einem Kasten zu überzeugen, indem er selbst in ihn hineinschlüpfte und sie von drinnen mit Nestlingsimitationen rief. Alle Kohlmeisen tun das, doch normalerweise verbringt das Weibchen mehr Zeit in möglicherweise infrage kommenden Nistkästen als das Männchen; außerdem antwortet sie ihm mit Nestlings-Imitationsrufen.[2] Curley schlüpfte hastig und stumm in die Kästen hinein und wieder aus ihnen heraus; nur manchmal ließ sie ein nervöses Piepsen vernehmen, bevor sie zum nächsten Kasten flog.

Diese Unentschlossenheit dauerte an, bis bei allen Meisen in der Nachbarschaft die Jungen geschlüpft waren. Daraufhin wurde Curleys Partner sehr unruhig, und beide verließen für etwa einen Monat meinen Garten. Anschließend kehrte Curley allein zurück; müßig saß sie in den Bäumen, sie badete in der Sonne und nahm das Leben ganz allgemein leicht. Ihr Gefieder war in einem ausgezeichneten Zustand, und ich war mir sicher, dass sie in ihrer Abwesenheit aus meinem Garten nicht gebrütet hatte.

Im darauffolgenden Jahr wiederholte sich das Nistverhalten in groben Zügen, allerdings mit einem anderen Partner.

---

2 Von den Nestlings-Imitationsrufen war vorher schon die Rede. Sie unterscheiden sich sehr vom Jungvogelruf, den das Weibchen nachahmt, wenn es von seinem Partner gefüttert werden will.

Curley hatte keinen Nachwuchs, verschwand drei Wochen aus dem Garten und kehrte mit ausgerupften Schopffedern zurück. Dafür war vermutlich ihr enervierter Partner verantwortlich, der schon einen sehr ungeduldigen Eindruck gemacht hatte, als die beiden noch im Garten gewesen waren.

Im dritten Jahr wählte sie einen seltsamen, nervösen Vogel als Partner, der zwei große, sich kreuzende, hornartige Borsten über dem Schnabel hatte, die ihm die Nahrungsaufnahme enorm erschwerten. Er war wirklich außerordentlich nervös und erregbar – fraß er mir aus der Hand, verlor er das Futter für gewöhnlich in seiner Hast, schnell wieder davonzufliegen. Whiskers (Schnurrhaar) war ein wenig adrett aussehender Zeitgenosse, seine Bewegungen waren fahrig und ungeschickt, doch er war ein treuer kleiner Kerl, der seine Jungen im Vorjahr ganz allein aufgezogen hatte, weil seine Partnerin kurz nach dem Schlupf des Nachwuchses gestorben war.

Curley trug nun ein wunderschön glattes, leuchtendes Frühlingskleid und hatte ihre Angst vor anderen Vögeln allmählich überwunden. Sie stand für sich selbst ein und fing hin und wieder sogar kleine Streitereien an. Ich hatte sie und ihren neuen Partner im Winter und frühen Frühjahr kontinuierlich beobachtet; anscheinend hatten sie sich, ohne zu balzen, erst kurz vor der Brutzeit verpaart. In diesem Jahr suchte sich Curley, ohne zu zögern, den größten und schönsten Nistkasten in meinem Garten aus, den Whiskers – er hatte kräftige Füße und einen furchteinflößend aussehenden Schnabel – allein dadurch verteidigte, dass er plötzlich nervös vor dem Baum, an dem der Nistkasten hing, hin und her flatterte. Curley fand ihren Mut beim Verteidigen ihrer ausgewählten Niststätte, ihre kleinen Füße waren ebenso kräftig wie die eines oder zweier größerer Weibchen, mit denen es zu Auseinandersetzungen kam. Und so behielten Curley und Whiskers den attraktiven und begehrten Nistplatz.

Der Nestbau jedoch schleppte sich dahin. Mehr als einmal erweckte Curley den Eindruck, dass das Nisten für sie nur ein Spiel war. Wie ihre früheren Partner verbrachte auch Whiskers viel Zeit damit, sie zum Beschleunigen des Nestbaus zu überreden: Er schrie geradezu wie ein ganzes Nest voller Nestlinge, sowohl im Nistkasten als auch außerhalb desselben, doch Curley antwortete nur gelegentlich schwach aus dem Inneren des Kastens und ging nie auf Whiskers Gebaren ein. Jeden Morgen brachte sie etwas Moos zum Nest, und die langen Pausen zwischen den einzelnen »Fuhren« verbrachte sie damit, Rinde von einem Apfelbaumzweig über dem Nest abzureißen. Allmählich wurde Whiskers ungeduldig: Unablässig jagte er sie, weil er sich mit ihr paaren wollte, doch ebenso unablässig wich sie ihm aus. Gepaart haben sie sich meines Wissens letztlich nie.

In diesem Jahr – 1946 – waren die Vögel sehr früh dran mit dem Nisten. Am 26. Mai schlüpften die Jungen anderer Kohlmeisen, während Curley noch immer jeden Morgen etwas Moos sammelte. Bevor sie erneut aufbrach, riss sie jedes Mal Blätter von einer Apfelrose neben ihrem Nest ab, rupfte diese in kleine Streifen und warf sie auf den Boden. Sie verrichtete diese zerstörerische Arbeit mit so viel Heftigkeit, dass sie ungeheuer frustriert gewesen sein musste – zweifelsohne aufgrund ihrer Unfähigkeit, Eier zu legen. Ab diesem Zeitpunkt verlor Whiskers das Interesse an dem gemeinsamen Nest, und so verbrachte Curley den Großteil des Tages allein. Sie verteidigte ihr Nest noch immer energisch: Am 28. Mai etwa vertrieb sie Janes Junge mit lauten Schimpftiraden aus ihrem Revier. Am 31. Mai hatte Curley ausreichend Moos für ihr Nest gesammelt, kleidete es aber weder aus, noch stellte sie es richtig fertig. Jede Nacht schlief sie darin, und jeden Morgen schlüpfte sie ein paarmal hinaus und wieder hinein; Nistmaterial holte sie jedoch keines mehr. Stattdessen rupfte sie heftiger denn je Rinde vom Zweig und riss Apfelrosenblätter ab. Manchmal erschien Whiskers noch am Nest, aber nur wenn Curley nicht da war. Sie hatte schon länger keinen großen Appetit mehr gezeigt, obwohl es ihr insgesamt gut zu gehen schien und sie in erstklassigem Zustand war. In den darauffolgenden vierzehn Tagen wurde das leere Nest entweder von Curley oder gelegentlich auch von Whiskers bewacht, gemeinsam sah ich sie dort allerdings nicht mehr. Er war nervöser denn je, fraß mir verkrampft aus der Hand und ließ das Futter beim Wegfliegen in der Regel fallen.

Am 14. Juni fand ich ein altes Rebhuhnei auf dem Feld und legte es Curley ins Nest. Sie begann sofort damit, es zu bebrüten, und obwohl Whiskers nicht da gewesen war, als ich das Ei in den Nistkasten gelegt hatte, und sich Curley, bevor sie mit dem Brüten begonnen hatte, auch nicht genähert hatte, kam er nun sofort ganz außer sich vor Aufregung angeflogen, mit einer Raupe in seinem seltsamen Schnabel. Curley steckte den Kopf aus dem Einschlupfloch, um die Raupe entgegenzunehmen, endlich schienen beide Vögel glücklich. Wie hatte Whiskers wissen können, dass sie brütete? Er konnte es nicht gesehen oder gehört haben; er hatte sie nie zuvor gefüttert, und Curley hatte nie zuvor den Jungvogelruf nachgeahmt, den das Weibchen vernehmen lässt, wenn es bereit ist, von seinem Partner gefüttert zu werden. Ich hatte Curley und Whiskers in den vergangenen zwei Wochen noch nicht einmal zusammen in meinem Garten gesehen. Und trotzdem: Ohne das Ei gesehen zu haben und ohne in der Nähe gewesen zu sein, als Curley in den Nistkasten schlüpfte, um zu brüten, war er dennoch eiligst aus dem Nachbarsgarten mit einer Raupe im Schnabel angeflogen gekommen. Mit großem Enthusiasmus brachte er ihr an diesem Morgen alle paar Minuten Nahrung, während Curley, statt sich voll und ganz aufs Brüten zu konzentrieren, immer wieder den Kopf aus dem Einschlupfloch steckte, um nach ihm Ausschau zu halten. Am Nachmittag verließ sie das Nest für ganze drei Stunden, was Whiskers außerordentlich beunruhigte, der mit Raupe um Raupe am Nest erschien und offenbar verwirrt war, weil er sie dort nicht antraf. Er flog im Garten umher und rief sie sanft; als er sie nicht fand, bewachte er das Nest, bis sie zurückkam. Dann begann er mit Feuereifer erneut damit, sie zu füttern.

Am nächsten Tag brütete Curley nur den halben Vormittag, während dieser Zeit wurde sie jedoch fürsorglich gefüttert. Wie zuvor brütete sie nicht durchgehend und steckte häufig den Kopf aus dem Einschlupfloch. In den darauffolgenden vierzehn Tagen kümmerte sie sich darum, das große Ei jeden Morgen etwa eine Stunde zu bebrüten; Whiskers spielte mit und fütterte sie, während sie im Nest saß. Für den Rest des Tages trennten sie sich und wechselten sich entweder beim Bewachen des Nests ab oder verließen den Garten.

Whiskers bot seiner Partnerin nie Nahrung an, wenn sie nicht im Nest war, was, wenn alles normal verläuft, eigentlich der Fall sein sollte. Mir fiel auf, dass Curley plötzlich wieder einen ausgesprochen herzhaften Appetit aufwies, nachdem ich ihr das Rebhuhnei ins Nest gelegt hatte.

Vom 1. bis zum 6. Juli waren beide Vögel häufig nicht da und kehrten immer einzeln zurück. Mittlerweile unternahm Curley keinen Versuch mehr zu brüten, obwohl sie ihr Nest noch immer lautstark verteidigte, wenn sich ein anderer Vogel näherte. Sie hatte zugenommen und schien wohlauf zu sein – alle anderen Weibchen waren dünn und ungepflegt und wirkten von der Anstrengung der Jungenaufzucht erschöpft.

Zwischen dem 6. und dem 31. Juli sah ich Curley nur selten im Garten, ins Nest schlüpfte sie nie. Auch Whiskers tauchte nur selten auf, und wenn er es tat, dann nur, um sich nervös etwas Futter zu holen und anschließend wieder zu verschwinden. Wie in den Jahren zuvor kehrte Curley im August dauerhaft zurück. Sie vertrödelte ihre Zeit mit Sonnenbaden, fiel in ihre alte Angewohnheit des Zeheninspizierens zurück und spielte das Zwickspiel mit mir. Whiskers kam nicht mit ihr zurück, und ebenfalls wie zuvor setzte die Mauser Curley weit weniger zu als anderen Meisen.

Den Herbst hindurch schimpfte sie wieder jeden Vogel an, der es wagte, sich ihrem Nest zu nähern, nachts schlief sie darin. An warmen Oktobertagen brachte sie noch etwas Moos zum Nistkasten – das habe ich sonst noch bei keiner Kohlmeise im Herbst beobachtet. Whiskers holte sich im Oktober sporadisch Futter von mir, das er beim Davoneilen wiederum meist verlor. Zu Beginn des Winters blieb er schließlich ganz weg.

Eines Nachts gegen Ende Dezember wurde die arme Curley von einer Nachbarskatze getötet. Ihre Überreste fand ich neben dem Nistkasten; die Katze musste sie auf den Boden gezerrt haben, nachdem sie den dicken Strick, mit dem der Kasten am Baum befestigt gewesen war, durchtrennt hatte.

4

Im Herbst gingen Curleys zwei Schwestern, die als Jungvögel ein Herz und eine Seele gewesen waren, getrennte Wege. Eine verließ den Garten ganz – oder ist, ohne dass ich es weiß, ums Leben gekommen –, die andere, ein besonders intelligenter Vogel, konnte ich immer aus nächster Nähe beobachten. Ich nannte sie Twist (Knick), weil ihr Schwanz beim Schlafen immer zur Seite gedrückt und nun permanent gekrümmt war. Nach der Mauser waren die Federn zwar gerade, doch bogen sie sich dann allmählich wieder, bis der Schwanz erneut sichelförmig und zottig aussah.

Anscheinend verstand Twist einige Dinge, die ich zu ihr sagte, und im Gegensatz zu anderen Vögeln mochte sie es als Jungvogel, gestreichelt zu werden. Wie alle von Janes Nachkommen hatte sie nie die geringste Angst vor mir; als ausgewachsener Jungvogel machte sie auf meinem Knie hin und wieder ein Nickerchen oder putzte sich auf meiner Hand oder Schulter. Ich konnte die Hand heben, wenn sie daraufsaß, sie mir nahe ans Gesicht halten und ihr mit meiner Wange sanft über den Rücken streichen. Dann wandte sie mir das Gesicht zu und sah mir in die Augen, machte aber keinerlei Anstalten, sich zu entfernen, solange ich sie weiter streichelte. Im Allgemeinen mögen Vögel es nicht, am Rücken berührt zu werden, gegen das Liebkosen der Brustfedern oder flaumigen Flanken haben sie meist nichts. Ich denke, das liegt daran, dass die Elternvögel manchmal auf den Rücken der Jungen steigen, um sie von einem allzu exponierten Sitzplatz zu schubsen, wenn ein Greifvogel über sie hinwegfliegt; zudem werden sie auf diese Weise gemaßregelt, wenn die Jungen ausgewachsen sind, aber trotzdem noch rabiat Futter einfordern.

Einmal sagte ich zu Twist, während ich sie streichelte: »Gib mir einen Kuss.« Zu meinem großen Erstaunen berührte sie ganz kurz meine Nase mit ihrem Schnabel – ein Kuss auf Vogelart. Da ich dachte, dass dics cin Zufall gewesen war, wiederholte ich das Experiment am nächsten Tag. Und siehe da: Sie reagierte auf dieselben Worte wie am Tag zuvor und tat das anschließend für den Rest ihres Lebens. Bat ich sie zweimal hintereinander um einen Kuss, sah sie mich verwirrt an und reagierte nicht; wiederholte ich die Bitte und versuchte ich, sie zu überreden, warf sie mir einen außerordentlich verärgerten Blick zu. Ließ ich jedoch eine bis zwei Stunden vergehen, bevor ich es erneut versuchte, reagierte sie wieder. War sie hungrig und sah, dass ich Käse für sie hatte, gab sie mir häufig drei eilige Küsse in rascher Folge, doch selbst mit Käse reagierte sie nicht, wenn ich sie zweimal hintereinander bat. Sie gab mir auch keinen Kuss, ohne darum gebeten worden zu sein oder wenn ich andere Worte benutzte.

Vögel bitten auf verschiedene Weisen um Futter. Twist setzte sich immer auf meine Schulter und sah mir mit flehendem Blick direkt ins Gesicht. Sagte ich: »Ich hab nichts«, veränderte sich ihre Mimik: Sie blickte verärgert, flog mir von der Schulter, setzte sich mir gegenüber und starrte mich an. Sagte ich: »Soll ich etwas holen?«, flog sie mit begierigem und erwartungsvollem Gesichtsausdruck umgehend zur Tür. Ging ich in die Küche, um Käse zu holen, wartete sie entweder auf der Wohnzimmertür oder flog mir nach und verdrehte sich den Hals nach dem Käse, von dem sie wusste, dass er für sie war. Sie fraß nur Käse oder Nüsse; bot ich ihr Brot oder Butter an, sah sie einen Moment darauf, bevor sie das Stück aufhob und es quer durchs Zimmer warf. Anschließend sah sie mich wieder mit flehendem Blick an. Gab ich ihr dann noch ein Stückchen Futter, das sie nicht mochte, drehte sie sich abrupt auf meiner Hand um und wandte dem verschmähten Stück den Rücken zu. Kurz darauf drehte sie sich wieder um und sah mich an – irgendwann musste ich doch verstehen, dass sie Käse oder Nüsse wollte. Natürlich tat ich das und gab ihr diesmal, was sie wollte, obwohl ich sie nicht dazu ermutigte, Essen durch den Raum zu werfen, indem ich sie dafür auch noch mit Käse belohnte.

Viele meiner Kohlmeisen sind erstaunlich clever darin herauszufinden, wo ich Futter aufbewahre, doch Twist ist diesbezüglich besonders schlau. Sie musste nur ein Mal sehen, wo sich ihre Lieblingsspeisen befanden, und merkte es sich. Ich habe schon beobachtet, wie sie versuchte, eine Untertasse von einem Teller zu schieben, weil sie mich am Vortag die Reste auf dem Teller mit einer Untertasse hatte bedecken sehen, während sie auf der Küchentür auf ihren Käse gewartet hatte.

Twists Partner stammte aus einem kleinen Wäldchen jenseits der gegenüberliegenden Felder und benutzte eine ungewöhnliche Abwandlung des »Zi-tuhi«-Gesangs:

Er sang diese sehr schnell und wiederholte sie wieder und wieder mit wundervoll lebhaftem Rhythmus.

Twist, nicht ihr Partner, suchte ihre erste Niststätte aus. Sie kämpfte hart darum, in meinem Garten bleiben zu können, doch das streitlustige Kohlmeisenpaar vertrieb sie, und die nächste Niststätte, die zur Verfügung stand, befand sich im Entlüftungsrohr eines Farmgebäudes auf der anderen Straßenseite. Als ihre Jungen kurz davorstanden, flügge zu werden, kam sie zu mir, um auf der Bilderschiene über meinem Bett zu schlafen. Eines Abends fand sie sich früher als gewöhnlich an ihrem Schlafplatz ein. Drei ihrer Jungen konnten bereits fliegen, die anderen waren noch im Nest. Twist sah furchtbar erschöpft aus, ließ sich ohne das übliche Putzen sofort zum Ruhen nieder und steckte den Kopf unter den Flügel. Eine Minute später jedoch saß sie mit vorgerecktem Hals alarmiert auf der Bilderschiene; im nächsten Augenblick schon war sie aus dem Fenster über die Straße zu ihren Jungen geflogen, offensichtlich nur, um noch einmal kurz nach ihnen zu sehen. Im nächsten Moment kehrte sie zurück; dieses Mal rührte sie sich bis zum

Morgengrauen nicht mehr, dann flog sie wie immer über die zugezogenen Vorhänge und durch das Oberlichtfenster nach draußen.

Am nächsten Abend sah sie noch erschöpfter aus. Nun waren alle ihre neun Küken flügge geworden – das ist immer der härteste Tag für eine Meisenmutter mit großer Brut. In dieser Nacht sorgte Twists Erschöpfung dafür, dass sie verschlief: Sie wachte erst auf, als ich die Vorhänge am nächsten Morgen um halb acht (Sommerzeit) zurückzog. Ihr wurde sofort bewusst, dass es spät war, mit ängstlichem Gesichtsausdruck schreckte sie auf. Mit einem lauten Schimpfen flog sie eilig über die Straße zu ihren Jungen. Danach schlief sie nie wieder im Haus. Das Schimpfen war interessant gewesen; vielleicht hatte sie sich über sich selbst geärgert oder befürchtet, dass ihre vernachlässigten Jungen Schaden genommen hatten.

In den darauffolgenden beiden Jahren nistete Twist im Wäldchen ihres Partners, dem Gehölz jenseits der Felder. Vielleicht war das Entlüftungsrohr nicht mehr da und ihr Partner hielt sein kleines Wäldchen für ein geeigneteres Revier. Als die Weißen Veilchen darin blühten, wurden Twists Besuche in meinem Cottage kürzer und weniger häufig. Als die Atlantischen Hasenglöckchen in voller Pracht standen, hatte sie es bei ihren gelegentlichen Besuchen immer sehr eilig, denn in dem Wäldchen gab es eine Esche mit einem fein säuberlich gemeißelten Loch im Stamm, und es war das Innere dieses Lochs, das Twists Gedanken nun völlig in Anspruch nahm. Als Butterblumen die Wiesen bedeckten, hörten ihre Besuche in meinem Cottage ganz auf, denn sie kümmerte sich ohne Unterlass um die Aufzucht ihrer Jungen. Die Nistzeit der Vögel berechnet man korrekter anhand der blühenden Blumen statt anhand von Kalenderdaten.

Da ich oft Spaziergänge zu dem kleinen Wäldchen unternahm, fiel es mir nicht schwer, Kontakt zu Twist zu halten: Auf mein Rufen hin kam sie gemeinsam mit ihrem Partner angeflogen. Manchmal flog sie mir auch über die Butterblumenwiesen entgegen, bevor ich rief; dann setzte sie sich auf meine Schulter und genoss den Käse, den ich ihr mitgebracht hatte, während mir ihr Partner aus der Hand fraß.

Als die Brutzeit vorüber war, besuchte mich Twist wieder viele Male am Tag sehr lange in meinem Garten, im Herbst und Winter verbrachte sie viel Zeit mit mir im Haus. Im Gegensatz zu ihrer Mutter Jane, die unzertrennlich von ihrem ersten Partner war, kam Twist meist allein. Ihr Partner schien das Wäldchen zu bevorzugen, sie meinen Garten – ihr Zuhause, der Ort, an dem sie auf die Welt gekommen war. Manchmal jedoch blieb sie, wenn sie in meinem Cottage war, plötzlich stocksteif und mit angespanntem Gesichtsausdruck stehen, ließ das Futter, das sie zwischen ihren Zehen hielt, fallen und flog hastig aus dem Fenster über die Wiesen in Richtung Wäldchen. Ab und zu zögerte sie einen Augenblick auf einem Baum vor dem Fenster, noch immer mit angespanntem Gesichtsausdruck, bevor sie zu ihrem Partner eilte (hin und wieder folgte ich ihr und fand heraus, dass sie zu ihm flog). Die plötzliche Anspannung in Körper und Mimik, als sei ihr Blick nach innen gerichtet, nicht auf das, was sie unmittelbar vor Augen hatte, ließ mich vermuten, dass sie auf irgendeine Form von Kommunikation vonseiten ihres Partners reagierte. Vielleicht konnte sie mit ihrem feinen Gehör durch fast geschlossene Fenster seinen Ruf aus großer Entfernung von jenseits der Wiesen wahrnehmen, vielleicht übertönte seine ferne Stimme, darauf eingestellt, von ihren Ohren gehört zu werden, die lauteren Störgeräusche des Straßenverkehrs oder der Traktoren. Oder bedienten Twist und ihr Partner sich einer Form der Kommunikation mittels Schwingung oder Telepathie? Andere Fälle der weder auditiven noch visuellen Kommunikation könnten auf letztere Schlussfolgerung verweisen: Ich erinnere da nur an Whiskers, der wusste, dass Curley schließlich doch noch ein Ei bebrütete, obwohl er nicht in der Nähe gewesen war, als ich es in den Nistkasten gelegt hatte, und obwohl er die absolut stumm im Nest sitzende Curley weder gehört noch gesehen hatte. Curley war an jedem Morgen an den Tagen zuvor im Nest gewesen, und da hatte er sie nicht ein einziges Mal gefüttert. Wie hatte er wissen können, dass das Ei da war, wenn Curley es ihm nicht auf telepathische Art und Weise mitgeteilt hatte?

In Twists viertem Winter wurde der Knick in ihrem Schwanz wegen der heftigen Schneefälle immer größer. Als es Anfang Februar 1947 noch einmal eisig kalt wurde, starb Twist, fünf Wochen nach ihrer Schwester Curley: Sie erfror im Schlaf.

Das Verhältnis zwischen Curley und Twist war nie freundschaftlich gewesen, trafen sie sich in meinem Zimmer, reagierten sie immer in derselben Weise. Twist flüchtete sich in meine Armbeuge und sah mürrisch drein, während sich Curley auf eine Vorhangstange setzte. Blieb Twist länger als wenige Minuten bei mir, bekam der Samtflor der Vorhänge das zu spüren. Curley riss daran und hörte auch nicht damit auf, wenn ich sie laut ausschimpfte. Ich musste zu ihr gehen, wobei Twist jedes Mal aus einem anderen Fenster hinausflog. Anschließend setzte sich Curley mir gegenüber und untersuchte verlegen ihre Zehen. Rief ich ihren Namen, flog sie mir auf die Hand und ließ sich füttern. Mit ihrer Mutter Jane sowie mit allen anderen Kohlmeisen verstanden sich beide Vögel gut, selbst mit den Artgenossen, die nur im Winter in meinen Garten und mein Haus kamen.

5

Im Jahr darauf, 1948, nistete Baldhead zum dritten Mal. Er und Monocle hatten ihre erste Brut erfolgreich aufgezogen, und eine Woche nachdem die Jungen flügge geworden waren, wurde Baldhead rastlos und interessierte sich wieder brennend für Nisthöhlen. Seine Partnerin ließ sich für eine zweite Brut weniger begeistern, doch irgendwann zeitigten Baldheads energische Versuche, ihr die Nistkästen wieder schmackhaft zu machen, Erfolg, und sie begann, sich in einem neuen Nistkasten ein neues Nest zu bauen. Als die Jungen schlüpften, kümmerte sich Baldhead viel mehr um den Nachwuchs als Monocle. Sie war häufig nicht am Nest, suchte nach Nahrung oder ruhte sich in den Bäumen aus, während er sich den elterlichen Pflichten widmete, selbst kaum Nahrung aufnahm und tagsüber nie ruhte. In der Nacht schlief er auf der Bilderschiene über meinem Bett.

Ein weiteres Kohlmeisenpaar, Puggy (Mops) und ihr zweiter Partner, zog ebenfalls zum zweiten Mal in diesem Jahr Junge auf. Ihre Jungen waren eine Woche älter als die von Baldhead; Puggys Nest befand sich im Vorgarten. Hier war es genau umgekehrt, hier war Puggy der aufmerksamere Elternteil. Bei ihr und ihrem ersten Partner handelte es sich übrigens um das streitlustige Kohlmeisenpaar – ein hingebungsvolles Pärchen, beide Vögel waren in ihrem ersten Jahr gewesen, als sie sich verpartnert hatten. Vielleicht war Puggy nicht von Natur aus streitlustig, vielleicht hatte sie die dominante und aggressive Art ihres Gefährten gegenüber anderen Kohlmeisen angenommen, denn als er starb und sie sich mit einem friedliebenden Artgenossen, der andere nie angriff, zusammentat, verhielt sie sich anderen Vögeln gegenüber meist scheu und eher ängstlich. Als ich sie nach dem Tod ihres ersten Partners beobachtete, schien es mir, als vermisse sie seinen Kampfgeist. Sie nistete zwar in derselben Höhle, ließ die Jungen anderer Paare aber unbehelligt in ihrem Revier gewähren. Puggys zweiter Partner zeigte ihr gegenüber wenig Zuneigung. Sie steckte häufig den Kopf aus der Nisthöhle und wartete darauf, dass er ihr Nahrung brachte, wenn sie brütete; doch verglichen mit ihrem ersten Partner kam er nur selten. Auch beim Füttern der Jungen mangelte es ihm an Begeisterung. Sie war immer eine aufopferungsvolle Mutter gewesen und hatte acht Jahre in Folge immer zwei Gelege gehabt. Vielleicht hatte Baldhead etwas von ihrem Nistenthusiasmus geerbt, denn Puggy war seine Mutter.

Am 24. Juni wurden Puggys Junge der zweiten Brut flügge. Sie verließen das Nest in ordentlicher Reihenfolge, einer nach dem anderen unternahm den ersten Flug, ohne zu zögern. Da Puggy sie nie zum ersten Flug gedrängt hatte, besaßen die gut entwickelten Jungvögel einen relativ langen Schwanz; es war ihr anscheinend lieber gewesen, dass ihre Jungen beim ersten Versuch schon voll flugtauglich waren. Andere Kohlmeiseneltern versuchen, die Jungen vier oder fünf Tage früher zum Fliegen zu überreden. Am ersten Morgen außerhalb des Nests geleitete Puggy den Nachwuchs aus meinem Garten auf die Sportplätze in der Nähe, wo sie sich einige Stunden aufhielten. Am Nachmittag wurden die Sprösslinge mit dem zauberhaft liebevollen Zwitschern, das Kohlmeiseneltern ihren Jungen gegenüber benutzen, dann alle nach Hause zurückeskortiert. Zur Schlafenszeit führte sie sie zur Eiche neben meinem Schlafzimmerfenster, wo sie ihre erste Nacht im Freien verbrachten. Puggys Partner hatte nur wenig Anteil daran, sich um die Familie zu kümmern. Ein paar Tage später verließ er sie ganz und ruhte sich im Gebüsch aus, während sie die Arbeit machte.

Am 25. Juni flogen Baldheads Junge zum ersten Mal, drei oder vier Tage vor ihrer Zeit. Sie waren noch sehr klein und wenig flugtauglich. Ihre Mutter ließ sie für eine Stunde am Stück allein, doch Baldhead erwies sich als wunderbarer Vater. Nach und nach lockte er sie zu sicheren Sitzplätzen in meiner Obstgartenhecke und fütterte sie den ganzen Tag über fürsorglich. Am 2. Juli stellte seine Partnerin das Füttern der Jungen ein, er aber fuhr bis zum 8. Juli damit fort. Nur zwei von sieben Küken hatten überlebt; ich nannte sie Teaser (Schelm) und Buffer (Kerlchen), sie hielten sich fortan viel in meiner Gesellschaft auf.

Im Gegensatz zu Baldheads Gefährtin versorgte Puggy ihre vier überlebenden Jungen zu dieser Zeit noch immer zuverlässig mit Nahrung, obwohl sie ein paar Tage älter waren als Baldheads Nachwuchs. Auch noch am 13. Juli fütterte sie sie gelegentlich und rief sie sanft zu sich, um mit ihnen gemeinsam unter den Büschen Jagd auf Raupen zu machen. An diesem Tag fraßen Baldheads Junge mir gerade aus der Hand, als Puggy angeflogen kam, weil sie Käse für ihre Sprösslinge wollte. Sie setzte sich auf mein Handgelenk und zischte die Konkurrenz durch den halb geöffneten Schnabel an. Die Jungen ignorierten sie und fraßen einfach weiter. Im Grunde jedoch verhielt sich Puggy allen Jungvögeln gegenüber ausgesprochen tolerant – als sie die eigenen Jungen nicht mehr fütterte, hörte ich ein solches Zischen nie wieder von ihr. Für denselben Tag finde ich folgenden Eintrag zu Baldheads Verhalten gegenüber Puggys Nachwuchs:

> 13. Juli. *Baldhead schaut verärgert drein, fressen mir Jungvögel aus der Hand, wenn er selbst Futter haben möchte. Er kommt an den Käse auf meiner Handfläche nicht mehr heran, wenn sich Puggys vier Junge bereits darum drängeln, also setzt er sich auf meinen Arm, beklagt sich lautstark und flattert dabei ein wenig mit den Flügeln, was jedoch niemand beachtet. Deshalb hüpft er auf meine Schulter und pickt mich schmerzhaft in die Wange. Rufe ich dann: »Lass das!«, läuft er um meinen Nacken herum, frisiert mich betulich und zieht mich an den Haaren. Anschließend kehrt er auf meine Hand zurück, reckt den Kopf vor und schiebt die Jungen beiseite, wobei er jedem einen leichten Klaps auf den Kopf verpasst. Da sich die Jungen aber nicht vertreiben lassen, füttere ich Baldhead etwas Käse auf meiner anderen Hand.*
>
> *Sowohl Puggy als auch Baldhead sehen zerzaust und*

ungepflegt aus, während ihre unaufmerksamen Gefährten in gutem Zustand sind und später während der Mauser nicht annähernd so viel leiden wie die anderen.

Für den 9. Januar des darauffolgenden Jahres finde ich folgenden Eintrag:

Die Kohlmeisen streiten sich auf einmal auf das Heftigste, die Männchen bekämpfen die Männchen, die Weibchen greifen die Weibchen an. Entbrannt ist der Streit über Baldheads Schlafkasten, den er seit dem Herbst und den ganzen letzten Winter über besetzt hat. Der Kasten hängt an einem Baum neben dem Fenster auf der rechten Seite meines Cottages und befindet sich in Baldheads Obstgartenrevier. In der Mittagszeit sehe ich ihn und seinen Rivalen, wie sie sich mit ineinander verkrallten Füßen auf meinem Fußboden herumrollen, und werfe eine Streichholzschachtel nach ihnen, um die beiden zu trennen. Sie fliegen aus dem Fenster, der eine ist dem anderen dicht auf den Fersen. Eine halbe Stunde später fliegt eine lahmende, krank aussehende Kohlmeise durch das Oberlichtfenster zu mir herein und fällt mir schwer atmend, unfähig, aufrecht zu stehen, in den Schoß. Zuerst erkenne ich Baldhead nicht, so anders sieht er aus, seine Augen matt vor Schmerz, das Gefieder aufgeplustert, den Kopf auf die Brust gebeugt, sodass die Zeichnung nicht zu sehen ist. Zuweilen zuckt er, jeder Atemzug macht ihm Mühe. Er ist in zu schlechtem Zustand, als dass er richtig fressen könnte, doch gelingt es mir, ihm etwas Käse zu geben, während er da liegt. Andere Meisen kommen hereingeflogen, er scheint sie nicht zu bemerken, bis er plötzlich aufhorcht – der wachsame

Ausdruck ist hinter dem schmerzerfüllten Blick erkennbar –, obwohl ich selbst nichts gehört habe und kein Vogel hereinfliegt. Im nächsten Moment hat sich Baldhead in eine Ecke des Zimmers geflüchtet und zwischen einem Schuh und der Garderobe versteckt. Da kommt sein Bezwinger ins Zimmer, ein sehr großer, kräftiger und dominanter Vogel. Ich nenne ihn Inkey (Tintenschwarz), wegen seiner sehr dunklen, breiten Brustzeichnung. Er ist nicht in meinem Garten aufgezogen worden und erst seit letztem Herbst hier. Baldhead ist beim tapferen Verteidigen seiner Schlafbox von diesem Fremden besiegt worden; erholt er sich überhaupt, hat er sein Revier verloren, in dem er sein gesamtes bisheriges Leben verbracht hat, da diese Seite meines Cottages zum Territorium des Obstgartens gehört.

10. Januar. *Baldhead ist sehr krank, seine Augen sind trüb, und er kann weder auf dem einen noch auf dem anderen Bein stehen. Er kommt mehrmals am Tag durch das Oberlichtfenster hereingeflogen und lässt sich dann in meinen Schoß fallen, wobei er sich immer einen Moment aussucht, in dem kein anderer Vogel im Zimmer ist. Fliegt Inkey nach ihm herein, versteckt er sich schnell auf dem Boden hinter irgendwelchen Möbeln, doch gelingt es mir im Allgemeinen, Inkey daran zu hindern, indem ich direkt nach Baldheads Auftauchen die Fenster schließe. Er versteht, dass er so sicher ist, und kommt daraufhin immer umgehend aus seinem Versteck hervor, legt sich auf meine Hand und lässt sich füttern. Ich behalte ihn so lange wie möglich auf dem Schoß, allerdings machen ihn die anderen Vögel, die vor den Fenstern herumflattern und wütend gegen die Scheiben klopfen, weil sie hereinkommen*

wollen, nervös. So öffne ich das Oberlichtfenster nach einer Weile wieder, und er fliegt hinaus in Richtung der Bäume. In diesem geschwächten Zustand lassen ihn die anderen Kohlmeisen absolut in Ruhe. Manchmal ist Inkey draußen, wenn Baldhead wegfliegt, er setzt dem Besiegten aber nicht nach.

Nach einer oder zwei Wochen ging es Baldhead allmählich besser. Am 7. Februar konnte er ein Bein fast wieder ganz normal benutzen, das andere jedoch hing meist hinter ihm herab, wenn er sich irgendwo niederließ. Seit er seinen alten Schlafplatz in seinem Revier verloren hatte, hatte er jede Nacht in einem Kasten an einem Baum auf der anderen Seite meines Cottages geschlafen. Nun aber, da die Kohlmeisen begannen, sich ihre Nistplätze für die kommende Brutzeit zu sichern, musste Baldhead in seinem schwachen Zustand auch seinen neuen Schlafkasten verteidigen. Es war interessant zu beobachten, dass ihn seine Rivalen zwar mühelos mit roher Gewalt hätten vertreiben können, sie ihre Methoden der Kriegsführung aber an seine momentanen Fähigkeiten anzupassen schienen. Deshalb konnte er seinen neuen Schlafplatz einige Wochen lang halten. Er schuftete hart, balzte sehr originell, ließ ungewöhnliche Klänge vernehmen und vollführte gelegentlich auch wieder sein Kunststück aus Jungvogeltagen: Er hängte sich kopfüber mit einem Fuß an einen Zweig und schwang das lahme Bein in der Luft hin und her (siehe S. 45). Manchmal ließ er sich nach diesen Anstrengungen keuchend vor Erschöpfung in meinen Schoß fallen; doch sobald er sich etwas erholt hatte, flog er wieder hinaus und verteidigte seine Niststätte aufs Neue. Seine Gefährtin, Monocle, hatte sich seit Baldheads Verletzung sehr zurückgezogen. Sie mied die Gegenwart anderer Kohlmeisen, kam aber mehrmals am Tag zu mir ins Haus, um sich Futter zu holen.

Baldhead nach Revierstreitigkeiten

Am 29. März begann Puggy mit dem Nestbau in ihrer üblichen Baumhöhle, die sich auf derselben Seite meines Cottages befand wie Baldheads neuer Kasten, nur etwa dreißig Meter davon entfernt. Die Eiche, in der ihre gerade flügge gewordenen Jungen im letzten Jahr geschlafen hatten, streckte ihre Äste über Baldheads Kasten aus. An den darauffolgenden beiden Tagen erschien Baldhead nur drei Mal in meinem Garten, um sich füttern zu lassen, seine Gefährtin verschwand ganz. Am 31. März jagte Puggys Partner Baldhead von der linken Seite des Hauses auf die rechte, in Inkeys Revier. Ich sah, wie Inkey Baldhead durch den Obstgarten hinterherflog. Etwas später kam Baldhead ins Cottage und landete – plumps – auf dem Boden zu meinen Füßen. Er

Zwei Kohlmeisen und eine Blaumeise am Oberlicht des Cottages;
sie zögern hineinzufliegen, weil eine riesige Kamera auf sie gerichtet ist.
September 1950.

Zwei Kohlmeisen und das Manuskript! Der Vogel links
flog kurz davor von meiner Hand auf. Juli 1950.

Zwei jugendliche (vier Monate alte) Kohlmeisen.
September 1950.

Eine Blaumeisenfamilie

Ein Sprössling von Baldhead im Alter von neun Wochen auf meiner Hand.
Juli 1950.

Kohlmeisen fliegen ins Cottage hinein und wieder heraus.

Beim Öffnen einer Streichholzschachtel. Juli 1950.

Eine Kohlmeise zerlegt das Telefonbuch. Juli 1950.

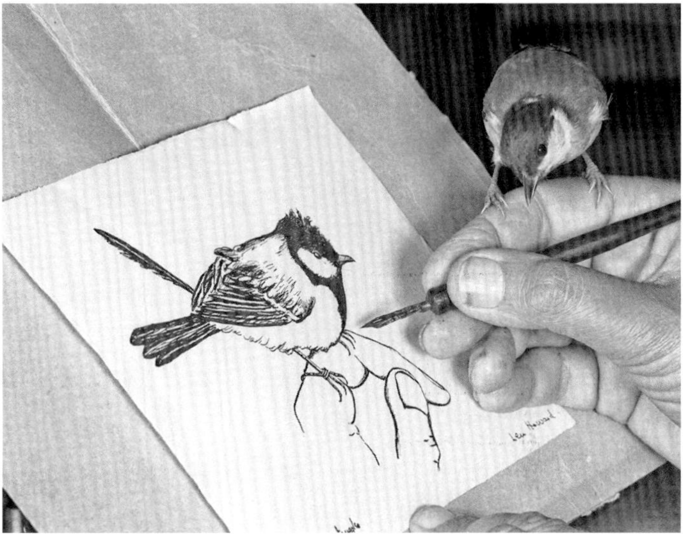

Kunstinteressiert! (Die Skizze ist noch einmal im Text auf S. 80 abgedruckt, da sie durch das Fotografieren auf einer schrägen Unterlage verzerrt ist.) Juli 1950.

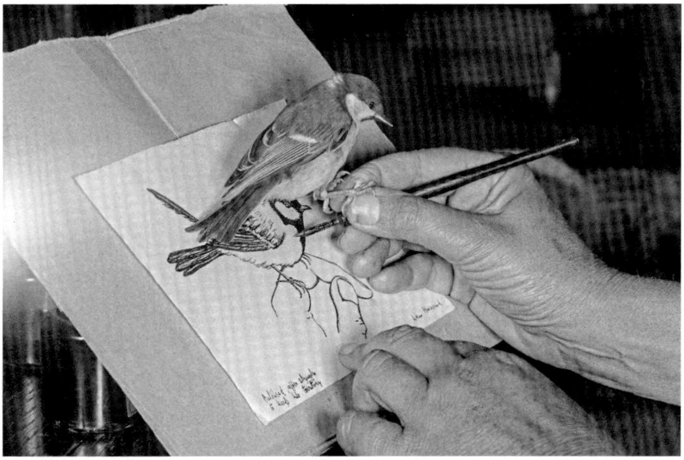

Der Jungvogel ist etwa so alt wie der kunstinteressierte oben, in Persönlichkeit und Aussehen ähnelt er ihm jedoch nicht. Juli 1950.

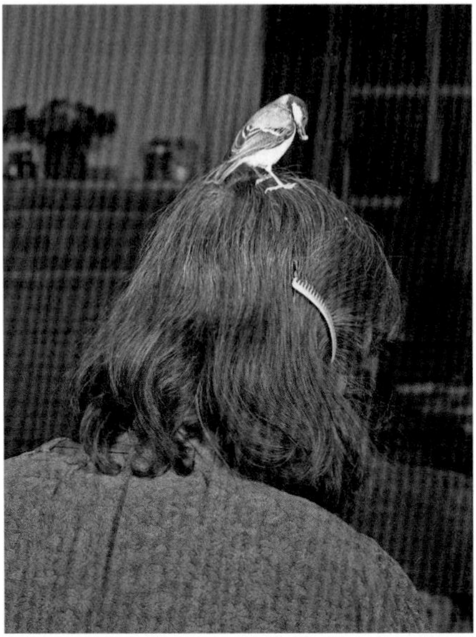

Baldhead auf meinem Kopf

Wenn ich mich nach vorn beuge, hüpfen mir oft Meisen, meist mehrere auf einmal, auf dem Rücken herum. Dieser Jungvogel stammt aus Cross' Brut. Juli 1950.

Ein Rotkehlchen
an seinem Nest

Nach dem Baden.
Eine ausgewach-
sene Kohlmeise in der
Mauser, fotografiert
am Vogelbad. Juli 1950.

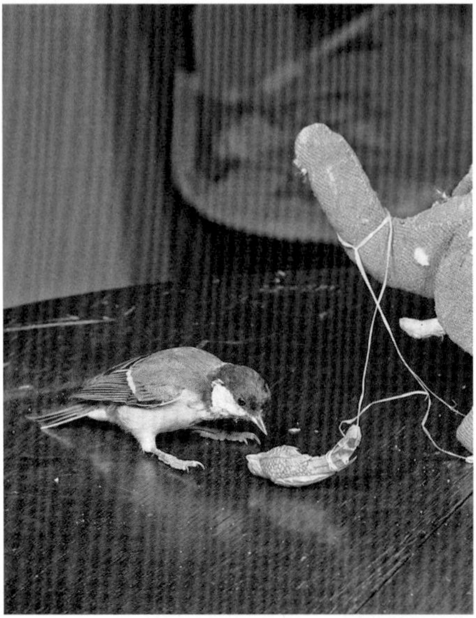

Die jungen Kohlmeisen sind von einem Spielzeugsittich fasziniert, auch wenn die erste Annäherung daran meist sehr vorsichtig stattfindet. September 1950.

Ein Lieblingsspielzeug der Kohlmeisen, das sie erst heftig attackieren, bevor sie die Füllung herausreißen. September 1950.

atmete schwer, das Gefieder aufgeplustert, die Schopffedern ausgerupft. Die rechte Seite seines Gesichts war nackt, neben seinem Ohr war ein kleines Rinnsal von Blut zu sehen. Zuerst hatte ich Angst, dass er sterben würde, einige Minuten danach aber nahm er etwas Nahrung und Wasser zu sich, die ihn wiederbelebten. Wiederum zehn Minuten später bat er mich darum, das Fenster zu öffnen, das ich geschlossen hatte, um andere Vögel fernzuhalten. Er sah zwar wie ein Wrack aus mit seinem federlosen Kopf und lahmen Bein, doch sein Kampfgeist war ungebrochen: Er ließ sich den Zugang zu meinem Garten und Haus nicht verwehren.

Er tauchte an diesem Morgen nicht wieder auf. Ich begann, mir Sorgen zu machen, suchte ihn und fand ihn mit seiner Partnerin in einer großen Eiche außerhalb der Nordseite meines Obstgartens. Er setze sich auf meine Schulter, um Käse zu fressen, und flog dann gemeinsam mit seiner Gefährtin um die Eiche herum, offensichtlich auf der Suche nach einer Nisthöhle; allerdings gab es keine passende. Deshalb holte ich einen Nistkasten und brachte ihn zuerst auf der Rückseite meiner Obstgartenhecke an – zu nahe an der Grenze zu Inkeys Revier. Baldhead war sehr aufgeregt, als er den Kasten sah, drehte sich jedoch mit einem Schimpfen zu mir um, als ihm klar wurde, wo ich den Kasten anbringen wollte, und flog auf die andere Seite der Eiche. So trug ich den Kasten zu dem von ihm ausgewählten Platz. Begeistert und mit den üblichen Nestlingsruf-Imitationen schlüpfte Baldhead sofort hinein. Seine Partnerin spähte durch das Einflugloch und zappelte dann unruhig davor herum: Offensichtlich wollte sie, dass er herauskam, damit sie den Kasten selbst ausprobieren konnte. Rastlos hüpfte sie von Zweig zu Zweig, riss Rinde von einem Ast und hämmerte mit dem Schnabel auf dem Ast herum, doch vergebens. Baldhead rührte sich nicht. Schließlich schlüpfte sie zu ihm hinein und kam gemeinsam mit ihm wieder heraus; sie inspizierten den Kasten von allen Seiten und wechselten sich anschließend mit dem Hineinschlüpfen ab, wobei Baldhead aber immer länger im Nistkasten blieb als sie. Sie schienen glücklich darüber zu sein, den Kasten zu haben. Noch am selben Nachmittag begann Monocle mit dem Nestbau, während Baldhead umherhinkte und jede Meise verjagte, die dem Kasten zu nahe kam. Ich stellte Futter und Wasser ans Nest, doch am nächsten Morgen kam Baldhead mehrmals zu mir ins Cottage – auf einem Weg über die Rückseite der Obstgartenhecke, weitestmöglich von Inkeys Nest entfernt, um nicht erneut seinen Zorn auf sich zu ziehen. Nun, da Baldhead weitab von Inkeys oder Puggys Revier nistete, ließen sie ihn, wann immer er wollte, am Cottage vorbei- und hineinfliegen, um sich Futter zu holen. Monocle allerdings wagte sich erst wieder in meinen Garten, als ihre Jungen geschlüpft waren.

Inkey und Baldhead verbrachten an der Grenze zwischen ihren Revieren im oberen Teil meines Obstgartens Stunden mit Imponiergehabe und Drohgebärden, während ihre Gefährtinnen mit dem Nestbau und dem Brüten beschäftigt waren. Es war interessant zu beobachten, dass das kräftigere Männchen in diesen Revierstreitigkeiten die körperliche Schwäche des Gegners nie ausnutzte. Baldhead hinkte umher, verteidigte seine Rechte und ließ zum ersten Mal in diesem Jahr den »Zi-tuhi«-Gesang aus den Wipfeln der Bäume vernehmen – mit relativ schwacher und brüchiger Stimme, doch voller Selbstvertrauen und Esprit. Er sah zwar immer noch furchtbar aus mit seinem federlosen Gesicht und Kopf, sprühte aber seit seiner ersten Niederlage mehr denn je vor Leben. Sein Appetit wuchs, und sein Bein wurde wieder etwas kräftiger, wenngleich er das Hinken wohl nie loswerden wird. Das gelähmte Bein scheint zudem disloziert, es befindet sich, wenn er steht, nicht da, wo es sein sollte. Er und Monocle zogen die Brut erfolgreich auf; mit einem zweiten Gelege wollten sie es dieses Jahr nicht versuchen, dafür war Baldhead einfach zu erschöpft. Nach der Mauser war er mit seinem nigelnagelneuen Gefieder wieder ganz er selbst, und abgesehen vom Hinken ging es ihm ausgezeichnet.

Inkeys Partnerin, Smoke (Rauch), hatte sich als Niststätte einen großen Kanister ausgesucht und den Baldhead abgenommenen Kasten links liegen lassen. Dieser Kasten wurde nun zum Mittelpunkt eines faszinierenden Beispiels für territoriales Verhalten. Ein Kohlmeisenpaar, absolut fremd in meinem Garten, nistete sich heimlich in Baldheads altem Kasten auf Inkeys Revier ein, hatte dabei auf der anderen Seite der Straße jenseits von Puggys Territorium aber ein eigenes Revier. Dahin flog das Paar schnurstracks vom Nest aus, wobei es sich abgesehen von eben jenem Nistkasten nie in Inkeys Revier niederließ. Als Smoke damit beschäftigt war, ihr Nest zu vollenden, näherte sich das fremde Weibchen leise von der Straße aus, suchte Deckung hinter den Büschen und schlüpfte mit Moos im Schnabel in den Nistkasten, bevor es sich auf den Weg machte, um neues zu holen. Es holte sich das Moos immer aus dem eigenen Revier, obwohl die Pflanzen in meinem Garten reichlich vorhanden sind. Am

Anfang war Inkey so von seiner Auseinandersetzung mit Baldhead am oberen Ende des Obstgartens in Beschlag genommen, dass er die verstohlenen Fremden vielleicht noch nicht einmal bemerkte, doch einige Tage nachdem sie den Kasten besetzt hatten, sah ich Inkey mit großem Interesse hineinspähen. Zu meiner Überraschung ließ er die Fremden gewähren, die sich vollkommen still verhielten, wenn Inkey in der Nähe war oder den Kopf in den Kasten steckte. Nicht ein einziges Mal jagte Inkey den Fremden hinterher oder stritt sich mit ihnen über Reviergrenzen, wie er es mit Baldhead den halben Tag lang tat. Es *gab* gar keine Reviergrenzen, denn weder erhoben die Fremden Anspruch auf Land, noch fraßen sie in meinem Garten, noch nicht einmal an der Futterstelle. Alles, was sie wollten, war der Nistkasten, da in ihrem Revier jenseits der Straße keine geeignete Nisthöhle vorhanden war.

Als ihre Jungen schlüpften, holten die Elternvögel das gesamte Futter aus ihrem Revier und brachten es an der Grenze von Puggys Territorium entlang zu ihrem Nest in Inkeys Territorium. Inkeys flügge gewordener Nachwuchs saß häufig auf dem Nistkasten der Fremden oder einem Ast darüber, wo er von seinen Eltern gefüttert wurde. Dabei erhoben die Fremden nie den üblichen Protest, den Kohlmeisen sonst äußern, wenn sich piepsende Jungvögel über dem Nest aufhalten, in dem die Nestlinge gerade erst geschlüpft sind. Sie konnten gar nicht protestieren, denn schließlich war das Inkeys Revier, und seine Jungen hatten jedes Recht, auf dem Nistkasten zu sitzen. War einer der Fremden im Nest, wenn die Inkey-Familie es umlagerte, blieb er im Nistkasten, bis die Revierbesitzer wieder wegflogen. Die fremden Nestlinge waren für Meisen sehr ruhig; vielleicht dämpfte die Atmosphäre, in der sie aufgezogen wurden, ihr Rufen und Piepsen. Meine anderen Kohlmeisennestlinge rufen immer im Chor, wenn sich die Eltern nähern oder entfernen, und jeden Tag werden ihre Stimmen kräftiger und lauter. Die Brut der Fremden wurde zwei Wochen später als Inkeys Junge flügge und war vier oder fünf Tage jünger, als sie mit dem Fliegen begann. Nur zwei von ihnen flogen am ersten Tag; sie wurden vom Vater, der sich das erste Mal auf Bäumen in meinem Garten niederließ und die Jungen aufforderte, ihm zu folgen, sofort über die Straße gelotst. In der Zwischenzeit kümmerte sich die Mutter um den Rest der Brut. Der flog zwei Tage später und wurde dieses Mal von der Mutter ins Revier jenseits der Straße begleitet. Inkey beobachtete das Ganze mit großer Aufmerksamkeit. Er schwebte unablässig über dem Nest, griff aber nicht ins Geschehen ein und kam erst wieder zur Ruhe, als die Jungen der Fremden weg waren. Es hatte den Anschein, als hätte er dem fremden Paar das Benutzen des Nistkastens einzig unter der Bedingung erlaubt, dass es keinerlei Ansprüche an Land außerhalb des Kastens stellte und die Jungen wegbrachte, sobald diese fliegen konnten. Vielleicht wurden die stillen Fremden aber auch deshalb nicht von Inkey und Smoke angegriffen, weil sie sich verhielten, wie sie sich verhielten – allen anderen Kohlmeisen gegenüber, die in ihr Revier eindrangen, zeigten sich Inkey und Smoke außerordentlich dominant.

In allen anderen Fällen wurden fremde Kohlmeisen, die versuchten, in meinem Garten in Kästen zu nisten, die sich im Revier anderer Paare befanden, gezwungen, ihre halb fertigen Nester zu verlassen – allerdings beanspruchten diese fremden Vögel auch etwas Land um den Nistkasten herum.

Und noch etwas Interessantes beobachtete ich bei dem fremden Kohlmeisenpaar, das nicht vertrieben wurde: Als seine Jungen aus meinem Garten verschwunden waren, kehrte es, insbesondere die Mutter, häufig zurück, um in meinem Cottage und aus dem Vogelhäuschen Futter für den Nachwuchs zu holen – das hatte das Paar während seines Aufenthalts im Nistkasten nie getan. Möglicherweise waren die Meisen, die zwei oder drei Wochen zuvor flügge geworden waren, teilweise dafür verantwortlich, da sich das Territorialverhalten dann schon etwas entspannt hatte. Allerdings waren während der Nistzeit der Fremden insgesamt sieben Kohlmeisenpaare wegen des Futters zu mir ins Cottage gekommen, obwohl sich deren Nester nicht in meinem Garten befanden; Puggy und Inkey waren die Einzigen, die ein Revier um mein Cottage herum besaßen. Meine Meisen verwehren denjenigen, die sich im Winter regelmäßig Futter im Haus holen, den Zutritt zum Cottage nicht. Das fremde Kohlmeisenpaar aber riskierte es nicht, ins Haus zu kommen, während es den Nistkasten benutzte – ich vermute, aus Angst, vom Nest vertrieben zu werden, wenn den dort ansässigen Vögeln das nicht gefiel. An dem Tag, an dem ihre Jungen meinen Garten verlassen hatten, kehrten die Eltern zurück, um Futter zu holen, denn dann liefen sie ja nicht mehr Gefahr, verjagt zu werden und die Jungen so eventuell im Stich lassen zu müssen.

29. Januar bis 11. Februar. *Den ganzen Herbst und Winter hindurch hat Baldhead in seinem Lieblingskasten geschlafen, den Inkey ihm letztes Jahr weggenommen hatte – nach der heftigen Auseinandersetzung, die Baldhead eine dauerhafte Beinverletzung einbrachte. Jetzt streiten sich die beiden Vögel schon wieder um den Kasten und das umgebende Revier. Inkey ist groß und kräftig, Baldhead körperlich geschwächt; sein Geist jedoch ist nicht zu brechen. Eine Woche lang droht er Inkey nun schon von morgens bis abends, und das auf sehr originelle Art und Weise: Seine wohl einfallsreichste Choreografie besteht darin, vor Inkey mehrmals hintereinander fliegend in die Luft zu springen, über einen halben bis fast einen Meter hoch, dabei eine steife Drohpose einzunehmen und seltsame Laute von sich zu geben. Inkey schreitet, während Baldhead über ihn hinweghüpft, in gestreckter Haltung nur den Boden ab, hebt den Kopf in die Höhe, spreizt das Schwanzgefieder und lässt die Flügel seitlich hängen. Anschließend fliegt er zum Objekt der Begierde, Baldhead setzt ihm nach und entwickelt bei diesem Angriff eine phänomenale Geschwindigkeit. Daraufhin zieht Inkey sich meist zurück, und B. wiederholt seine heftige Attacke. An der Spitze seines Oberschnabels hat sich ein Dorn gebildet; deshalb wirkt der Schnabel sehr lang und verleiht Baldhead insgesamt ein furchterregendes Aussehen. Manchmal sehe ich ihn auf dem Fenstersims in der Nähe des Kastens liegen, ungeheuer erschöpft und mit einem merkwürdig angespannten Gesichtsausdruck. Doch er behauptet sich durch unermüdliche Anstrengung und tapferes Gebaren und*

hält kaum inne, um das Futter, das ich ihm gebe, zu nehmen – halb gefressen schleudert er es von sich.

Seit dem Sommer folgt ihm ein Grautypus-Weibchen mit einem weißen Stern auf dem Scheitel beharrlich. Seine frühere Gefährtin, Monocle, sucht seine Gesellschaft nicht mehr. Sie war für Baldhead einfach nicht lebhaft genug gewesen und hatte es zuletzt mit dem Füttern der Jungen nicht mehr so genau genommen. Das neue Weibchen, Star (Stern), ist viel dynamischer und beteiligt sich an der Verteidigung des gemeinsamen Reviers. Nicht selten gerät sie mit Smoke, Inkeys Partnerin, aneinander, und während die beiden mit ineinander verkrallten Füßen auf dem Boden umherrollen, steht Baldhead über ihnen in der Luft, in seiner Aufregung schrill piepsend. Einer solchen Art von Auseinandersetzung hat er sein gelähmtes Bein zu verdanken; er will die Weibchen trennen, hat dabei aber nicht immer Erfolg. Doch Star und Smoke verletzen sich gegenseitig nicht, sie scheinen beide gleich stark. Am 15. Februar waren Inkey und Smoke aus Baldheads Revier vertrieben. Dieses Jahr sind seine Schopffedern intakt geblieben, er hat den Kampf gewonnen, ohne mit dem Gegner kämpfen zu müssen. Die darauffolgenden beiden Tage verbrachte er damit, sich auf einem Baum in der Nähe der Grenze zwischen seinem und Inkeys Revier auszuruhen. Nun fraß er das Futter, das ich ihm reichte, begierig und zog sich jeden Abend sehr früh in die schwer errungene Schlafbox zurück. Seit seiner Verletzung geht Baldhead ohnehin immer früh schlafen, da er schneller als andere Vögel ermüdet.

18. Februar. *Baldheads neue Partnerin, Star, schlüpft gegen acht Uhr morgens in seine Schlafbox und bleibt dort eine*

ganze Weile, bevor sie sich in einen anderen Kasten in der Nähe begibt. Am 20. Februar will er wie üblich früh schlafen gehen, fliegt dann aber aufgeregt wieder weg; er zuckt mit dem Schwanz und den Flügeln, dann beginnt er zu singen. Von jedem Baumwipfel in seinem Revier singt er und überbringt der Nachbarschaft so die frohe Kunde: Seine Gefährtin hat ihren Nistkasten gewählt und übernachtet erstmals darin. Dann kehrt er zu seinem Kasten zurück und blickt durch das Einflugloch seine Partnerin an. Er versucht hineinzuschlüpfen, doch sie lässt ihn nicht, denn Kohlmeisen schlafen normalerweise nicht beieinander, und häufig dulden die Weibchen die Männchen auch nicht in ihrem Nistkasten. (Das liegt vermutlich daran, dass die Nisthöhlen meist sehr eng sind und von Ausscheidungen sauber gehalten werden müssen.) Baldhead ist in Aufruhr und besteht darauf, Zugang zu seinem Schlafkasten zu bekommen. Doch schon bald schlüpft er wieder hinaus, zerzaust und von Star offensichtlich handfest zurechtgewiesen. Er dreht eine Runde durch sein Revier und versucht es dann erneut – mit demselben Ergebnis. Dann hämmert er ungeduldig auf das Einschlupfloch ein, fliegt durch den Garten und versucht es wieder. Er schlüpft hinein; kurz darauf ist das Geräusch flatternder Flügel zu hören, und als Baldhead aus dem Kasten wiederauftaucht, sieht er ausgesprochen verärgert aus. Das geht eine ganze Stunde lang so weiter. Alle anderen Meisen, die für gewöhnlich später schlafen gehen als er, haben sich schon zur Ruhe begeben, die Amseln sitzen auf ihren Schlafplätzen, die Abenddämmerung ist der Nacht gewichen, aber Baldhead versucht noch immer, in seine Schlafbox zu gelangen. Er hat es schon Dutzende Male probiert und ist von seiner Gefährtin immer wieder zu einem hasti-

gen Rückzug gezwungen worden. Er wird immer unruhiger, weigert sich jedoch aufzugeben. Frustriert führt er seltsame Possen auf: Er irrt umher, hämmert auf Zweigen herum, reißt Blätter ab, ruft klagend und dergleichen mehr, bis er – endlich! –, die Sterne leuchten schon fast, in den Kasten schlüpft und darin bleibt. Stille und Frieden senken sich herab.

23. Februar. *Jede Nacht der gleiche Kampf zur Schlafenszeit, wenn Star inzwischen auch etwas früher nachgibt, vielleicht vor lauter Müdigkeit. Ich habe einen anderen Kasten ähnlicher Machart knapp oberhalb des alten angebracht. Baldhead probierte ihn auch aus, schlüpfte aber bald schon wieder heraus und nahm das Gerangel mit Star um den Lieblingskasten wieder auf.*

28. Februar. *Der Kampf hält an, allmählich aber geht B. als Sieger daraus hervor. Gestern Abend sauste er mit unablässigen Salven aufgebrachten Schimpfens im Kreis um den Schlafkasten, nachdem Star ihn zum siebten Mal in Folge hinausgeworfen hatte. Sie hüpfte derweil im Kasten auf und ab und versuchte, einen Blick auf ihn zu erhaschen, ohne dafür den Kopf aus dem Einschlupfloch stecken zu müssen. Er hörte auf zu schimpfen, flog zum Kasten, wollte hinein, wurde aber von lauten, klopfenden Geräuschen aus dem Inneren des Kastens davon abgehalten. Mehr Schimpfen. Die neue Partnerin des Rotkehlchens Dobs (Schmuckstück), ein aufgewecktes junges Weibchen, flog Baldhead an, piekte ihn in den Rumpf und flog dann hastig zurück zu ihrem Schlafbaum. Das hatte wohl so viel wie »Halt endlich die Klappe!« heißen sollen. Kurz darauf ließ Star Baldhead in den Kasten, und alles war wieder ruhig.*

10. März. *Inzwischen hat Baldhead seine Schlafschwierigkeiten fast überwunden. Star lässt ihn jetzt ohne großes Theater in den Kasten.*

24. März. *Star hat begonnen, immer wieder Moos in den Kasten zu bringen. Zur Schlafenszeit bleibt alles friedlich.*

Da Baldheads anhaltende Auseinandersetzungen mit Inkey ihm ziemlich zugesetzt hatten – er hinkte wieder stärker –, protestierte er kaum, als fremde Kohlmeisen einige andere Nistkästen in seinem Revier belegten. Das hatte zur Folge, dass insgesamt neun Kohlmeisenpaare in meinem Garten nisteten. Darüber hinaus besuchte Teaser, ein Sprössling Baldheads, mich mit ihren Jungen; sie hatte immer im Obstgarten nebenan genistet. Einmal zählte ich sage und schreibe sechzig Kohlmeisen in meinen Bäumen und Hecken. Ich konnte die verschiedenen Bruten anhand der Stimmen und Modulationen der Jungvogelrufe unterscheiden: Die gerade flügge gewordenen Jungen einer jeden Familie zeichneten sich durch typische Merkmale der Rufe aus, entweder hinsichtlich des Klangcharakters, der Tonhöhe und des Rhythmus oder hinsichtlich dessen, wie schnell die einzelnen Töne der Jungvogelrufe wiederholt wurden. In einigen Bruten gab es einen oder zwei Vögel, die von Anfang an ganz eigene Rufe hatten. Wurden die Jungvögel größer, veränderten sich allmählich auch die Rufe ein wenig, und jede einzelne Vogelstimme entwickelte einen gewissen Grad an Individualität. Die Elternkohlmeisen erkannten ihre Jungen immer am Ruf, und beim Füttern dieser so großen Schar an Vögeln kam es nie zu Verwechslungen. Die Jungen einer Familie hielten erstaunlich gut zusammen; fand sich ein Jungvogel hin und wieder doch einmal inmitten der Jungen einer anderen Brut wieder, versuchte er zunächst, sich Futter von den fremden Eltern zu erbetteln, indem er rief und mit den Flügeln flatterte. Hatte er damit keinen Erfolg, rief er lauter und drehte den Kopf dabei mal in die eine, mal in die andere Richtung. So horchte er auf die Klänge der eigenen Familie, und sobald er die vertrauten Töne seiner Brüder und Schwestern vernahm, flog er rasch zu ihnen, nie zu einer der anderen Bruten, die aus einem anderen Teil des Gartens riefen. Nur einmal beobachtete ich, dass Baldhead einen kleinen Jungvogel fütterte, der nicht der seine war. Sobald er ihm jedoch die Raupe gegeben hatte, sah er das Junge überrascht an und piekte ihn dann sanft in den Kopf, woraufhin es schleunigst zu seiner eigenen Familie in der Nähe flog.

In Bezug auf die Nuancen der Farbgebung gibt es bei Kohlmeisenjungvögeln erhebliche Variationen. Manche Jungvögel haben weiße Wangen, bei anderen sind die Wangen gelb. Diese Vögel weisen an den Stellen, an denen die anderen weiß sind, generell eine eher goldfarbene Tönung auf.

Und natürlich weichen auch die Daten des Flüggewerdens der einzelnen Bruten voneinander ab.

1. Am 28. Mai wurden Monocles sieben Junge flügge. Sie waren am 8. Mai geschlüpft und somit alle gut entwickelt, mit relativ langem Schwanz. Monocle holte sie für einige Tage aus meinem Garten und brachte sie zu einer Hecke, die jedoch von Elstern heimgesucht wurde. Als sie zurückkehrte, hatten nur drei ihrer Jungen überlebt.

Monocle – Baldheads ehemalige Partnerin – hatte sich mit einem jüngeren Männchen gepaart, ihr Nest lag im Obstgartenrevier direkt neben Baldheads Territorium. Monocle hielt sich von der Grenze zwischen den Revieren fern und mied den Kontakt sowohl zu Star als auch zu Baldhead. Sie schien sogar ein wenig Angst vor ihnen zu haben. Auf der Suche nach Nahrung begaben sich die beiden Männchen jedoch häufig ins Revier des jeweils anderen, wobei der Revierbesitzer immer etwas drohte, den Zugang aber nie verwehrte.

2. Am 3. Juni brachten die stillen Fremden aus dem vergangenen Jahr ihre Brut aus einem Nistkasten neben meinem Gartentor fort. Wie zuvor lotsten sie die Familie über die Straße und verhielten sich in allen Nistangelegenheiten sehr still. Auch die Jungen hatten eher leise, gedämpfte Stimmen.
3. Am 4. Juni wurden die acht Jungen der »Fremden von der hinteren Cottagewand« flügge, und zwar in sehr ordentlicher Reihenfolge. Einer nach dem anderen flogen die Jungvögel zu denselben Bäumen und suchten in gutem Abstand zu Baldheads Nest auf der Rückseite meiner Obstgartenhecke Schutz. Das Paar hatte in einem Kasten an der rückwärtigen oder Nordwand meines Cottages genistet – Baldheads Nistkasten befand sich auf der Westseite – und jegliche Nahrung in Bäumen nördlich meines Obstgartens gesucht. Es mied den Kontakt zu all meinen ortsansässigen Kohlmeisen.
4. Ebenfalls am 4. Juni flogen Baldheads zehn Junge zum ersten Mal. Sie waren ab dem 18. Mai geschlüpft. (Dazu später mehr.)

5. Am selben Tag wurden zwei Mitglieder der Brut der »Fremden von der vorderen Cottagewand« flügge. Der Rest flog erstmals am 8. Juni. Dieses Paar ging so heimlich vor, dass ich erst bemerkte, dass der Kasten im Schutz einer Japanischen Zierquitte an der vorderen Wand des Cottages belegt war, als es begann, die Jungen zu füttern. Ich hatte das Männchen dabei beobachtet, wie es vor der Terrassentür Puggys Partner drohte, hatte aber angenommen, es sei der Gefährte eines Weibchens namens Tiptoe (Zehenspitze).
6. Am 11. Juni wurden Tiptoes Junge flügge. Das Weibchen hatte ein sehr sanftes Gemüt und war seit einem Jahr bei mir. Als sie ankam, konnte sie ein Bein nicht benutzen; es verheilte, doch verdrehte sich der Fuß dabei ein wenig, sodass es ihr nicht möglich war, damit zu greifen. Ihr Partner war ebenfalls ein Neuankömmling, der sich stets im Hintergrund hielt. Ihr Nistkasten hing an dem Apfelbaum neben dem Zaun auf der westlichen Seite des Grundstücks, weshalb sich das Männchen die gesamte Nahrung im Garten der Nachbarn suchte. Tiptoe fütterte ihre Jungen, vielleicht aufgrund des lahmen Beins, ein paar Tage nach dem Schlupf hauptsächlich mit Nahrung, die ich ihr gab. Mit natürlichem Futter wurden sie vom Vater versorgt. Baldhead und Star hatten gegen ihre Anwesenheit nichts einzuwenden, obwohl sie sich häufig in der Nähe des Nests der beiden aufhielt. Es lag unweit ihres eigenen Nests, allerdings versteckt hinter einer Klettenfrüchtigen Eiche. Ich glaube, sie verhielten sich wegen ihres lahmen Beins Tiptoe gegenüber so duldsam – Kohlmeisen zeigen gegenüber Vögeln,

die leicht verletzt oder lahm sind, im Allgemeinen eine recht große Toleranz. Tiptoe behielt ihre Brut immer in meinem Garten, meist im westlichen Teil. Manchmal saßen ihre sieben Jungen auf mir, während sie sie fütterte, und als sie damit aufhörte, folgten sie Baldheads Brut ins Haus und ließen sich von mir füttern. Ich musste immer lachen, wenn sie hintereinander und mit viel Gezwitscher durchs Oberlichtfenster hereingeflogen kamen. Die Jungen der einzelnen Bruten blieben stets beisammen.

7. Ebenfalls am 11. Juni flogen Dimples (Grübchens) Junge erstmals. Sie und ihr Partner nisteten auf der abgelegenen Seite der nördlichen Hecke in meinem Obstgarten. Dimple hatte Probleme mit Monocle, deren Revier an das ihre grenzte, als sie ihre Brut zu mir brachte. Doch sie gab nicht auf – wenngleich sie bei den Streitigkeiten im wahrsten Sinne des Wortes einige Federn lassen musste.
8. Am 14. Juni wurden Smokes Sprösslinge flügge. Bei ihr war das Nisten ausgesprochen verstohlen vor sich gegangen; sie hatte später als die anderen genistet, in einem Nistkasten im Laub meiner Osthecke im Obstgarten. Smoke hatte größtenteils abends am Nestbau gearbeitet, zu einer Zeit, zu der die anderen Kohlmeisen in meinem Garten für gewöhnlich neben der an die Sportplätze grenzenden Hecke baden und sich putzen, denn dort verläuft ein kleiner Bach. Sie arbeitete hart, brauchte aber trotzdem länger als die anderen Weibchen, weil sie mit dem Nestbau innehielt, sobald diese in der Nähe waren. Inkey hielt sich immer auf der abgewandten Seite der Hecke auf, um den anderen Männchen aus dem Weg

zu gehen. Als Smokes Junge dann flügge wurden, fütterte Monocle ihren Nachwuchs schon nicht mehr, und Baldhead sowie seine Gefährtin waren zu beschäftigt mit der eigenen Brut, als dass sie Smoke Beachtung geschenkt hätten, sodass diese und die drei Jungen, die sie bei sich behielt, im Garten und Obstgarten praktisch sturmfreie Bude hatten. Den Rest der Brut nahm Inkey mit sich, den ich seither nicht mehr gesehen habe.

Teaser und ihr Partner Timpano trennten ihre Brut in einer ganz ähnlichen, für Kohlmeisen jedoch unüblichen Weise. Teaser brachte vier ihrer Jungen in meinen Garten, die anderen zog Timpano im Nachbarsgarten und dahinter, um die Sportplätze herum, auf. Manchmal flog Teaser zu ihm, er aber kam nie hierher, denn anscheinend hatten Baldhead und Puggys Gefährte etwas gegen Timpanos Anwesenheit auf meinem Grund und Boden. Hin und wieder spazierte ich mit meiner Meisenschachtel hinüber zu den Sportplätzen, um Timpano Käse für die Jungen zu geben. Sobald Teaser das von einem Baumwipfel in meinem Garten aus sah – zweifelsohne beobachtete sie mich –, kam sie mir mit ihren vier flügge gewordenen Jungvögeln im Schlepptau eiligst nachgeflogen. Anschließend wechselten sich die beiden Elternvögel ab: Einmal flog Teaser, dann wieder Timpano von einem Baum zu mir herab, um sich Käse aus der Meisenschachtel für die Jungen zu holen.

9. 18. Juni. Die Jungen von Cross (Miesepeter) und seiner neuen Partnerin, die am 30. Mai geschlüpft waren, sind flügge geworden. Cross war Puggys zweiter Gefährte, und er war mit ihr sehr friedlich. Nach ihrem Tod

machte ihm seine neue Partnerin jedoch das Leben recht schwer, weshalb er sich vor lauter Frust seinen Artgenossen gegenüber immer ausgesprochen schlecht gelaunt verhielt. Am 24. März hatte Puggy damit begonnen, im Schlafkasten ihres Gefährten, der vor dem Ostfenster meines Schlafzimmers hing, ein Nest zu bauen. Zehn Tage später verschwand sie und fiel vermutlich einer Katze zum Opfer, denn am Vortag hatte ich zweimal eine verjagt, die ihr beim Moossammeln für das Nest aufgelauert hatte. Puggy war schon zehn Jahre alt und in letzter Zeit nicht mehr so wachsam und flink. Ihr Nest war fast fertig. Im Gegensatz zu verschiedenen anderen Kohlmeisenweibchen hatte sie nichts dagegen gehabt, dass ihr Partner zur Schlafenszeit zu ihr ins Nest schlüpfte, deshalb schliefen die beiden gemeinsam in seinem ehemaligen Schlaf- und ihrem jetzigen Nistkasten. Nachdem Cross Puggy verloren hatte, flog er tagsüber viele Male ins Nest, übernachtete aber nicht mehr in dem Kasten, sondern schlief in einem Fallrohr in der Nähe.

Cross' neue Partnerin wirkte alt, ihr Gefieder wies keinerlei Glanz auf – ein nervöser Vogel und fremd in meinem Garten, der, wie auch immer, wusste, dass Cross eine neue Gefährtin brauchte. Zwei Tage nach Puggys Verschwinden war sie da. Ich habe mich immer gefragt, wie es sein kann, dass plötzlich ein Vogel auftaucht, wenn die Stelle des Partners oder der Partnerin frei geworden ist. Nachdem Puggy weg war, hatte Cross weiter von exponierten Standorten in seinem Revier aus gesungen, auf die Art und Weise, auf die Kohlmeisen üblicherweise singen, wenn sie nisten, und auf exakt dieselbe Art und Weise, auf die er gesungen hatte, als Puggy noch am Leben gewesen war und ihr Nest gebaut hatte. Wie also konnte die Fremde wissen, dass er jetzt eine neue Partnerin suchte? Offensichtlich wollte Cross, dass sie sich wie Puggy benahm, doch sie war ganz anders. Er erwartete von ihr, dass sie das fertige Nest übernahm, und tat alles in seiner Macht Stehende, um sie zum Hineinschlüpfen zu überreden. Was sie jedoch nicht tat. Vierzehn Tage lang verbrachte er den Großteil der Zeit damit, über dem Nest in der Luft zu stehen und Nestlingsimitations-Rufe aus dem Inneren des Kastens sowie außerhalb ertönen zu lassen. Er versuchte alles, um seine neue Partnerin für Puggys Nest zu interessieren; sie aber sah ihm nur einen Augenblick lang zu und flog dann in den nächsten Baum. Manchmal fing er eine Raupe, rief seine Partnerin zu sich und hielt ihr die Raupe hin. Bevor sie sie allerdings nehmen konnte, flog er zum Nistkasten, drehte sich um, um sicherzustellen, dass sie ihm auch ja zusah, rief sie noch einmal, schlüpfte in den Kasten, steckte rasch den Kopf durchs Einflugloch hinaus, zeigte ihr die Raupe und zog sich dann ins Nest zurück. Das wiederholte er etliche Male, immer begleitet von aufgeregten kleinen Rufen. Seine Partnerin reagierte darauf nie auch nur im Geringsten, sie flog davon und ließ ihn in seinem Kasten sitzen. Wenn er herausfand, dass sie weg war, gab er immer bekümmerte Laute von sich, ließ die Raupe fallen und flog ihr nach. So wurde Cross allmählich immer zappeliger und rastloser; er fraß nicht mehr, das Futter, das ich ihm reichte, schleuderte er nach einem Bissen von sich. In diesen vierzehn Tagen verbrachte sie viel Zeit am Fenster: Sie hängte sich an den Fensterrahmen und betrachtete ihr Spiegelbild auf der Scheibe. Manchmal balzte sie es sogar ein wenig an – die einzige Kohl- oder Blaumeise unter meinen vielen ansässigen und fremden Vögeln, die das je tat. Ebenso wenig habe ich je bemerkt, dass sich eine andere Kohl- oder Blaumeise für ihr Spiegelbild interessierte. Sehen sie es zum ersten Mal, blicken sie in der Regel hinter den Spiegel; das scheint ihnen zu reichen, weiter gehen sie der Sache nicht auf den Grund. Cross' Partnerin aber wirkte verwirrt und drehte den Kopf in alle möglichen Richtungen, bevor sie das Spiegelbild untersuchte und häufig auch gegen die Scheibe klopfte. Nachdem sie herausgefunden hatte, dass sie mit dem Geräusch meine Aufmerksamkeit erregen konnte, erzeugte sie es absichtlich, um Futter zu bekommen. Sobald sie mit dem Nisten begonnen hatte, verlor sie das Interesse an der Fensterscheibe.

Nach zwei Wochen begann sie, in einem anderen Nistkasten, den ich in der Nähe von Puggys Kasten aufgehängt hatte, ein Nest zu bauen; bis zum Bebrüten der Eier schlief sie jedoch in einer kleinen Schlafbox neben meinem Ostfenster. Das beunruhigte Cross, weil die meisten Weibchen nach Beginn des Nestbaus, wenn nicht schon früher, in ihrem Nistkasten schlafen. Abend für Abend versuchte er, sie in den Nistkasten zu locken, indem er Kükenrufe von sich gab und zwischen ihrer Schlafbox und dem Nest hin und her flog. Wie immer aber reagierte sie nicht, woraufhin er zu ihr ins

»Bett« schlüpfen wollte. Das gestattete sie gar nicht. So flog er unruhig umher, ließ alle paar Augenblicke seltsame Rufe vernehmen und sah mal in Puggys Nistkasten, mal ins Nest seiner Partnerin. Das ging meist eine halbe Stunde so weiter, bis er sie schließlich sehr sanft rief, zu ihrem Schlafplatz flog und zu ihr hineinspähte. Doch wieder breitete sie protestierend die Flügel aus und verwehrte ihm den Zutritt. Frustriert sah er sich noch einmal beide Nester an und ließ sich dann zum Schlafen in seinem Fallrohr nieder. Als sie mit dem Brüten begann, verbrachte er die Nacht in ihrem kleinen Schlafkasten neben meinem Fenster. Zu diesem Zeitpunkt verhielt sich Cross allen Kohlmeisen gegenüber – mit Ausnahme seiner Partnerin – äußerst übellaunig. Er sah irgendwie farblos und zerzaust aus, als mausere er vorzeitig; zum Glück ließ seine Unruhe nach, als seine Partnerin auf den Eiern saß. Sie ist nie wie die anderen Meisen durchs Oberlichtfenster in mein Cottage gekommen und wirkte im Vergleich zu diesen in vielerlei Hinsicht etwas begriffsstutzig. Sie fraß mir nur draußen oder knapp hinter der Terrassentür aus der Hand.
Ihre Jungen waren erst sechzehn Tage alt, als sie zu fliegen begannen. Monocles Nachwuchs war mit drei Wochen flügge geworden, der von Baldhead mit zwei Wochen und sechs Tagen. Das Alter, in dem Kohlmeisenjunge das Nest verlassen, ist sehr unterschiedlich. Die drei eben erwähnten Bruten waren in exakt derselben Art von Nistkasten geschlüpft, die Einfluglöcher befanden sich in jeweils derselben Höhe über den Nestern. Ich habe schon gesehen, dass Elternvögel die Jungen

mit sanftem Schimpfen zurück ins Nest schubsen, versuchen diese zu fliegen, bevor die Eltern es für angemessen halten.
Alle Mitglieder von Baldheads zehnköpfiger Brut unternahmen ihren ersten Flug am selben Tag. Dabei waren die Jungen nicht annähernd gleich groß. Einige der größeren waren beim Sprung ins Leere ängstlicher als die kleineren. Manche verließen das Nest am Vormittag, die anderen in verschiedenen Abständen am Nachmittag. Zuerst waren zwei kräftige Männchen an der Reihe, die einen einwandfreien Flug zu den Bäumen absolvierten. Der dritte Jungvogel, der am Einschlupfloch erschien, war die Kleinste der ganzen Familie. Ihr Verhalten unterschied sich deutlich von dem der anderen: Statt sich nach den Bäumen und anderen Gegenständen in ihrem Sichtfeld umzusehen, ließ sie den Boden nicht aus den Augen; fünf Minuten lang starrte sie auf die Erde unter sich, während ihre größeren Brüder und Schwestern hinter ihr im Nistkasten auf und ab hüpften und ungeduldig auf ihre Gelegenheit warteten, das Nest zu verlassen. Zum guten Schluss breitete sie die Flügel aus und segelte oder fiel vielmehr auf die Stelle am Boden, auf die sie die ganze Zeit gestarrt hatte. Sie war ein komischer kleiner Vogel mit komplett kahler Stirn, doch einem dichten Federschopf dahinter, der auf ihrem Scheitel spitz zusammenlief. Ihr breiter Kükenschnabel reichte bis fast an ihre leuchtenden Augen heran. Als sie über den Boden huschte, auf Beinen, die im Verhältnis zu ihrem winzigen Rumpf viel zu lang schienen, ähnelte sie so sehr einem kauzigen kleinen Kobold, dass

ich sie Gobline (Koboldine) taufte. Sie versuchte, sich zwischen Blumen zu verstecken, während ihre Mutter sie von oben rief und sich bemühte, sie auf einen sicheren Sitzplatz zu locken. Doch Gobline konnte noch nicht fliegen. Ich streckte die Hand aus, um ihr auf einen Ast zu helfen, sie aber drehte sich empört weg, zischte mich lauthals an und klapperte trotzig viele Male mit dem Schnabel. Da sie mein Eingreifen offensichtlich nicht wünschte, ließ ich sie in Ruhe; daraufhin lief sie ins lange Gras unter einem Baum in Deckung.
Der Rest der Brut flog im Laufe des Tages auf sichere Sitzplätze in den Bäumen. Zur Schlafenszeit zeigten sich die Eltern sehr besorgt um Gobline, da sie noch nicht in den strauchartigen Baum fliegen konnte, in dem die anderen zur Nacht auf dünnen Ästen und Zweigen saßen, auf die keine Katze klettern konnte. Gobline schlief auf dem Boden, inmitten des hohen Grases und der Wildblumen. Ich achtete sorgfältig darauf, nicht zu nahe an sie heranzugehen, damit kein ausgetretener Pfad ihr Versteck verriet. Am nächsten Morgen war sie nicht nur am Leben, sie rief auch lautstark nach Futter. Sie konnte noch immer nicht fliegen, schaffte es aber durch kleine, flatternde Sprünge, sich etwa dreißig Zentimeter über dem Boden auf den tief hängenden Zweig eines Wiesenkerbels zu setzen. Auf diesem leicht erhöhten Sitzplatz zwischen den Blumen sah sie koboldhafter denn je aus. Ich bewachte sie rund um die Uhr, damit keine Elstern oder Dohlen sie an dieser doch recht exponierten Stelle griffen. Auch ihre zweite Nacht verbrachte sie im langen Gras versteckt, am darauffolgenden Tag

jedoch konnte sie endlich in die Bäume fliegen. Ihre Stirn war nun ebenfalls von Federn bedeckt, den spitz zulaufenden Schopf hatte sie immer noch. Es war faszinierend, sie in ihrem eigentümlichen Benehmen und ihrer eigentümlichen Erscheinung zu beobachten. Im Vergleich mit den anderen Kohlmeisenjungvögeln im Garten war sie immer noch geradezu winzig, tatsächlich habe ich noch nie eine so kleine Kohlmeise gesehen, der es gelang zu überleben. Sie hatte großen Appetit auf natürliche Nahrung; Käse hingegen mochte sie nicht, ihn spuckte sie wieder aus. Baldhead und Star behielten das im Hinterkopf, wenn sie sie fütterten. Überhaupt brachten sie ihr nur selten nicht natürliche Nahrung, während ihre Brüder und Schwestern zu diesem Zeitpunkt schon viel Käse und kleine Erdnussstückchen bekamen. Letztere kauten die Elternvögel erst weicher, bevor sie sie an die Jungvögel weiterreichten. Gobline war entschlossen, sich ihren Anteil an natürlicher Nahrung zu holen: Flügelfächelnd und um Aufmerksamkeit heischend, saß sie da, bis sie mehr hatte, als ihr zustand. Häufig beobachtete ich Baldhead dabei, wie er vergeblich versuchte, ihr große Motten in den Schlund zu stopfen. Sie mochte Motten, und gab man ihr in diesen ersten Tagen nach dem Flüggewerden Futter, das zu groß war, um leicht geschluckt zu werden, zog es der frühreife kleine Kobold vor, es auf die erwachsene Meisenart zu fressen – nämlich zwischen den Zehen festgeklemmt. So auch die Motten. Normalerweise lernen die jungen Meisen erst mehrere Tage nach dem Verlassen des Nests, Nahrung auf diese Weise zu sich zu nehmen. Lange vor den anderen suchte Gobline sich ihre Motten selbst, die sie meist unter niedrigen Pflanzen in den Blumenbeeten fand.

Am 11. Juni, fünf Tage nach dem ersten Flug der Jungen, versagte Baldheads lahmes Bein wieder. Was geschehen war, wusste ich nicht, vielleicht hatte er das offenbar dislozierte Gelenk zu stark belastet. Gegen halb acht an diesem Morgen fiel mir auf, dass Star ziemlich hysterisch hin und her flog; sie nahm das Futter, das ich ihr gab, viel hastiger als gewöhnlich. Baldhead aber ließ sich in der folgenden Stunde nicht blicken. Plötzlich kam er und ließ sich, unfähig zu stehen, in meinen Schoß fallen. Ich hielt ihm die Wasserschale vor den Schnabel, aus der er durstig trank, danach fraß er etwas Käse. Ganze zehn Minuten lang lag er still in meinem Schoß, bis Star zu ihm flog und aufgeregt mit den Flügeln zitterte und Nestlingsrufe imitierte. Baldhead antwortete schwach, lag aber wieder still da, bis sie zu den Jungen zurückflog. Kurz darauf nahm er seine Arbeit mit einem Bein wieder auf: Obwohl er ganz offensichtlich Schmerzen hatte und häufig einen Flügel ausbreiten musste, um das Gleichgewicht halten zu können, bemühte er sich, den Jungen Futter in den Schlund zu stecken. Er war sehr tapfer, denn er sah wirklich krank aus und konnte in den Tagen darauf selbst nicht viel fressen. Star ermutigte ihn durch Flattern mit den Flügeln. Sie arbeitete weitaus härter als zuvor und übernahm den Löwenanteil am Füttern der Jungen, während Baldhead gelegentlich die Ruhepausen einlegte, die er so dringend brauchte. Die beiden verließen meinen Garten nicht mehr, und ihre Sprösslinge

hielten sich abwechselnd im Vor- und im Obstgarten hinter dem Cottage auf.
An dem Tag, an dem die Elternvögel aufhörten, ihre Brut zu füttern, verrenkte sich auch Gobline ein Bein, und zwar so schlimm, dass sie sich keine Nahrung mehr suchen konnte. Mehrere Tage lang war sie vollständig auf mich angewiesen, doch konnte ich ihr die natürliche Nahrung, die sie bevorzugte, nicht bieten. Sie entwickelte einen seltsamen Ruf, der sich anhörte wie ein Schluchzen und den sie immer dann von sich gab, wenn sie einen ihrer Elternvögel sah. Aber keiner der beiden gab ihr Futter. Oft sah ich Baldhead und Gobline Seite an Seite sitzen, beide hielten das lahme Bein in exakt der gleichen Weise. Sie schluchzte ihn weiter an und zitterte dabei leicht mit den Flügeln, während Baldhead sie zwar nie wegstieß, auf ihre Rufe aber nicht reagierte. Ich fing Goldfliegen und Grashüpfer für sie und hin und wieder auch ein paar kleine Spinnen, die sie ebenfalls mochte; als ich ihr jedoch eine große schwarze Spinne anbot, zuckten sie und die anderen Jungvögel ängstlich davor zurück. Die Spinne ergriff die Flucht quer durchs Zimmer, nur um dann von einer erwachsenen Kohlmeise mit großem Genuss verspeist zu werden, denn Spinnen gehören zur Lieblingsnahrung dieser Vögel. Gobline war noch immer sehr klein für ihr Alter und musste ihre Tage nun entweder schlafend oder bewegungslos zusammengekauert verbringen. Zwei ihrer älteren Brüder bemerkten das und versuchten, sie zur Bewegung zu animieren, indem sie auf dem Ast, auf dem Gobline saß, immer näher an sie heranrutschten und sie dann

mit viel Gezwitscher sanft anstupsten. Daraufhin drehte sie sich immer weg, auf dieselbe Weise, auf die sie mich abgewiesen hatte, als ich ihr auf einen sicheren Sitzplatz hatte helfen wollen. Ihre Brüder zogen sich zurück, wenn sie nach ihnen schnappte und sie anzischte, tauchten aber bald wieder auf, um sie erneut zu necken. Da sie ausgesprochen sanft mit ihr umgingen und ihre Brüder wahrscheinlich die einzige Abwechslung in Goblines Tag brachten, griff ich nie ein, um das spielerische Verhalten der beiden zu unterbinden.

Vierzehn Tage später hatte sich das verletzte Bein im Großen und Ganzen wieder erholt. Gobline benahm sich den anderen Jungvögeln gegenüber mittlerweile recht schnippisch – vermutlich infolge der Probleme, die ihr ihre Behinderungen eingebracht hatten. Das unwirsche Verhalten legte sich in den darauffolgenden Tagen, in denen sie auch zur durchschnittlichen Größe eines Kohlmeisenweibchens heranwuchs.

Was sich nie ganz legte, war Goblines schluchzender Ruf – sie benutzte ihn später in einer kürzeren Version, wenn sie etwas wollte. Sie hatte seit einiger Zeit jede Nacht über meinem Bett geschlafen und dabei zwischen zwei Kästen gewechselt, einem runden und einem viereckigen, die keine andere Meise bislang belegt hatte. Eines Abends Ende Juli jedoch befand sich ein anderer Kohlmeisenjungvogel in ihrem runden Schlafkasten, als sie sich zur Ruhe begeben wollte. Gobline zögerte einen Augenblick und hüpfte dann, anscheinend gleichgültig, in den viereckigen Kasten. Es dauerte jedoch nicht lange, da flog sie auch schon wieder hinaus, fiel mit wildem Geflatter wie ein Wirbelwind über den Eingang des belegten Kastens her und griff den Kastenbesetzer mit heftigen Schnabelhieben an, bis dieser herauskam und die beiden Vögel mit verkrallten Füßen gemeinsam über mein Bett rollten. Als ich »Hört sofort auf!« rief, flogen beide zum Fenstersims, schüttelten das zerzauste Gefieder und schimpften drauflos, wobei mehrere andere Vögel, sowohl im Haus als auch draußen, das Gezeter aufnahmen. Zehn Minuten lang blieben Gobline und die männliche Meise, die sie angegriffen hatte, etwa einen Meter voneinander entfernt auf dem Fenstersims sitzen; sie sahen beide zu der begehrten Schlafbox hinauf und warteten offensichtlich darauf, dass der jeweils andere den nächsten Zug machte. Schließlich flog er wieder zu dem Schlafkasten, Gobline aber zum Fenster hinaus. Wenige Minuten später kehrte sie zum Fenster zurück, blickte zum Kasten, gab ein nervöses Piepsen von sich, schüttelte ihr Gefieder und verschwand erneut. In dieser Nacht schlief sie draußen. Am Abend darauf begab sich das Meisenmännchen zum Schlafen schon früh in einen anderen Kasten, der neben Goblines beiden Kästen hing. Als sie etwas später hereinkam, zögerte sie, in ihre Kästen zu fliegen, vermutlich weil sie nicht wusste, ob sich das Meisenmännchen in einem von ihnen befand. Sie saß minutenlang auf der Vorhangstange, bevor sie sich den Kästen schließlich vorsichtig auf der Bilderschiene näherte und dann schnell in den viereckigen Kasten schlängelte. Sie sah nicht nach, ob der runde Kasten besetzt war; wäre er es gewesen, so will mir scheinen, hätte sie wahrscheinlich nicht protestiert, denn seit ihrem letzten plötzlichen Ausbruch verhielt sie sich anderen Meisen gegenüber ausgesprochen sanftmütig. Es ist ganz normal, dass die Vögel an ihrem Schlafplatz festhalten und andere, die ihn belegen, zu vertreiben versuchen. Neu war mir allerdings, dass eine junge Meise Anspruch auf zwei Schlafplätze erhob, wenngleich erwachsene Meisen Artgenossen den Zugang zu Schlafkästen in ihrem Revier durchaus verwehren wollen.

Am nächsten Abend verschwand das Männchen wieder in Goblines rundem Kasten, und sie schlich sich auf der Bilderschiene entlang zu der viereckigen Box. Sie hatte sich gerade darin niedergelassen, als er wie ein Wilder aus dem anderen Kasten schoss, geräuschvoll vor einem Angriff warnte und vor dem Einschlupf der viereckigen Box drohend die Flügel ausbreitete. Gelassen blieb Gobline, wo sie war. Sofort versuchte er es auf anderem Wege: Er wollte in den Kasten schlüpfen und sie so hinausjagen. »Hör auf!«, rief ich und stellte mich, als er davon keine Notiz nahm, auf das Bett, um ihn am Schwanzgefieder zu berühren. Daraufhin ließ er Gobline in Ruhe und kehrte in den runden Schlafkasten zurück. In den Nächten danach belegte der männliche Jungvogel immer den runden Kasten, während Gobline in der viereckigen Box schlief. Stets wartete sie, bis er in den Kasten geschlüpft war, bevor sie sich selbst zur Ruhe begab.

Über andere Kohlmeisen, die ich im Laufe von zehn Jahren in Bird Cottage beobachtete, hielt ich das Folgende fest: Knickys erster Partner starb nach drei Jahren. Sie waren immer zusammen gewesen, im Winter, Herbst und Sommer, hatten auf demselben Ast oder Strauch gesessen, hatten einander gerufen, wenn sie von Baum zu Baum geflogen waren. Sie hatten jeweils nur eine Brut aufgezogen und immer in derselben Höhle genistet. Knickys zweiter Partner, Tapper (Klopfer), war außerhalb der Brutzeit nicht oft bei ihr, doch nisteten die beiden Vögel zwei Jahre lang in Knickys alter Höhle. Dann starb Knicky. Tapper klopfte immer ans Terrassenfenster, um meine Aufmerksamkeit zu erregen, bevor er durchs Oberlichtfenster hereinflog, um mir aus der Hand zu fressen.

Snatch (Schnapper) und seine Partnerin Grab (Schnapperin) waren zwei sehr lebhafte Vögel und als Gefährten unzertrennlich; sowohl in ihrer Persönlichkeit als auch in ihrem Aussehen ähnelten sie einander verblüffend. Das Männchen besaß eine schmale Kehl- und Brustzeichnung, die für Weibchen eigentlich typischer ist. Beide schienen immer ungeheuer in Eile zu sein, sie flogen schneller als die meisten anderen Kohlmeisen und machten ruckartigere Bewegungen. Wild, aber nicht ängstlich – sie kamen ins Haus – schnappten sie sich Futter von mir, immer so, als hätten sie noch eine dringende Verabredung und müssten sich in der dafür einzig übrigen Zeit schnell alles auf einmal holen. Als Grab starb, wählte Snatch eine ganz andere Art von Partnerin, ruhiger, kleiner und bezüglich des Gefieders grauer an den Stellen, an denen andere Kohlmeisen eher grünlich sind. Sie war so zahm, dass sie auf meiner Hand sitzend als Nistmaterial Fäden aus einem Wollknäuel zupfte. Sie hängte sich an meinen Ärmel und rief sanft, wenn sie wollte, dass ich Wolle holte, hatte ich gerade keine in der Hand. Im Winter darauf verschwand Snatch, der sich seiner neuen Partnerin gegenüber nie besonders aufmerksam verhalten hatte. Sie wählte Whiskers – später Curleys Partner – als neuen Gefährten, starb aber, als die gemeinsamen Nestlinge noch winzig waren. Whiskers zog die umfangreiche Brut mit großen Mühen allein auf, konnte den Jungen jedoch offensichtlich nicht genug Futter geben, wenngleich er sein Bestes tat. Ich glaube, einer der Sprösslinge des grau getönten Weibchens war Baldheads Gefährtin Grey; sie waren sich in Erscheinung und Art ungeheuer ähnlich, und meiner Erfahrung nach werden kleine Abweichungen in Farbgebung und Größe häufig vererbt, ebenso wie Sanftheit, Wagemut und andere Charaktereigenschaften.

Ein anderes Paar, das einander besonders zugetan war und beim Nisten besonders leidenschaftlich vorging, brachte mit eben dieser Leidenschaft Unglück über seine Jungen. Die lautstarke Begeisterung der Elternvögel bei der Aufzucht des Nachwuchses war so auffällig, dass sie die Aufmerksamkeit jeglicher Feinde auf sich zog und die Jungen schließlich das Leben kostete. Drei Mal versuchten die Eltern es mit derselben Nisthöhle – und demselben traurigen Ausgang. Dann verließen sie meinen Garten und kehrten nie wieder zurück. Ihre Nisthöhle wurde von dem streitlustigen Kohlmeisenpaar übernommen, das darin viele Jahre lang erfolgreich zwei Gelege pro Jahr durchbrachte, den vorherigen Besitzern aber nicht im Geringsten glich.

Was ich nie beobachtete, waren zwei Weibchen, die Eier in ein und dasselbe Nest legten. Das durchschnittliche Gelege bestand aus neun Eiern, bei denen aus einem meist kein Küken schlüpfte, oder aus acht Eiern, aus denen alle Küken schlüpften. Fast immer werden alle Nestlinge auch flügge, doch fällt rund die Hälfte der Brut innerhalb von zwei oder drei Tagen nach Verlassen des Nests üblicherweise Feinden zum Opfer. Bei den Blaumeisen kam es manchmal vor, dass ein einziges Weibchen zwölf Junge hatte, weshalb wahrscheinlich die meisten größeren Gelege, die es hin und wieder gibt, von einem außergewöhnlich produktiven Vogel stammen.

STAMMBAUM

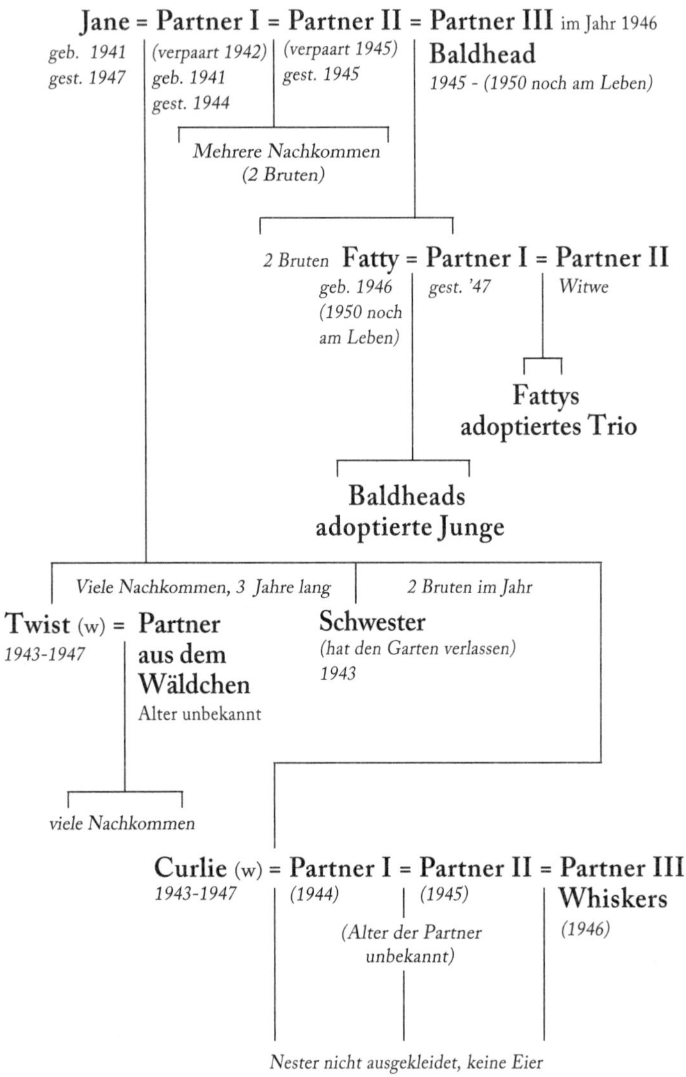
Jane = Partner I = Partner II = Partner III im Jahr 1946
geb. 1941
gest. 1947
(verpaart 1942)
geb. 1941
gest. 1944
(verpaart 1945)
gest. 1945
Baldhead
1945 - (1950 noch am Leben)
Mehrere Nachkommen
(2 Bruten)
2 Bruten Fatty = Partner I = Partner II
geb. 1946
(1950 noch
am Leben)
gest. '47
Witwe
Fattys
adoptiertes Trio
Baldheads
adoptierte Junge
Viele Nachkommen, 3 Jahre lang
2 Bruten im Jahr
Twist (w) = Partner
aus dem
Wäldchen
1943-1947
Alter unbekannt
Schwester
(hat den Garten verlassen)
1943
viele Nachkommen
Curlie (w) = Partner I = Partner II = Partner III
1943-1947
(1944)
(1945)
Whiskers
(1946)
(Alter der Partner
unbekannt)
Nester nicht ausgekleidet, keine Eier

KOHLMEISEN

(Streitlustiges Kohlmeisenpaar)

Puggy (w) = **Partner I** = **Partner II**

1940-1950 | *Streitlustiges Männchen 1940-1946* | *friedfertiger Partner, ab 1950 bekannt als*

Cross = **Neuer Partner**

(1950)

Viele Nachkommen

Baldhead = **Partner I** | **Jane** = **Partner II** | **Monocle** = **Partner III Star**

1945 - (1950 noch am Leben) | *(1946)* | *(1947) Alter ungewiss, 1950 am Leben* | *(1950) Alter unbekannt*

Fatty und viele andere

1946 - 1950 noch am Leben

Gobeline (w)

1950

Teaser (w) = **Timpano** (m)

1948- (1950 noch am Leben) | *(1950 noch am Leben)*

Buffer (m) = **Uptail** (w)

1948-1949 | *1948-1949*

Jedes Jahr mehrere Nachkommen

Nestlinge im Nest gestorben, Eltern von Katze getötet

· KAPITEL 3 ·

Vogelporträts: Amseln

1

Im ersten Abschnitt des vorherigen Kapitels habe ich davon berichtet, dass sich das streitlustige Kohlmeisenpaar Jane gegenüber anders verhielt, nachdem ihre Jungen den Vater verloren hatten, und daraus den Schluss gezogen, dass Vögel im Allgemeinen ihr Territorialverhalten den Umständen anpassen. Dafür ist auch die folgende Geschichte ein ganz typisches Beispiel.

Eine meiner Amseln, ein Männchen, verteidigte sein Revier in meinem Obstgarten in der Brutsaison immer rigoros gegen alle anderen Amseln aus der Nachbarschaft, auch gegen die bereits erwähnte Amsel namens Thief aus dem Garten nebenan. Da ich Pfade ins lange Gras meines Gartens mähte, um dort Futter für die Vögel auszulegen, hatte mein Amselmännchen, Blackie, es nicht leicht, die Konkurrenz fernzuhalten, schaffte es aber, solange es auch andernorts ausreichend Nahrung gab. Blackies Gefährtin hatte Pech gehabt: Eine Ratte oder Dohle hatte ein Ei aus ihrem Gelege gestohlen. Daraufhin hatte sie das Nest aufgegeben und ein neues gebaut – mit demselben Ergebnis. Thiefs Junge schlüpften, und so versuchte er oft, Blackie

Futter für sie zu stibitzen; doch Blackie war allzeit auf der Hut und verjagte den Eindringling. Als Blackies Partnerin damit begann, ein drittes Gelege zu bebrüten, saß Thiefs Gefährtin gerade auf ihrem zweiten. Aufgrund einer Dürreperiode wurde die Nahrung für alle Drosselgattungen allmählich knapp, der Lehmboden war hart wie Stein. Thief hatte nun wirklich große Mühe, seine drei Jungvögel durchzufüttern – und da änderte Blackie, der keine Jungen hatte, sein Territorialverhalten plötzlich. Er gestattete es Thief, sich Futter bei mir zu holen, eskortierte ihn jedoch jedes Mal auf dem Hin- und Rückweg und behielt ihn beim Füttern der Küken strengstens im Auge.

Da auch Thief Blackie normalerweise aus seinem Revier verjagte, hatten beide Vögel ihr Verhalten den Umständen angepasst. Es war amüsant zu beobachten, wie Blackie Thief in sein Reich begleitete und sich neben ihn setzte, wann immer Thief sich niederließ. Sobald die Jungen gefüttert waren, kehrten die beiden gemeinsam zurück, um mehr Futter zu holen, Thief voran und Blackie dicht hinter ihm. Nach nur wenigen Tagen folgten die drei Jungvögel ihrem Vater und flogen die Pfade in meinem Obstgarten entlang, wobei Blackie stets das Schlusslicht bildete. Jedes Mal, wenn Thief Futter aufpickte, drängten sich die Jungen mit weit aufgerissenem Schnabel um ihn; Blackie stand daneben, den Kopf nach vorn geneigt, und sah mit wachsamem Gesichtsausdruck dabei zu, wie Thiefs Nachwuchs das Futter verschlang. Allen anderen Amseln aus der Nachbarschaft verwehrte Blackie den Zugang zu seinem Revier noch immer – vermutlich, weil deren Junge noch nicht flügge waren.

Dann war die Dürreperiode vorbei, und in dem Maß, in dem der Boden weicher wurde, verhärteten sich Blackies Reviergrenzen wieder. Nun wurden Thief und seine Familie jedes Mal vertrieben, auch wenn Blackie noch immer keine Jungen zu füttern hatte. Ich habe oft beobachtet, dass sich das Territorialverhalten entspannte, wenn eine Dürre oder anhaltender Frost herrschte oder sehr viel Schnee lag. Für gewöhnlich verteidigen meine Amseln ihre Reviergrenzen auf das Schärfste; vielleicht gehen sie dabei sogar noch strikter als andere Amseln vor, weil mein Garten so außerordentlich beliebt ist. Das Aufweichen der Regeln, wenn es vernünftigerweise notwendig ist, scheint mir zu beweisen, dass das Territorialverhalten nicht absolut automatisch abläuft, wie manche Ornithologen behaupten, sondern nach Vernunftaspekten abgewandelt wird.

Thiefs Partnerin war ein außergewöhnlicher Vogel; ihr Flügel- und Schwanzgefieder wies einen weißen Rand auf, ihre Stirn zierte ein ebenso weißer Stern. Sie sah immer geradezu adrett aus, jede Feder saß, ein ganz zauberhaftes Exemplar der Spezies. Im Gegensatz dazu wirkte Thief meist schändlich ungepflegt: Er sah aus, als putze er sich nie das Gefieder, machte insgesamt einen irgendwie ramponierten Eindruck, und die für Amseln typischen gelben Ringe umschlossen seine Augen nur unvollständig. Sie schien sich nie, wie das eigentlich üblich ist, mit anderen Amselmännchen abzugeben – vielleicht machte sie der dekorative Hauch von Albinismus unnahbar und sorgte dafür, dass andere sie mieden oder sich respektvoll fernhielten.

Der zerlumpte Thief trug seinen Namen zu Recht. Mir ist nie eine andere Amsel begegnet, die genauso versessen aufs Stehlen gewesen wäre. Im Sommer aß ich gern im Garten und beobachtete dabei die Vögel. Pünktlich zur Mittagszeit ließ sich Thief an einem Platz in seinem Obstgarten nieder, von dem aus er mich und vor allem meinen Teller gut im Auge behalten konnte. Lag Fleisch auf dem Teller, wartete er, bis ich den Kopf abwandte, um einen Vogel hinter mir zu beobachten, und glitt dann lautlos, aber schnell wie der Blitz herab. Bevor ich auch nur mitbekam, was geschah, hatte er sich ein Stück Fleisch vom Teller geschnappt und war mit einem lauten Keckern davongeflogen, während sich meine Amsel, Blackie, an seine Fersen heftete. Diese Art von Taschendiebskunst eines wirklich erstklassigen gefiederten Straßenräubers ist eine Begabung, die man sich vermutlich nicht aneignen kann. Manche Kohlmeisen weisen dieses natürliche Talent ebenfalls auf, während sich andere bei ihren zahlreichen Versuchen vergleichsweise tölpelhaft anstellen.

Selbst bei seinem Gesang bediente sich Thief der Melodien anderer: Er kupferte sie mit nur wenig Ausschmückung von Amseln aus der Nachbarschaft ab, auch wenn das Ausschmücken eigentlich dazugehört, wenn eine Amsel den Gesang einer anderen kopiert (siehe dazu auch Teil 2 »Der Gesang von Singvögeln und Drosselgattungen«, Seite 294–295).

Sechs Jahre lang zogen Thief und seine schmucke Partnerin ihren Nachwuchs im Garten nebenan in immer demselben Kletterrosenstrauch groß. Dann starb sie, und er verpaarte sich mit einem gewöhnlichen Weibchen; den Nistplatz in der Kletterrose behielten sie bei. Zwei Jahre später starb auch Thief.

Einer von Thiefs Nachkommen besaß einige seltsame Eigenschaften, und da der Vogel beschloss, einen Teil meines Vorgartens in sein Revier zu integrieren, hatte ich das Glück, ihn aus nächster Nähe beobachten zu können.

2

Leicht war es für Thiefs Sohn nicht, sich dieses Revier zu erobern, denn die alte Amsel, der mein gesamter Vorgarten gehörte, war ausgesprochen zäh.

Während der alte Vogel in der Mauser war, gestattete er es vielen Jungvögeln, sich auf seinem Rasen zu bedienen, darunter auch Thiefs Sohn, der eben erst flügge geworden war. Doch als der Herbst kam, verteidigte die alte Amsel in ihrem neuen Gefieder ihre Besitztümer wieder mit aller Entschiedenheit. So verließen die Jungvögel den Garten – mit Ausnahme von Thiefs Sohn, der am hinteren Ende des Rasens im Schutz der Sträucher und der Hecke zur Straße ausharrte. Am liebsten saß er auf dem hohen Apfelbaum, der dort stand; dort putzte er sich, nahm Sonnenbäder und ließ hin und wieder einen sehr leisen Subsong[3] vernehmen, den man nur in unmittelbarer Nähe des Baums hören konnte. Er hatte stets ein wachsames Auge auf das alte Amselmännchen und ergriff günstige Gelegenheiten, um sich auf der Suche nach Nahrung auf den Rasen vorzuwagen oder rasch zur Futterstation neben meinem Fenster

3 Der Subsong unterscheidet sich deutlich vom Territorialgesang der einzelnen Arten: Er ist im Allgemeinen leiser und wird nicht zur Kenntlichmachung des Reviers eingesetzt. (Anm. d. Ü.)

zu huschen, wenn der alte Revierbesitzer im Garten hinter dem Cottage mit anderen Eindringlingen beschäftigt war.

Es war ein milder Winter, und im Januar unternahm der Jungspund plötzlich Anstrengungen, die Hälfte des Vorgartens als Nistterritorium für sich zu beanspruchen. Sorgfältig suchte sich der originelle Vogel ein großes Eichenblatt aus den vielen toten Blättern auf dem Boden aus, nahm es in den Schnabel und streckte den Kopf in die Höhe. Mit dem steifen braunen Blatt nun derart unübersehbar in die Luft gereckt, stürzte er sich in den Kampf mit dem alten Amselmännchen, mitten in dessen Revier. Es kam zum Gerangel in den Blumenrabatten, als sich die beiden Vögel gegenseitig um die Sträucher jagten und dann Schnabel an Schnabel aufflogen. Auf einmal aber ergriff der junge Herausforderer die Flucht und lief rasch zum hinteren Ende des Rasens zurück. Dort legte er erneut voller Sorgfalt das Eichenblatt auf dem Gras ab, bevor er sich wieder in den Kampf stürzte. Es war ein langer und heftiger Kampf, aus dem der Jungvogel recht übel zugerichtet hervorging, während der Alte, der als Erster aufgab, nicht besonders angegriffen wirkte.

Eine oder zwei Stunden später hob die junge Amsel das Eichenblatt wieder auf und stolzierte damit, es selbstsicher in der Luft hin und her schwenkend, quer durchs Revier der alten Amsel. Dieses Mal gerieten sie weniger heftig aneinander, sondern verfolgten sich in der für die Vögel üblichen Weise: Sie rannten hintereinander her, vor, zurück, in die Sträucher, aus den Sträuchern, das Eichenblatt noch immer triumphierend nach oben gehalten. Hin und wieder flogen sie Schnabel an Schnabel auf, bis sich der Herausforderer nach einer Weile zurückzog, um das kriegsversehrte

Eichenblatt gegen ein neues auszutauschen. Dann ging es von vorn los: Mit langgestrecktem Hals rannte das junge Amselmännchen los, das steife, welke Blatt im hoch erhobenen Schnabel.

Der Kampf hielt noch einige Tage an, und immer kämpfte das junge Männchen dabei mit dem Eichenblatt, das es wie einen Talisman im Schnabel hielt. Einmal versuchte es, mehrere Blätter in den Schnabel zu nehmen, stellte aber bald fest, dass sie es unnötig behinderten. So legte der Vogel sie wieder ab und suchte sich erneut ein einzelnes großes und steifes Blatt aus. Es war immer ein Eichenblatt, obwohl der Boden auch von Blättern anderer Bäume übersät war. Nach einem Monat sah Oakleaf (Eichenblatt), wie ich das junge Amselmännchen nun nannte, zwar ziemlich angeschlagen aus, hatte die Hälfte des Rasens aber für sich gewonnen. Deshalb widmete er sich jetzt mehr dem Gesang und dem Nisten.

Seine Originalität bewies Oakleaf erneut im Gesang: Er machte vom Vibrato effektiver Gebrauch als alle anderen seiner Artgenossen – zumindest soweit ich das beurteilen kann. Die Phrase:

intonierte er geradezu meisterhaft, der Klang der lange gehaltenen Schlussnote mit dem inbrünstigen Vibrato zwang die Zuhörenden zum konzentrierten Lauschen und regte unausweichlich zum Nachdenken über die Natur der Vogelseele an. Hoch oben in dem alten Apfelbaum saß diese seltsam aussehende, kampfvernarbte Amsel und sang, wobei sie ihre Vielfalt an originellen Melodien jedes Mal ein wenig mehr vervollkommnete. Ganz im Gegensatz zu seinem Vater kopierte Oakleaf nie die Phrasen anderer Amseln; er komponierte stets eigene Melodien, schmückte sie aus, wendete sie mal hierhin, mal dorthin und experimentierte mit unterschiedlichen Klangeffekten, Tempi und Tonhöhen.

Die Nistzeit begann, und von Oakleafs erster Brut wurde ein Jungvogel großgezogen. Obwohl das alte Amselmännchen auch seine Jungen fütterte, drang Oakleaf häufig in dessen Revier ein, holte einen Wurm aus der Erde und hielt ihn hoch, als wolle er vor seinem Erzfeind damit angeben. So gingen die Kämpfe weiter, und bevor Oakleafs Gefährtin das zweite Gelege ausgebrütet hatte, war das alte Amselmännchen an den Wunden gestorben, die ihm der kräftige Schnabel des ungestümen, vernarbten jungen Herausforderers beigebracht hatte. Oakleafs Aussehen grenzte mittlerweile ans Groteske: Alle Schopffedern waren ausgerissen, und auch über den Augen zeigten sich kahle Stellen.

Bis zur ersten Woche im August sang Oakleaf weiter, während es seiner Gefährtin nicht gelang, Junge der zweiten und dritten Brut großzuziehen. Möglicherweise lenkten seine außergewöhnlichen Sangesfähigkeiten die Aufmerksamkeit von Feinden auf das Nest. Den Rest des Monats verbrachte Oakleaf größtenteils damit, auf dem Rasen zu sitzen, den kahlen Kopf nach oben gewandt, den Schnabel himmelwärts gerichtet und mit einem benommenen Ausdruck im Gesicht. Im Gegensatz zu den meisten anderen Amseln versteckte Oakleaf sich während der Mauser nicht zwischen Sträuchern oder auf Bäumen, nein – er posierte wie eine Vogelscheuche in einer auffälligen Haltung, offensichtlich um Konkurrenten von seinem hart erkämpften Land fernzuhalten.

Am 4. September, in den frühen Stunden eines stürmischen, windigen Morgens, war Oakleaf nicht in meinem Garten, und ich sah, wie eine junge Amsel, deren Alterskleid sich noch nicht vollständig entwickelt hatte, einen mehr als ungewöhnlichen Tanz auf seinem Rasen vollführte. Das Amselweibchen hatte sich dafür eine geschützte Stelle ausgesucht, umgeben von Blumenbeeten und mit einer Rosenpergola dahinter. Sie streckte die Flügel nach oben, sodass die hellen Unterseiten sichtbar waren, flatterte rasch mit den Schwingen und machte dabei kleine Hüpfer. Dann schoss sie einige Schritte über den Rasen und drehte sich mit mehr Flügelgeflatter abrupt um, bevor sie wieder losrannte, in die Luft hüpfte und sich mit gelegentlichen leichten Flügelschlägen erneut umdrehte. Jede dieser Bewegungen wurde blitzschnell und voller Anmut ausgeführt. Plötzlich hielt sie inne und pickte wie eine Wilde auf dem Rasen herum, sodass lehmige Erdklümpchen in alle Richtungen spritzten. Eines davon fing sie in der Luft auf, schleuderte es mit einer scharfen Wendung des Kopfes wieder von sich, schoss hinterher, schnappte es sich erneut und warf es wieder – wie bei einem rasend schnellen Ballspiel. Dann wieder ein Hüpfer, bevor sie mit erhobenen flatternden Flügeln dreimal im Kreis herumwirbelte, so schnell, dass ich nicht erkennen konnte, ob sie lief, sprang oder sich mit den merkwürdigen Flügelschlägen vorwärtskatapultierte. Plötzlich hörte sie auf und ließ sich mit nach oben gewandtem Kopf auf den Boden sinken.

Die Vorführung überraschte mich sehr, waren die Bewegungen der Tänzerin doch keineswegs typisch für Amseln. Für das Auge des Vogelbeobachters schien der ausgelassene Tanz im Einklang mit dem Geist des wilden Südwestwinds. Kurz darauf erhob sich das Amselweibchen wieder, streckte die Flügel nach oben, flatterte mit ihnen, tat einen springenden Hüpfer und drehte sich noch einmal im Kreis, unterstützt von gelegentlichen Flügelschlägen. Danach blieb sie mit gesenktem Kopf stehen, als wolle sie nach Nahrung suchen, während eine weitere junge Amsel, Oakleafs Sohn, den ich Oakleafson nannte, zu ihr flog und begann, auf dem Boden herumzupicken. Das Amselweibchen tat es ihm gleich, und einen Augenblick lang standen die beiden Vögel Rücken an Rücken, bis die Tänzerin schließlich über den Rasen lief und zu einem Pergolaende hinaufflog. Oakleafs Sohn flog ihr nach und setzte sich aufs andere Ende. Daraufhin jedoch drehte die Tänzerin ihm den Rücken zu und vertiefte sich darin, Blätter von der Kletterrose zu reißen und diese hinunterzuschlucken, während der junge Oakleafson langsam auf sie zuhüpfte. Erneut drehte die Tänzerin sich um und landete mit einem raschen, flügelschlagenden Hüpfer auf seiner anderen Seite. Eine Weile blieben sie Rücken an Rücken sitzen, reglos wie Statuen; dann flog die Tänzerin wieder auf den Rasen und vollführte erneut ihren anmutigen, wilden Tanz, den Oakleafson von seinem Logenplatz aus beobachtete.

Wieder saßen die beiden jungen Amseln Rücken an Rücken auf dem Rasen; Oakleafson bearbeitete ihn energisch mit dem Schnabel, während die Tänzerin wie geistesabwesend ein totes Blatt nach dem anderen umdrehte.

Plötzlich flog sie zu einem Baum, einen Moment später folgte er ihr.

Später am Tag kehrte sie auf den Rasen zurück. Oakleafson saß hinter der Pergola und sah ihr dabei zu, wie sie leicht mit den Flügeln flatterte und zu hüpfen begann; dieses Mal jedoch erschien der grotesk aussehende Oakleaf höchstpersönlich auf der Bildfläche, eine finstere Erscheinung mit kahlem Kopf und zwergenhaftem Körper, da ihm nun auch noch die Schwanzfedern fehlten. Einen kräftigen gelben Schnabel hatte er allerdings immer noch. Beim Anblick dieses furchterregenden Vogels ergriff die Tänzerin sofort die Flucht. Vielleicht wusste sie, dass Oakleaf mit seinem goldenen Schnabel zwei Monate zuvor ihren Vater gemeuchelt hatte, nach vielen Kämpfen, ausgefochten mit einem in die Luft gereckten Eichenblatt.

So also schritt dieses Überbleibsel einer Amsel ganz allein langsam den Rasen auf und ab – stolzer Besitzer des Landes, mag sein, doch nicht mehr in der Lage, es zu genießen. Derweil hielt sich Oakleafson, um dessentwillen all die Schlachten geschlagen worden waren, im Hintergrund. Auch er fürchtete nun diesen vom Kampf gezeichneten Vogel mit seiner Originalität und außergewöhnlichen Sangeskraft.

3

In seinem zweiten Jahr hatte Oakleaf ein ganz anderes Verhalten an den Tag gelegt. Im Oktober ergriff eine weitere Amsel seines Alters, die in meinem Obstgarten genistet hatte, Besitz vom Revier des alten Amselmännchens – und

Oakleaf überließ diesem Vogel kampflos die Hälfte seines Rasens. Anscheinend einigten sie sich friedlich durch sanfte, freundliche Spiele um die neue Grenze von Oakleafs Revier herum, ein Blumenbeet, das als eine Art Niemandsland vorragte. Der neue Vogel, Darky (Dunkler) – er sang immer noch weit in die Nacht hinein, nachdem sich die anderen Amseln längst zur Ruhe begeben hatten –, ging auf Oakleaf zu, der hastig ein Stück Apfel unter dem Baum aufpickte und um das Blumenbeet herumstolzierte, den Apfel nach oben gehalten, mit erhobenem Kopf und fächerartig ausgebreitetem Schwanzgefieder. Darky stürmte auf ihn zu, Oakleaf wich dem Angriff aus, ging seitlich um die Sträucher herum und legte den Apfel in Darkys Revier gleich hinter dem Blumenbeet ab. Darky folgte ihm, ebenfalls mit ausgebreitetem Schwanzgefieder, erhobenem Kopf und steifem, sprungbereitem Körper. Er tat so, als nehme er sich den Apfel, ließ Oakleaf jedoch dazwischengehen. Dann schritten die Vögel in urkomisch affektierter Weise hintereinander her, in die Blumenbeete hinein und wieder aus ihnen heraus. Sie kehrten zum Apfel zurück, den sich Oakleaf schnappte und mit dem er kokett vor Darky herumfuchtelte, der ihn daraufhin auf seine Seite der Grenze zurückjagte. Dort ließ Oakleaf den Apfel fallen und gab vor, ihn zu fressen. Darky sprang auf ihn zu, beide Vögel flogen auf und pickten spielerisch nach der Luft, wie es schien. Anschließend begann das Spiel von Neuem. Sie verbrachten im Oktober und November viele Stunden damit, genossen es offenkundig und nahmen nie auch nur den geringsten Schaden dabei.

Im Januar floh Oakleaf plötzlich vor allen anderen

Amseln, besonders aber vor Darky, der ihn noch im Davonfliegen häufig verfolgte. Ließ Darky sich blicken, war Oakleaf sofort weg, auch wenn sich Darky in Oakleafs Revier befand. Im Februar (es war das Jahr 1947) kam Oakleaf während der anhaltenden Schneefälle jeden Tag an mein Fenstersims, um sich Futter zu holen; protestierte Darky dagegen, hielt Oakleaf das Futter hoch in die Luft, zitterte dramatisch mit den Flügeln und breitete das Schwanzgefieder aus. Die Vorführung ließ Darkys Protest verstummen, doch verschwand Oakleaf nach dem Fressen immer sofort und erschien erst ab dem 23. März wieder auf dem Rasen. An diesem Tag setzte er sich in seiner typischen Pose unter einen Weißdorn am hinteren Ende des Rasens: den Körper nahe am Boden gehalten, den Kopf nach oben gewandt, den Schnabel himmelwärts gerichtet. Als plötzlich seine Gefährtin auftauchte, war Oakleaf auch schon über die Hecke in Richtung Nachbarsgarten verschwunden. Dort befand sich nun der Hauptteil seines Reviers, zu dem trotzdem noch diese hintere Ecke meines Rasens mit dem Weißdorn und einem schmalen Streifen Gras hinter der Pergola sowie der Apfelbaum gehörten – sein alter Singplatz.

Am nächsten Tag saß er wieder reglos unter dem Weißdorn und kehrte seiner Partnerin den Rücken zu, die so tat, als suche sie hinter dem Strauch nach Nahrung. Dann flog sie direkt an mein Fenster mitten in Darkys Revier; sofort folgte Oakleaf ihr in seltsam schleifenförmigem Flug und mit einem eigentümlichen, schrillen Keckern. Er landete hinter ihr auf dem Fenstersims. Sie drehte sich rasch um, sprang über ihn hinweg und flog zum Weißdorn zurück. Wiederum folgte er ihr. Dann tauchte Darky auf, lief wichtigtuerisch auf die beiden zu, blieb mit ausgebreitetem Schwanz und erhobenem Kopf in ihrer Nähe stehen und starrte die Liebenden höchst unhöflich an. Allerdings war Oakleaf zu sehr von seiner Partnerin in Anspruch genommen, als dass er hätte Notiz von Darky nehmen können, weshalb Letzterer gemächlich ins eigene Revier zurückkehrte.

Am 26. März stattete Oakleaf Darky einen Gegenbesuch ab, bewaffnet mit einem Schnabel voller Blätter und einem langen Papierstreifen, der bis auf die Erde herabhing. Die Fracht behinderte Oakleaf beim Gehen, und er trat auch ständig auf das Ende des Papierstreifens, doch hatte dieses langsame Vorankommen durchaus etwas Humoristisches und gespielt Triumphierendes. Oakleaf schien sich prächtig zu amüsieren, seine ganze Art, sein ganzer Ausdruck unterschied sich erheblich von dem, den er gehabt hatte, als er das alte Amselmännchen angegriffen hatte, um sein Revier zu erobern. Darky rannte auf ihn zu, und gemeinsam flogen sie im Blumenbeet auf; spätestens zu diesem Zeitpunkt jedoch wurde Oakleaf seine Fracht zu mühsam. Er flog zu seinem Weißdorn zurück, legte Blätter und Papierstreifen sorgfältig unter dem Strauch ab und kam wieder unter dem Weißdorn hervor. Darky war inzwischen allerdings zum Fenstersims geflogen, um sich Futter zu holen. Als er Oakleaf kommen sah, ging er schnurstracks auf ihn los, woraufhin Oakleaf rasch zwei Blätter aufnahm und Darky entgegeneilte. Schnabel an Schnabel flogen die beiden Kontrahenten mehrmals hintereinander auf und ergingen sich dazwischen in Drohgebärden, bis Oakleaf zu seinem Weißdorn zurückkehrte, die Blätter ablegte, sich den Schnabel an der Grasnarbe abwischte und die Kiefer in komischer Weise mehrere Male öffnete und schloss, als hätten die Blätter einen unangenehmen Nachgeschmack hinterlassen. Danach fochten er und Darky keine Gefechte mehr aus.

In diesem Frühjahr sang Darky schöner und ausdauernder als jede andere Amsel im näheren Umkreis, zog aber keine Jungen auf. Oakleaf, der im vorhergehenden Jahr keinen Bruterfolg gehabt hatte, brachte nun die Jungen aller Gelege durch, sang dafür aber sehr wenig. Seine Stimme schien irgendwie brüchig: Versuchte er es mit seinen alten Melodien, war keine Schönheit in den schwachen Tönen. Diese und andere Beobachtungen legen nahe, dass der Gesang für den Nisterfolg durchaus schädlich sein kann. In diesem »gesangsarmen« Jahr erwies sich Oakleaf darüber hinaus als viel hingebungsvollerer Vater. Er saß häufig selbst im Nest, auch noch, als die Jungen schon fast flügge waren – ein für männliche Amseln recht ungewöhnliches Verhalten, das zweifelsohne die Jungen vor Nesträubern schützen soll. Das Nest befand sich in derselben Hecke wie zuvor, für seine Gesangsversuche suchte sich Oakleaf jedoch einen Platz aus, der weiter vom Nest entfernt war. Dieses nüchterne und vernünftige Verhalten hatte zudem dazu geführt, dass Oakleafs Federn dieses Jahr alle intakt blieben.

Vögel lernen aus ihren Fehlern, sie gewinnen rasch Erkenntnisse aus der Erfahrung, was sicherlich belegt, dass ihre Handlungsweisen vernunftgeleitet sind und nicht ausschließlich auf Instinkt und Automatismen beruhen.

In seinem dritten Jahr verstärkte Oakleaf das Eichenblatt mit einem Stöckchen, das er in die Höhe hielt, als er Darky bei ihren Grenzstreitigkeiten entgegenstürmte. In seinem vierten Jahr hatte der originelle Vogel eine weitere brillante Idee. Er fügte seinem Revierverteidigungsverhalten eine sonderbare Flugattacke hinzu: Als sich Darky Oakleafs Revier näherte, griff Letzterer zu seinen Waffen inklusive Stöckchen, lief dem Rivalen entgegen und legte, kurz bevor er ihn erreicht hatte, einen plötzlichen Spurt ein, der in einem kreisförmigen, rasanten Flug um den Kopf des Gegners endete. Anschließend landete Oakleaf etwas über einen halben Meter von Darky entfernt auf dem Boden, lief rasch wieder ins eigene Revier zurück, drehte sich um und wiederholte den Angriff. Der zunächst verunsicherte Darky gewöhnte sich mit der Zeit allerdings an dieses ungewöhnliche Verhalten. Der Angriff im Flug war außerordentlich clever, denn der durch Blatt und Stöckchen behinderte Oakleaf hatte die normalen Schnabel-an-Schnabel-Gefechte zunehmend unbefriedigend gefunden: Beim Auffliegen mit sich kreuzenden Schnäbeln hatte er seine Waffen fallen lassen müssen. Das neue, rasche Flugfinale aber ließ für einen Schnabelnahkampf keinen Platz. Als Darky losstürmte, stürmte er ins Leere, da Oakleaf mit dem gesamten Arsenal bereits beim Flugfinish war. Schließlich zog sich Darky unter Sträucher zurück, wenn Oakleaf mit seinem Luftspektakel begann – nicht minder clever, behinderte die Vegetation doch diese Form der modernen Kriegsführung und begünstigte das gute, alte Verjagen durch Anschleichen. In seiner fünften Nistsaison wird Oakleaf Darky vielleicht eine ganz andere Überraschung bereiten, sich etwas ganz Neues ausdenken, so unerschöpflich scheint der Erfindungsreichtum dieser Amsel zu sein.

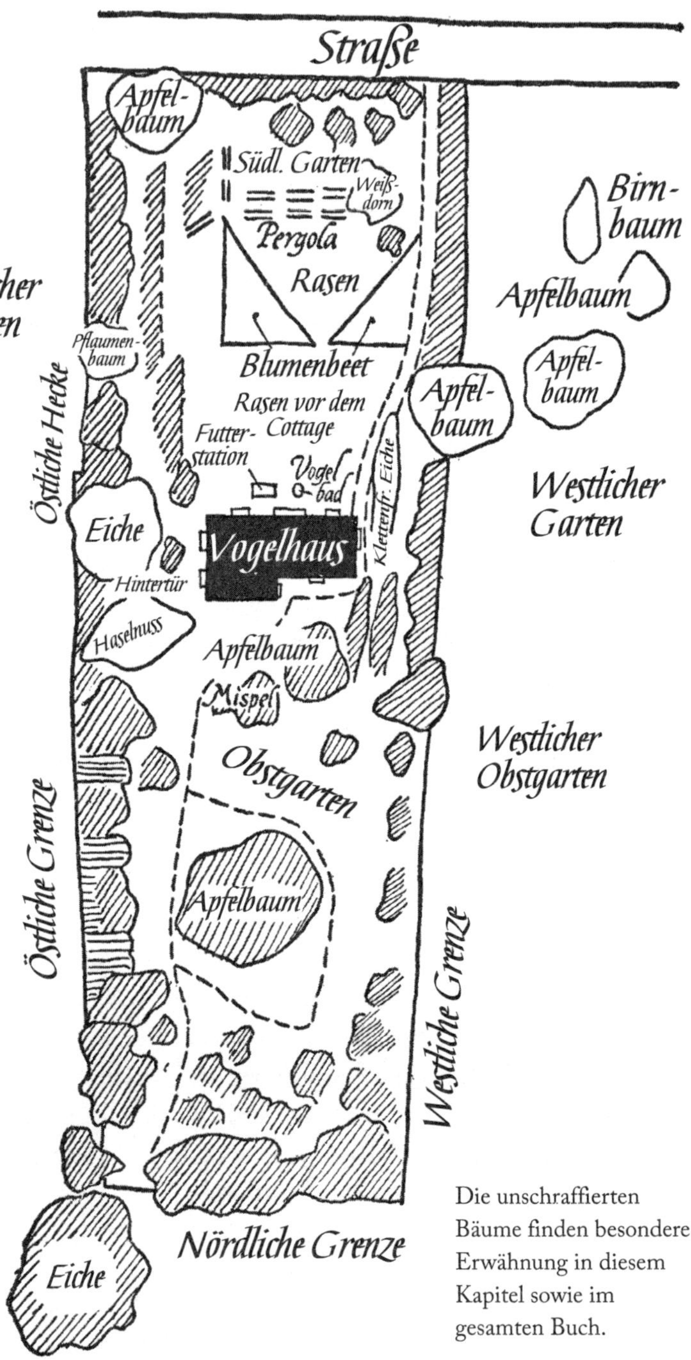

Die unschraffierten Bäume finden besondere Erwähnung in diesem Kapitel sowie im gesamten Buch.

· KAPITEL 4 ·

Herbstnotizen – Rotkehlchen

Dem Herbst des Jahres 1946 folgte ein außergewöhnlich strenger Winter. Im September kamen viel mehr Rotkehlchen als sonst in meinen Garten und konkurrierten miteinander um ein Überwinterungsrevier mit Zugang zur Futterstation oder zum Cottage. Die folgenden Auszüge aus meinen Herbstnotizen sind beim Beobachten der Rotkehlchen oder unmittelbar danach entstanden. Besonders interessant dabei war, dass sich mein Rotkehlchen, Dobs, jedem Eindringling gegenüber anders verhielt. Dobs war im Jahr zuvor aus dem Ei geschlüpft.

26. August. *Dobs trägt nun sein leuchtend neues Gefieder, sein ganzes Auftreten ist keck, er scheint es mit Gott und der Welt aufnehmen zu wollen. Gierig hat er sich beide Seiten meines Cottages angeeignet, auch die Osthälfte, die er letztes Jahr noch großzügig seiner Gefährtin überlassen hatte. Sie hat sich in den östlichen Garten nebenan zurückgezogen und in meinem schon seit einigen Tagen nicht mehr blicken lassen. Zwei andere Rotkehlchen versuchen, von Westen und Südwesten aus in meinen Garten vorzudringen – sie verstehen sich weder untereinander noch mit Dobs gut. Ich sehe sie nur selten, doch beschimpft einer der Vögel aus der Deckung der*

hohen Klettenfrüchtigen Eiche an der Westseite meines Cottages heraus häufig Dobs, der leise, aber bedrohlich zurückzwitschert und sich aufplustert, bis er fast doppelt so groß ist. Derweil greift das zweite neue Rotkehlchen, ein Weibchen, von Südwesten, vom Gartentor aus an. Aus der Deckung der Bäume heraus schimpft sie in harten, abgehackten Tönen lauthals drauflos; hin und wieder fliegt sie auf den Boden, um etwas aufzuheben, und eilt mit Tick-Tick-Tick-Rufen rasch wieder davon, bevor Dobs die Chance hat, sie anzugreifen. In meinem Garten »tickt« es die ganze Zeit.

27. August. *Mit erhobenem Kopf und affektierten Schritten stolziert Dobs' Gefährtin über den Rasen – wieder ganz das schlanke, langbeinige Weibchen. Als Dobs erscheint, zieht sie sich langsam zurück, wobei sie eine schwerere Gestalt annimmt, mit kürzeren Beinen und rundlichem Körper. Sie murmelt etwas vor sich hin und verschwindet in ihr Revier nebenan. Von der Hecke aus, die die beiden Reviere voneinander trennt, murmelt auch Dobs sehr leise etwas vor sich hin oder vielleicht auch ihr zu. Er streckt unablässig den Kopf nach oben, allzeit darauf vorbereitet, dass seine Partnerin den soeben begangenen kühnen – oder besser: frechen! – Akt der Provokation wiederholt. In der Zwischenzeit droht das westliche Rotkehlchen mit einer neuen Attacke, angekündigt durch heftiges Gezwitscher hinter der Klettenfrüchtigen Eiche. Dobs klärt die Angelegenheit, ruhig, aber deutlich, in Rotkehlchensprache.*

28. August. *Dobs und seine Partnerin holen sich Futter von der Futterstation, anscheinend in friedlichem Mitei-*

nander. Er frisst mir aus der Hand, sie pickt heruntergefallene Krümel auf. Sie wirkt etwas nervös, doch Dobs ist an diesem Morgen bester Laune, und so folgt auch kein Schimpfen.

30. August bis 4. September. *Dobs kommt immer allein, von seiner Gefährtin keine Spur. Am Nachmittag des 4. September jagt er sie die gemeinsame Grenzhecke entlang.*

4. bis 8. September. *Die Scherereien mit dem westlichen Rotkehlchen nehmen zu. Dobs zwitschert unaufhörlich, das westliche Rotkehlchen schimpft aus der Klettenfrüchtigen Eiche zurück. Manchmal rollen die beiden Vögel mit ineinander verhakten Füßen auf der Erde unter dem Baum herum, zu Verletzungen kommt es dabei jedoch nicht. Dobs hat sein Gezwitscher bemerkenswert gut im Griff, während das westliche Rotkehlchen mittlerweile recht hysterisch klingt, sich dabei aber nicht annähernd so überzeugend anhört wie Dobs. Der ist mitunter zwar kaum zu hören, dennoch schwingt immer ein bedrohlicher Unterton mit. Früh am Morgen lässt Dobs ein wunderschönes Lied erklingen; erfordern es die Umstände, kann er allerdings auch ganz andere Töne anschlagen. Der Gesang der Rotkehlchen ist im Herbst ausdrucksvoller als im Frühling. Er vermittelt dann viel mehr Stimmungen und klingt in meinen Ohren leidenschaftlich, drohend, einschmeichelnd, erleichtert, zufrieden, triumphierend, schwach, arrogant, sehnsüchtig, entschlossen, gelangweilt oder verzweifelt – er erweckt den Eindruck, der Widersacher sei ein Narr und die Welt eine absolut hoffnungslose Angelegenheit! In seinem Buch über den Vogel-*

gesang nannte Garstang[4] *das Rotkehlchen den Chopin der Vogelmusik. Doch Chopin ist häufig sentimental, Rotkehlchen sind es nie.*

9. September. *Das südwestliche Rotkehlchen ist in Richtung Oakleafs Weißdorn und Pergola vorgerückt. Der Süden des Gartens ist nun ihr Revier. Sie singt kaum, gibt das langbeinige Rotkehlchenweibchen und trippelt ungeheuer anmutig umher. Dobs greift sie nicht an, zu sehr ist er damit beschäftigt, seine Gefährtin von der Ostseite des Cottages und das westliche Rotkehlchen vom westlichen Vorderrasen fernzuhalten. An diesem Nachmittag hat Dobs vom Wipfel des Pflaumenbaums an der östlichen Hecke aus gesungen, ein monotones, lautes Lied, ganz anders als sein üblicher, abwechslungsreicher Gesang, vielleicht war es auch nur ein Geräusch, um die anderen Rotkehlchen abzuwehren. Er ist recht korpulent geworden und wiegt mehr als die meisten seiner Artgenossen, wenn er auf meiner Hand sitzt; auch leuchtet seine rote Brust kräftiger, im Vergleich dazu wirkt seine Partnerin geradezu blass.*

12. September. *Für den Augenblick scheint Dobs die territorialen Angelegenheiten zu seiner Zufriedenheit erledigt zu haben, denn er sang den ganzen Tag über in den süßesten Tönen und hat sich nicht mit den anderen Rotkehlchen gestritten. Auch das westliche Rotkehlchen ließ ein Lied aus der Klettenfrüchtigen Eiche ertönen, die jetzt anscheinend die*

4 Gemeint ist vermutlich Walter Garstang, *Songs of the Birds*, London, 1922. Garstang (1868–1949) war ein britischer Zoologe. (Anm. d. Ü.)

Reviergrenze bildet. Vielleicht haben sich die Vögel von diesem schönen, ruhigen Tag mitreißen lassen, dem ersten ohne Wind seit vielen Wochen. Gestern noch hatte der Wind einer Partie Schwanzmeisen, die sich auf den Drähten entlang der Straße niedergelassen hatten, die Schwanzfedern über den Kopf geweht. Beinahe hätten sie das Gleichgewicht verloren. Doch heute kann selbst eine ganz oben auf dem Baum sitzende Schwanzmeise nicht auch nur das geringste Problem mit ihrem Schwanzgefieder haben. Den Großteil des Tages verbrachte Dobs auf den unteren Zweigen der Sträucher, kontinuierlich einen Subsong trällernd, der klang, als entfalte sich darin eine lange Geschichte. Manchmal schloss er beim Singen halb die Augen und schien die Welt um sich herum vergessen zu haben. Wie anders sein Gesang heute doch klang im Vergleich zu den hitzigen Tagen zuvor!

24\. September. *Dobs ist wieder mit seiner Partnerin beschäftigt. Das südwestliche und das westliche Rotkehlchen bieten sich mittels Gesang und seufzendem, lautem, verzweifeltem Zwitschern einen Schlagabtausch. Dobs ignoriert die beiden, er ist bemüht, seine Frau von der Hintertür an der Ostseite des Cottages, der Küchentür, fernzuhalten. Sie versucht schon seit einiger Zeit, sich unbemerkt in diesen porösen Teil des Reviers vorzuarbeiten. Er sitzt auf der Haselnuss an besagter Hintertür, singt leise, aber Unheil verkündend, die Augen strikt auf seine Partnerin hinter dem Baum gerichtet, die mit lauten Tick-Ticks kontert. Der Verlust der Tür würde ihre letzten Hoffnungen auf zukünftige Revierkrümel zunichtemachen, doch hat sie offensichtlich Angst davor, Dobs zu nahe zu kommen. Ihre Strategie besteht darin, es auszu-*

nutzen, dass Dobs auch die andere Seite des Cottages verteidigen muss. Jedes Mal wenn er sich abwendet, rückt sie langsam etwas näher an die Hintertür heran, tut so, als suche sie auf dem Weg dorthin nach Nahrung, die sie jedoch kaum frisst. Sie hat ihre Augen fest an Dobs geheftet: Wendet er sich ihr wieder zu, zieht sie sich vorsichtig zurück. Dennoch greift er sie nie an, und sein an sie gerichteter Gesang ist immer ruhig und leise. Während dieser Streitigkeiten um die Hintertür legt er oft Pausen ein, um sich im Vorgarten Futter aus meiner Hand zu holen, wobei er das westliche Rotkehlchen, das an der Grenze seines Reviers singt, stets im Auge behält. Manchmal setzt sich Dobs ihm genau gegenüber und singt ihn einige Minuten lang laut an, bevor er eilig zur Hasel zurückfliegt – es scheint ihm besonders wichtig zu sein, dass die Küchentür in seinem Revier verbleibt. Seine Partnerin macht es ihm schwerer als die beiden Neuankömmlinge, vielleicht weil er sie aus meinem Garten und von der Vorderseite des Cottages vertreibt, Orte, die sie im letzten Winter noch gemeinsam genutzt hatten. Da aber kommt es aus westlicher Richtung zu einer neuen Komplikation: Ein weiterer Artgenosse drängt sich ins Revier des westlichen Rotkehlchens, dem Klang der Stimme nach zu urteilen ein robustes Männchen mit großer Entschlusskraft. Deshalb gerät das westliche Rotkehlchen in Versuchung, in Dobs' Revier jenseits der Klettenfrüchtigen Eiche vorzudringen. So sieht Dobs sich gezwungen, seinen Posten an der Hintertür zu verlassen und sich um die beiden Konkurrenten zu kümmern, die in ein vulgär klingendes Gezwitscher verfallen, als hätten sie nun endgültig die Beherrschung verloren. Was Dobs angeht, so wählt er seine Methoden der Kriegsführung mit Würde. Er kann durchaus auch schimpfen, aber einer so vulgären Sprache, solch fiepsender Töne würde er sich nie bedienen.

Plötzlich verstummen alle Rotkehlchen, als eine Gruppe Schwanzmeisen durch den Garten huscht. Es hat den Anschein, als ließen sich die Rotkehlchen von der sorglosen Anmutung der ziehenden Schar anstecken, als kühlten die fröhlichen Gesellen die erhitzten Gemüter. Ein sonniger Herbsttag bedeutet für diese Meisen das angenehme Stromern an leuchtend bunten Hecken entlang, das Teilen der reichen Beute in friedlicher Kameradschaft. Im Gegensatz dazu scheinen Rotkehlchen an solchen Tagen den Drang nach Einsamkeit zu verspüren, was unweigerlich im Streben nach dem alleinigen Besitz eines Streifens Land endet, wo sie sich in einsamem Rückzug von anderen ihrer Art wohlfühlen können.

Die Schwanzmeisen sind fort, ihr Zwitschern aber hallt aus der Ferne noch nach, als klingelten zahllose, winzige, hohe mechanische Glöckchen. Zuerst noch lange Stille vonseiten der Rotkehlchen, dann beginnt Dobs zu singen, drei eindringliche Noten, gefolgt von einem fragenden Schlenzer nach oben, der sich in plätschernde Töne vertändelt, eine Kadenz in vier langen, lauten Stufen, auf denen immer länger und mit immer größerer Betonung verweilt wird und die, anthropomorph interpretiert, klingt, als regele sie alles, worüber man sich überhaupt nur Gedanken machen muss. Die anderen Rotkehlchen schweigen, abgesehen von einigen halbherzigen Tick-Ticks. Für diesen Nachmittag sind die Streitigkeiten beigelegt. Leise zwitschert Dobs neben mir, der zauberhafte Subsong scheint die sanfte Seite seiner Persönlichkeit widerzuspiegeln.

26. September. *Dobs' Gesang, begleitet von prasselnden Regentropfen, wird jäh unterbrochen. Allmählich wird die Lage des westlichen Rotkehlchens ernst. Das neue westwestliche Rotkehlchen rückt immer näher und droht, das westliche Rotkehlchen aus seinem Revier zu vertreiben. Ich konnte tatsächlich schon eine Auseinandersetzung der beiden jenseits der Klettenfrüchtigen Eiche auf dem Rasen vor dem Cottage beobachten. Daraufhin verließ Dobs wutentbrannt seinen Singbaum an der östlichen Hecke, flog mit gesträubten Federn – er wirkte riesig – auf die beiden Kontrahenten zu und trieb sie über den westlichen Zaun. Als er auf seinen Sangesposten zurückkehrte, sang er langgezogen und eindringlich, mit ein oder zwei glucksenden Ausbrüchen dazwischen. (Im Repertoire des Rotkehlchens findet sich etwas ganz Ähnliches wie das berühmte Kichern oder Trillern der Amsel, wenngleich es natürlich viel höher ist.)*

Am Nachmittag desselben Tages. Erneut sind die beiden westlichen Rotkehlchen unter der Klettenfrüchtigen Eiche in Konflikt miteinander geraten, vornehmlich aber seufzen, fiepen und schimpfen sie mit vielen Drohgebärden und einigem Hintereinanderherjagen. Das südwestliche Rotkehlchen rückt etwas näher und fragt sich möglicherweise, ob es von diesem neuerlichen Tumult profitieren kann. Sie wagt sich näher als jemals zuvor von der Westseite her an das Cottage heran. Dobs ist verärgert und fliegt immer wieder mit gesträubtem Gefieder auf den Boden, er singt auf dem Rasen in der Nähe der Klettenfrüchtigen Eiche – der Baum des westlichen Rotkehlchens und derzeitiger Zankapfel. Er traut sich jedoch nicht, lange aus der östlichen Hecke zu verschwinden, da seine Gefährtin dort auf ihre Chance wartet. Dobs hat an diesem

Tag alle Hände voll zu tun. Er ruht sich einen Augenblick aus und trinkt aus dem Vogelbad; nach jedem Schluck trällert er eine prustende Phrase, die klingt, als gurgele er. Er muss jetzt unablässig singen, schließlich muss er mittlerweile mit vier Rivalen fertigwerden.

Am selben Nachmittag, halb vier. Nun macht noch ein Rotkehlchenpaar dem westlichen Rotkehlchen das Leben schwer und versucht, sich über die Klettenfrüchtige Eiche und den umgebenden Rasen dem Cottage zu nähern. Mittlerweile streiten sich also vier Rotkehlchen um diesen Baum. Zwischen halb vier und fünf Uhr nachmittags jagen sie sich unablässig gegenseitig um die Eiche und den benachbarten Apfelbaum im Südwesten. Dobs ist außer sich; er singt unaufhörlich mit lauter Emphase und fliegt immer wieder zur Futterstation, um die anderen Vögel mit Drohgebärden zu beeindrucken, seine Augen sprühen vor Zorn. Sein Kopf wirkt vergrößert, sein Körper geschrumpft, seine ganze Gestalt scheint deformiert. Er ist von diesem wahren Ansturm an Rotkehlchen zu aufgebracht, als dass er von mir Futter annehmen würde: Er will auch nicht einen Augenblick aufhören zu singen, noch nicht einmal, um zu fressen. Das südwestliche Rotkehlchen ist noch immer darauf aus, sich die Zwangslage des westlichen Rotkehlchens zunutze zu machen: Sie wagt sich nun direkt bis an die Blumenbeete in Dobs' Revier und dem des westlichen Rotkehlchens heran. Bislang war ihre Reviergrenze Oakleafs Weißdorn und die angrenzende Pergola gewesen. Viele Stunden lang ist das Flattern von Rotkehlchenflügeln zu hören, sie kollidieren mit den Blättern, während sich die Vögel kopfüber ins Laub stürzen und um die Bäume jagen. Dobs beteiligt sich an den Jagden nicht, er singt und singt von der Futterstation aus, mit blitzenden Augen und alarmierenden Verdrehungen seines sonst so hübschen kleinen Körpers. Er gibt nun auch zischelnde Töne von sich, die seinen Gesang bislang nicht trübten.

Gegen fünf fiel eine wahre Plage fliegender Ameisen über meinen Garten her, die sich wahrscheinlich auch weiter oben aufhielten, da der Himmel buchstäblich von Schwalben übersät war. Beim Blick nach oben erzeugten die Massen kreisender Vögel, die einander in verschiedenen Höhen immer wieder kreuzten, eine merkwürdige, sogartige Drehbewegung, bei der man das Gefühl hatte, man kreise mit ihnen. Als sie sich höher und höher in die Luft schraubten, erweckten die vielen winzigen Flecken hoch oben am Firmament den Eindruck schwarzer Schneeflocken, die immer weiter in die Höhe wirbelten, bis sie fast nicht mehr zu sehen waren. Dann setzte eine entgegengesetzte Bewegung ein: Einige Schwalben fegten knapp über den Boden hinweg, nach und nach zeichneten sich die Silhouetten der schmalschwingigen Vögel mit dem anmutigen, bogenförmigen Flug nun wieder deutlich sichtbar gegen den Hintergrund des Himmels ab. Die Schwalben nahe am Boden wirkten überraschend groß – eine optische Täuschung aufgrund des Kontrasts zu den kleiner wirkenden Vögeln weiter oben. Und wieder schraubten sich die Massen in den Himmel und bildeten dabei unzählige gigantische, höchst kunstvolle Muster, die sich, je nachdem, wohin sich die Vögel auf ihrem Weg nach oben wandten, immer wieder veränderten. Eine halbe Stunde später driftete die eindrucksvolle Zusammenkunft ziehender Vögel weiter gen Osten; nur ein paar Vögel blieben, um sich über meinem Garten weiterhin an den fliegenden Ameisen gütlich zu tun. Sie schienen auch den

Fitislaubsängern und Grauschnäppern zu schmecken, selbst die Spatzen schnappten sie sich im Flug. Als die Schwalben verschwunden waren, nahm die Plage noch zu, und gelegentlich hielt eines der vier Rotkehlchen in der Jagd inne, um die eine oder andere Ameise aus den Bäumen oder vom Boden aufzupicken. Doch gleich stürzte sich ein Artgenosse wieder auf den Aussteiger und zog ihn erneut in die wirbelnde Jagd um die Bäume hinein. Manchmal hielt einer der Vögel auch inne, um eine Phrase zu trällern, die an die Kadenz der Mönchsgrasmücke erinnerte. Der Gesang dieses Rotkehlchenmännchens war alles andere als gewöhnlich – vielleicht hatte er von seinen Artgenossen getrennt gelebt, umgeben von vielen Mönchsgrasmücken. Seine Rivalen unterbrachen die Jagd nie, um ernsthaft zu singen, obwohl viel Plätschern, Fiepen und Schimpfen zu hören war, ebenso wie mitunter ein langer, quietschender Ton, der in einem Seufzen verklang. Im Laufe des Abends mischte auch Dobs sich unter die Kontrahenten, und als sie ihn zu sehr bedrängten, flüchtete er sich in ein beinahe spuckendes Geräusch – verzeihlich angesichts der Umstände, denn schließlich musste er sich ja nicht nur um die vier Jäger kümmern, sondern auch noch um das südwestliche Rotkehlchen und seine Gefährtin, die an der Hintertür des Cottages Unruhe stifteten.

Nach Einbruch der Nacht huschten an diesem Abend viele aufgewühlte, aufmüpfige kleine Rotkehlchen auf meinem Rasen herum. Vielleicht bot ihnen die Dunkelheit die willkommene Gelegenheit, unbehelligt zu fressen.

27. September, sieben Uhr morgens (Sommerzeit). *Alle sieben Rotkehlchen sind wieder aktiv. Heute Morgen sang*

nur Dobs die Frühmette, die restlichen Rotkehlchen begrüßten den Tag mit Tick-Rufen, die wie wüste Flüche klangen. Die Invasion dieser neuen Vögel bereitet Dobs viel Unbehagen. Der erste Neuankömmling, das kräftig klingende westwestliche Rotkehlchenmännchen, hat das westliche Rotkehlchen aus der Klettenfrüchtigen Eiche und dem Apfelbaum daneben vertrieben und vom westlichen Vorderrasen Besitz ergriffen. Der Vogel, zukünftig New Robin (Neues Rotkehlchen) genannt, hat Feuer und kann Dobs durchaus das Wasser reichen.

27. September, zehn Uhr vormittags. *Der herrliche Tag des strahlenden Sonnenscheins und wolkenlosen blauen Himmels scheint die Rotkehlchen ihre Streitigkeiten eine Weile vergessen lassen und sie zu einem den goldenen Herbstmorgen preisenden Chor vereint zu haben. Allerdings fällt mir auf, dass Dobs lauter und noch ausdauernder singt als gewöhnlich, als wolle er am liebsten nur die eigene Stimme hören. Er klingt auch etwas schriller als vor dem Einfallen der Artgenossen. Er klingt angespannt, singt aber dennoch schön.*

Um elf Uhr vormittags verstummt der Chor, und New Robin wagt sich auf den Rasen an der Westseite des Cottages vor. Keck und prahlerisch hüpft er auf diesem neuen Stück Land herum, die Augen auf Dobs an der Futterstation gerichtet. Der blitzt ihn einen Moment lang zornig an und schießt dann auf den Rasen neben New Robin hinunter, mit verdrehtem Körper, fast bis zum Gehtnichtmehr in die Luft gerecktem Kopf und fürchterlichem Schimpfen. New Robin hüpft weiter keck herum, öffnet dabei aber immer wieder weit den Schnabel, um ein erstaunlich lautes und langgezogenes, gutturales Zischen ertönen zu lassen, das er allmäh-

lich steigert. Während das Zischen an Vehemenz zunimmt, öffnet sich der Schnabel weiter, bis die Zunge sichtbar wird. Anschließend hat er den Schnabel kaum geschlossen, da geht die furchteinflößende Vorstellung von Neuem los, doch zieht sich New Robin dabei ganz langsam immer mehr zurück, sodass Dobs zu seinem Lieblingssingplatz fliegt, einem hohen Pflaumenbaum an der östlichen Hecke; von dort aus hat er nicht nur einen guten Blick auf das Revier seiner Gefährtin, er ist auch für alle anderen Rotkehlchen deutlich sichtbar. Er singt aus vollem Herzen, bis die Umstände es erneut erforderlich machen, sich um New Robin zu kümmern.

Ich sitze in der Nähe der Futterstation auf dem Rasen. New Robin kommt zu mir gehüpft und deutet an, dass er Futter haben möchte. Daraufhin schießt Dobs meteoritenhaft von seinem Sitzplatz hoch oben auf dem Baum hinunter und geht wutentbrannt auf den Eindringling los. Mit fest ineinander verkrallten Füßen rollen sie auf dem Rasen herum, sie scheinen gleich stark zu sein. Schließlich gelingt es einem der Vögel, den Schnabel an die Kehle des anderen zu bringen. Bevor das Ganze auf einen Kampf um Leben und Tod hinausläuft, trenne ich die beiden wild gewordenen Streithähne. Doch Dobs ist in Rage, sein Auge ebenso flammend wie seine feuerrote Brust, und er greift sofort wieder an. Ich klatsche direkt an ihren Ohren laut in die Hände, was die Vögel erneut trennt. New Robin zieht sich mit einigen schwachen Tick-Ticks hinter die Klettenfrüchtige Eiche zurück, während Dobs sich für den Sieger zu halten scheint, denn er glättet sein gesträubtes Gefieder und setzt eine zufriedene Miene auf; dann fliegt er wieder auf den Baum, um in den süßesten Tönen zu singen, alles Schrille ist aus seiner Stimme verschwunden.

28. September. *Das Rotkehlchen, das wie eine Mönchsgrasmücke klingt, singt nun von einem Apfelbaum westlich der Klettenfrüchtigen Eiche aus. Es hat eine für die Spezies ausgesprochen liebliche Stimme, tendiert mehr zur Mönchsgrasmücke und wiederholt die kurze Phrase, die an ihre Kadenz erinnert, ständig. Zehn Minuten lang tut es das – vielleicht ist damit sein Repertoire erschöpft. Doch dann folgen drei leise gemurmelte Noten und eine lange Stille, da es von New Robin gejagt wird. Währenddessen singt Dobs von der Hasel an der Hintertür aus, um seine Partnerin fernzuhalten. Die vier neu eingedrungenen Rotkehlchen beginnen mit Tick-Tick-Rufen und plätschernden Geräuschen, sie klingen wie ein Regal voller Wecker. Ihnen allen geht es um den Apfelbaum westlich von New Robins Klettenfrüchtiger Eiche, und so jagen sie einander schwungvoll immer um den Baum herum. Ihr Flug ist weich und lautlos, doch beim Eintauchen ins und Auftauchen aus dem Geäst machen die flatternden Flügel, die die steifen Herbstblätter streifen, ein seltsam rasselndes Geräusch. Diese Jagd scheint nicht mehr voller Wut zu sein, man könnte glauben, die Vögel jagten einander halb aus Spaß. Dehnen die Rotkehlchen ihre Jagd auf den Birnbaum südlich des Apfelbaums aus, kommt das gesittete südwestliche Rotkehlchen protestierend angeflogen: Der Birnbaum stellt die Grenze ihres Reviers dar. Hin und wieder hält das einer Mönchsgrasmücke ähnelnde Rotkehlchen inne und trällert seine wiederkehrende Phrase, doch wird jeder der vier Vögel, der sich zum Singen niederlässt, sogleich wieder ins Jagdgeschehen verwickelt. Mehr als eine Stunde geht das Spiel weiter, wenn es denn ein Spiel ist. Dann heben die vier Rotkehlchen alle gemeinsam zum Singen an, wobei*

die süßen Töne des Mönchsgrasmücken-Rotkehlchens wie der Tenor neben drei Sopranen klingt. Als der Chor sein Lied anstimmt, fliegt Dobs in den Vorgarten, lässt dieses Mal jedoch kein schrilles Schimpfen, sondern einen exklusiven, flirrenden Subsong ertönen, der sich so deutlich von den inbrünstigen Sängern abhebt, wie ein gedämpftes Instrument aus einem Quartett ungedämpfter Streicher heraussticht. Bei Sonnenuntergang ist das Tick-Tick aller sechs Rotkehlchen abwechselnd zu hören. Dobs, der es gewohnt ist, das Vogelbad in der Abenddämmerung für ein ausgedehntes Planschen für sich zu haben, sieht sich genötigt, während eines ausgesprochen eiligen Herumplätscherns weiter atemlose Tick-Tick-Rufe von sich zu geben. Dabei blickt er sich immer wieder nervös um, als fürchte er, von den anderen Rotkehlchen bei seinem abendlichen Ritual unterbrochen zu werden. Als er fertig ist, übernimmt New Robin das Bad – und lässt sich Zeit.

30. September. *Rotkehlchengesang regnet von jedem Baum auf mich herab, während ich auf dem Rasen sitze. Die Lieder des Mönchsgrasmücken-Rotkehlchens sind nun abwechslungsreicher und beinhalten mehr Phrasen, die an die Mönchsgrasmücke erinnern. Sein Gesang ist ausgesprochen ungewöhnlich, mit nur wenigen Rotkehlchenpassagen. Das südwestliche Rotkehlchen kann sich inzwischen besser durchsetzen, denn als das Mönchsgrasmücken-Rotkehlchen über ihr Revier flog und versuchte, sich ein winziges Stück davon anzueignen, war eine lange Jagd auf diesem südlichen Teil des Rasens die Folge.*

Ich stelle meinen Stuhl in den Obstgarten, dort saß ich schon seit vielen Wochen nicht mehr. Der Subsong einer Amsel ist zu hören, ich möchte ihm lauschen. Ich habe mich gerade niedergelassen, da erscheint Dobs und setzt sich auf mein Knie. Dann kommt New Robin mit Tick-Tick-Rufen angeflogen, er sieht aus wie eine Spieluhr in Vogelform, wie er da sitzt und mit dem Schwanzgefieder und den Flügeln zuckt. Dobs plustert sich auf, das Feuer in seinen Augen beginnt wieder zu glimmen, er fliegt den Eindringling an, und die beiden jagen sich um die Obstbäume in meiner Nähe herum. Bald darauf beteiligen sich drei der anderen Eindringlinge an der Jagd. Offensichtlich geht es ihnen allen nur um den Obstgarten, weil ich mich darin aufhalte, vorher haben sie sich um dieses Revier nie gestritten. Allmählich fürchte ich sogar, dass ich höchstpersönlich der Gegenstand all dieser besitzergreifenden Auseinandersetzungen bin. Als ich in den Vorgarten zurückkehre, folgen mir die Rotkehlchen und stimmen ihr Lied von den Bäumen aus an, die mich dort umgeben. Das lässt darauf schließen, dass es nicht das Revier allein ist, das sie so entschlossen macht, sich meinem Cottage zu nähern. Und das wiederum deutet auf ein gewisses Denkvermögen hin, wissen die Vögel doch anscheinend genau, wo das Futter herkommt; so wollen sie auch MICH sichern, nicht nur das Land, auf dem sie überwintern können.

3. Oktober. *New Robin zieht eine zerzauste, lose Feder hinter sich her, die von seinem Bürzel herabbaumelt – das Anzeichen weiterer Begegnungen mit dem Mönchsgrasmücken-Rotkehlchen, das noch immer im angrenzenden Apfelbaum singt. Dobs hingegen, der picobello aussieht, scheint seine Streitigkeiten beigelegt zu haben. New Robin ist nun stolzer Besitzer des Westfensters meines Cottages sowie fast*

der Hälfte des Rasens darunter. Über diese Grenze hinaus darf er sich nicht vorwagen – mit einer Ausnahme. Er darf ans Vogelbad, das sich knapp innerhalb von Dobs' Revier befindet, und dort jeden Abend ein Bad nehmen, immer nach Dobs, wie die beiden anscheinend miteinander ausgemacht haben.

Die oben erwähnte Abmachung zwischen New Robin und Dobs erwies sich als endgültig. Das Mönchsgrasmücken-Rotkehlchen wurde von New Robin weiter vom Cottage weggetrieben, dieser Vogel ließ sich schließlich ganz hinten bei den Obstbäumen des westlichen Gartens nieder. Das züchtige südwestliche Rotkehlchen konnte ihr zusätzliches Revier bis zu den Blumenbeeten erfolgreich verteidigen, während Dobs es irgendwann gelang, seine Partnerin von der Küchentür zu vertreiben. Sie zog sich in den östlichen Garten zurück und wagte es selbst im bitteren Frost und Schnee des beinahe schlimmsten Winters seit Menschengedenken nicht, sich Krümel an der Hintertür des Cottages zu erbetteln.

Es war auffällig, wie unterschiedlich Dobs mit jedem einzelnen der Eindringlinge fertigwurde. Wie ich in meinen Notizen lesen kann, war er, was seine Gefährtin betraf, zwar stets auf der Hut, griff sie jedoch nie an. Um sie fernzuhalten, bediente er sich des ruhigen, aber entschlossenen und ausdauernden Gesangs. Gelegentlich jagte er sie auch oder erging sich in sehr schwachen Drohgebärden, die sich darin erschöpften, dass er das Gefieder aufplusterte – was für das menschliche Auge den Eindruck erweckte, als handele es sich um einen bedeutsamen Vogel, dem nicht zu widersprechen war! Allerdings schien es ihm wichtiger, die Hintertür des Cottages gegen seine Partnerin zu verteidigen, als sich um das westliche Rotkehlchen zu kümmern, das auf die Westseite des Cottages vorzudringen drohte. Diese Angelegenheit legte er überraschend fix dadurch bei, dass er wilder sang als jemals seiner Partnerin gegenüber. Das westliche Rotkehlchen und Dobs rollten ein- oder zweimal unter dem Baum herum, doch artete der Konflikt nie aus, und Dobs wirkte nie so wütend wie bei New Robin. Dem westlichen Rotkehlchen gegenüber war sein Gesang laut und nachdrücklich, er verfiel dabei aber nie in sich überschlagende Töne oder eine hysterisch klingende Schrillheit. New Robin gegenüber verhielt er sich von Anfang an ganz anders. Sobald er ihn erspähte, regte er sich furchtbar auf: Seine Augen blitzten, seine Stimme schlug ins Schrille um, und er verrenkte den Körper aufs Äußerste, um den Gegner in die Flucht zu schlagen. Er stürzte sich geradezu auf ihn und attackierte ihn so heftig, dass ich dazwischengehen musste, aus Angst, einer der beiden würde die Attacke nicht überleben. Im Gegensatz dazu ist die Aufmerksamkeit, die er den Eindringversuchen des südwestlichen Rotkehlchens in sein Revier widmete, nicht der Rede wert, so mild war sein Protest. Dobs passte seine Taktik also an, je nachdem, mit wem er es zu tun hatte. Das zeigt, dass die Revierverteidigung keine rein automatische Reaktion, sondern ein kontrolliertes Vorgehen ist, das mit Urteilsvermögen und je nach Einschätzung sowie Kenntnis des Gegners angewendet wird.

Im Herbst darauf, dem ein außergewöhnlich milder

Winter folgte, hatte Dobs es viel leichter. Es gab keinerlei Revierkämpfe vor meinem Cottage, und auch seine Gefährtin zog sich, ohne Ärger zu machen, in den östlichen Garten zurück. Mir fiel auf, dass die Rotkehlchen in der unbewohnten Umgebung gleichmäßiger verteilt waren. Ich erwähne das hier eigens, weil der Zustrom an Rotkehlchen in meinen Garten im Herbst schon immer mit der Härte des darauffolgenden Winters zu korrelieren schien. Zudem fällt mir auf, dass sich Meisen und andere Vögel, die ich aus nächster Nähe beobachte, bei drohendem schlechtem Wetter geschütztere Schlafplätze aussuchen, auch wenn zur Zeit des Schlafengehens nichts auf den anstehenden Wetterwechsel hinweist, der sich beispielsweise erst nach Mitternacht ereignet. Ein weiterer Fall von Vorausahnung des umschlagenden Wetters ist diese Beobachtung: Die Vögel fressen etwa zwei Tage vor einem Kälteeinbruch plötzlich viel mehr. Zeigt sich dieser gesteigerte Appetit, ist es meist noch sehr mild, und der Mensch ahnt nichts von dem Unwetter, das da kommt.

· KAPITEL 5 ·

Wiedererkennung, Freundschaft und Spiel

Im folgenden Frühjahr nistete Dobs' Gefährtin im östlichen Garten, obwohl Dobs zu diesem Zeitpunkt Herr über den gesamten Vorderrasen und die Hälfte des Obstgartens war. Ich sah sie nur selten, doch Dobs suchte seine gesamte Nahrung in meinem Garten und begab sich nur zu seiner Gefährtin, wenn Besuche am Nest unabdingbar waren. Bei den wenigen Gelegenheiten, zu denen sie versuchte, Futter von mir zu bekommen, fuhr Dobs dazwischen: Er stürzte sich auf sie und verjagte sie, bevor er zurückkam, um sich selbst etwas Kuchen zu holen. Fütterte er sie zu dieser Zeit gerade, brachte er ihr den Kuchen; später aber, als sie die Jungen fütterte, verjagte er sie, schnappte sich das Futter, das sie für die Nestlinge wollte, und fraß es entweder oder brachte es dem Nachwuchs selbst.

Manchmal macht es mir Spaß, Dobs ein wenig in Rage zu bringen, denn ich kenne den einen oder anderen Knopf, den ich dazu drücken muss! Wenn sich etwa viele Vögel um mich drängen und darauf warten, gefüttert zu werden, halte ich einer Meise ein Stückchen Käse hin, das sie sich auch rasch nimmt. Anschließend biete ich Dobs ein Brotkügelchen an, was er mit einem wütenden Blick quittiert, der mehr als sehenswert ist. Er bleibt, wo er ist, starrt mich an und wartet darauf, dass das Brotkügelchen durch ein Stückchen Käse ersetzt wird. Reiche ich das Stückchen Käse dann einer Meise, ist aber der Teufel los! Dann greift Dobs erst einen und anschließend noch einen Vogel an; er führt sich auf wie ein Irrer, bis auch der letzte Futterkonkurrent aus dem Weg geräumt ist. Aber kommt er dann und bittet mich um Käse? Nein! Denn er ist auch wütend auf mich. Stattdessen kehrt er mir mit einem Schnippen des Schwanzes den Rücken zu, schüttelt sich das aufgeplusterte Gefieder und fliegt auf einen Baum, wo er lauthals singt, noch immer mit dem Rücken zu mir. Nach einer Weile kehrt er in guter Stimmung zurück und wartet geduldig, bis die vielen Meisen ihren Käse bekommen haben, bevor er sich selbst etwas nimmt. Er weiß, dass ich etwas dagegen habe, wenn er andere Vogel attackiert, vor allem wenn sie auf meiner Hand sitzen. Diese Angriffe scheinen reine Eifersucht zu sein, Rotkehlchen haben das Feld immer gern für sich. Alle meine zahmen Rotkehlchen sind anfällig für plötzliche Wutausbrüche, sehen sie andere Vögel auf meiner Hand, doch unterscheidet sich das zornige Attackieren anderer Arten deutlich von ihrer Reaktion auf ein anderes Rotkehlchen. Einen Artgenossen versuchen sie mit vielerlei Drohgebärden zu vertreiben, bevor er überhaupt eine Chance hat, sich auf meiner Hand niederzulassen.

Aus meinen Beobachtungen aus nächster Nähe schließe ich, dass Vögel keinerlei Schwierigkeiten haben, sich gegenseitig zu erkennen und sich aneinander zu erinnern. Zudem können sie einzelne Menschen auseinanderhalten, wie das folgende Beispiel zeigt.

Als Dobs' Nachwuchs flügge geworden war, versuchte er,

ihn daran zu hindern, sich mir zu nähern – ganz im Gegensatz zu manch anderem Rotkehlchenelternpaar, das mich gern beim Füttern der Jungen helfen ließ, bis es Zeit war, dass die Sprösslinge eigene Wege flogen. Eines der Jungen aus Dobs' zweiter Brut machte ihm das Leben schwer, indem es sich noch wochenlang, nachdem er den Rest der Brut losgeworden war, weigerte davonzuziehen. Wann immer sein wütender Vater ihn verjagen wollte, flog Dobs' Sohn auf meinen Kopf oder ging dem Ärger aus dem Weg, indem er sich nach nebenan zurückzog, bis Dobs außer Sicht war. Allerdings kehrte der kleine Dobs immer bald zurück, vor allem wenn ich seinen Namen – Dobson – rief. Als sich seine roten Brustfedern zeigten, begann Dobs, es wirklich ernst zu meinen, und schließlich blieb dem Jungspund nichts anderes übrig, als zu gehen. Ich verlor ihn beinahe drei Monate lang völlig aus den Augen, bis ich die Nachricht erhielt, dass in der Nähe eines Bauernhauses etwa anderthalb Kilometer von meinem Cottage entfernt ein beringtes Rotkehlchen gesichtet worden war. Ich eilte zu dem Gehöft, wo man mir erzählte, dass das rosa beringte Rotkehlchen in der Woche zuvor aufgetaucht war, als die Bauersfrau gerade dabei gewesen war, den Rasen zu mähen. Es war vor dem Rasenmäher hin und her geflogen – genau wie der Jungspund, als ich den Rasen gemäht hatte. Später war er dann über die Landstraße zu einer kleinen Einfriedung geflogen, seitdem hatte ich ihn nicht mehr gesehen. Ich betrat die Einfriedung und rief seinen Namen. Fast augenblicklich erschien Dobson auf einem Baum neben mir, mit aufgestellten Kopffedern und glitzernden Augen und offensichtlich sehr aufgeregt. Vielleicht hat er meinen

Anblick auch mit seinem auf ihn losgehenden Vater assoziiert – daher das aufgestellte Kopfgefieder –, denn er sah sich vorsichtig um, in erwartungsvoller Haltung und mit in die Höhe gerecktem Kopf, um den Ast, auf dem er saß, voll überblicken zu können. Als ich meine Hand ausstreckte, flog er sofort darauf, so zutraulich wie eh und je, fraß etwas Kuchen und kehrte dann zu seinem Ast zurück, wo er ein ruhiges Liedchen trällerte und mich dabei stets im Auge behielt. Nach Dobs sah er sich nun nicht mehr um – wenn er es vorher überhaupt getan hatte –, auch die Kopffedern waren nicht mehr aufgestellt. Als ich wegging, hüpfte er zum Ende des Asts, um mir so lange wie möglich nachsehen zu können: Als ich mich noch einmal umdrehte, bevor ich um die Ecke bog, sah ich, wie er sich buchstäblich den Hals nach mir verrenkte. Einen Monat später besuchte ich ihn erneut. In der Zeit dazwischen hatte die Bauersfrau ihn ein- oder zweimal gesehen, ihr flog er jedoch nicht auf die Hand. Dieses Mal kam er mir schon auf der Straße vor der Einfriedung entgegen, als ich seinen Namen rief. Er sang ein paar Noten und sah mich mit demselben aufgeregten Glitzern in den Augen an, doch waren weder die Kopffedern aufgestellt, noch hob er den Kopf, um die Gegend abzusuchen. In gewohnter Vertrautheit kam er mir sofort auf die Hand geflogen. Danach besuchte ich ihn in Abständen von einem Monat, sechs Wochen und vier Monaten, und er erkannte mich jedes Mal sofort wieder, obwohl meine Winterkleidung ganz anders aussah und ihm völlig neu war. Einmal kam er mir auf der Straße entgegen, noch bevor ich seinen Namen gerufen hatte, was zeigt, dass meine Stimme nicht das einzige Erkennungsmerkmal war. Er hielt sich auch nicht immer im selben Teil der Einfriedung oder im selben Abschnitt der Straße auf; sein Winterrevier war sehr ausgedehnt, und manchmal drang er auch ins Revier anderer Rotkehlchen vor, insbesondere in der Nähe der beiden Bauernhäuser (ein zweites stand vier große Felder von der Einfriedung entfernt). Sahen die Leute mich mit Dobson auf der Hand, versuchten sie hin und wieder, ihn auf die ihre zu locken – doch immer ohne Erfolg, was meiner Ansicht nach belegt, dass er mich persönlich erkannte und sich an mich erinnerte. Einmal waren acht Monate vergangen, seit ich auf der Straße in Dobsons Nähe gewesen war. Als ich mich seinem Revier näherte, blieb ich stehen, um mich mit jemandem zu unterhalten. Eine Minute später kam er zu mir geflogen und setzte sich geradewegs auf die Hand, die ich ausgestreckt hatte, um ihn zu begrüßen. Statt der üblichen drei oder vier Stückchen Kuchen fraß er zehn; mit vor Aufregung glitzernden Augen und leicht aufgestellten Kopffedern sah er mich an, dann setzte er sich auf einen nahe gelegenen Baum und sang einen leisen Subsong. An der Straße war kein anderes Rotkehlchen zu sehen, auch hielt Dobson nicht danach Ausschau – dieses Mal, so glaube ich, waren seine Kopffedern aufgestellt, weil ich da war.

Vögel können Menschen schon aus weiter Ferne unterscheiden, denn die zahmsten unter ihnen fliegen mir häufig über Wiesen und an Straßen entlang entgegen, nachdem sie mich offensichtlich von einem Baumwipfel herab erspäht haben. Dass sie mich erkennen, liegt nicht an meiner Kleidung, denn einmal verließ ich das Cottage über die Straße und trug dabei einen blauen Mantel sowie ein Kopftuch und kehrte über Feldwege zurück, in einem grünen Regenmantel mit Kapuze, die ich mir absichtlich tief ins Gesicht gezogen hatte. Das Kleidungsstück hatte ich erst auf diesem Ausflug erworben – dennoch kamen mir die Vögel wie gewöhnlich entgegengeflogen, nachdem sie mich über zwei lange Felder hinweg erkannt hatten. Im Winter, wenn sie sehr hungrig sind, fliegen mehrere Kohlmeisen manchmal zu einer nahe gelegenen Bushaltestelle, um mich bei den seltenen Gelegenheiten, zu denen ich mit dem Doppeldecker in die Kreisstadt fahre, gewissermaßen vom Bus abzuholen. Ich nehme an, sie sehen, wie ich in den Bus, der an meinem Haus vorbeifährt, einsteige, und erinnern sich daran, wenn der Bus zwei Stunden später zurückkommt.

All meine Bewegungen werden genauestens beobachtet, häufig wissen die Vögel aufgrund der Vorbereitungen auch, was ich tun werde. Dazu ein Beispiel. In einem Winter ging mir das warme Wasser aus, und so nahm ich einmal in der Woche ein nachmittägliches Bad bei einer Freundin. Nach dem dritten Bad wussten die Kohl- und Blaumeisen, wohin ich unterwegs war, wenn sie sahen, dass mein Korb mit Badesachen gefüllt war. Sofort nachdem ich das Haus verlassen hatte, flogen sie mir voraus über die Straße und dann die Straße entlang und warteten im Garten meiner Freundin auf mich, um sich rasch noch etwas Futter zu holen, bevor ich verschwand. (Futter habe ich immer dabei, wohin ich auch gehe, damit die Vögel nicht enttäuscht sind, wenn sie so schlaue Sachen machen.) Übrigens flogen die Vögel nur zum Haus meiner Freundin voraus, wenn ich mein Cottage mit meiner Badeausrüstung verließ.

Die Reaktion der Vögel auf Menschen variiert von Mensch zu Mensch. Manche Leute, die zu mir ins Cottage kommen, machen ihnen immer Angst, bei anderen sind sie vergleichsweise zutraulich. Sie kommen unbekümmert ins Zimmer geflogen, wenn diese Menschen anwesend sind, obwohl sie sich erst wieder völlig normal verhalten, wenn der Besuch fort ist. Betreten zwei Leute gleichzeitig das Zimmer, verschreckt sie das für gewöhnlich ein paar Minuten lang; außerdem dauert es länger, bis sie den Mut finden, wieder hereinzukommen, wenn zwei Menschen bei mir sind und nicht nur einer. Vor drei Fremden haben sie noch mehr Angst, was zeigt, dass sie sich bis zu einem gewissen Grad einer bestimmten Anzahl bewusst sind. Das trifft zu, ob die Betreffenden nun sprechen und sich bewegen oder still sind und ruhig dasitzen – anscheinend ist es der Anblick einer zusätzlichen Person, der sie stört. Es gab allerdings auch außergewöhnliche Ausnahmen: Dann kamen die Vögel zutraulich bei zwei oder sogar vier Fremden ins Zimmer. Ganz merkwürdig ist, dass ihre Reaktion auf Menschen meist mit meinen Gedanken und Gefühlen übereinstimmt.

Auch untereinander gibt es zwischen den Vögeln Sympathien und Antipathien. Manchmal entwickeln sich zwischen den Jungen einer Brut besondere Freundschaften, sobald die Vögel das Nest verlassen, wenn nicht davor. Die beiden Geschwister werden zu untrennbaren Gefährten, sie tun alles gemeinsam, bis einer der Sprösslinge oder beide das Revier verlassen. Ein Beispiel dafür sind Twist und ihre Schwester (siehe Seite 72 f.), ein weiteres zwei junge männliche Kohlmeisen. Sie waren wie Zwillinge, sie glichen wie ein Ei dem anderen und waren nie getrennt voneinander zu sehen. Zu ihren Spielen gehörte auch das folgende, das immer mit viel Gezwitscher einherging. Dabei berührte ein

Vogel ganz leicht die Flügelspitze des Bruders, woraufhin dieser rasch einige Zweige weiter hüpfte. (Das Spiel wurde ausnahmslos in Bäumen gespielt.) Zwilling Nummer eins folgte ihm aufgeregt zwitschernd und berührte die Flügelspitze erneut. So ging das Spiel weiter, bis Zwilling Nummer zwei mit den Anzeichen größter Heiterkeit die Rolle des anderen übernahm, die Flügelspitzen zu berühren. Spielen junge Kohlmeisen miteinander, ist häufig ein ganz entzückendes »Lachen« zu hören, sehr leise zwar, aber unverkennbar Freude ob des Spiels ausdrückend. Sonst hört man diesen Ton nie. Die Zwillinge bedienten sich dieser Töne beim Spielen oft, und ich sah sie, wie bereits erwähnt, nie getrennt voneinander, bis einem der Brüder eines Tages etwas zustieß. Dann musste er den ganzen Tag lang still und ruhig dasitzen, da das Bein, das er unter seinen Bauchfedern versteckte, gebrochen war. Das verwirrte seinen Bruder, der zunächst versuchte, ihn zum Spielen zu animieren, indem er seine Flügelspitze berührte und ihn sanft am Schwanz zog. Dann versuchte er, ganz sanft und spielerisch das verletzte Bein nach unten zu ziehen. Da das offensichtlich wehtat, brachte es ihm nur ein verärgertes Schimpfen und einen vorwurfsvollen Schnabelhieb ein. Der unverletzte Zwilling starrte seinen Bruder einen Augenblick erstaunt an und flog dann davon. Alles Spielerische war aus seinem Verhalten verschwunden. Danach hielt er sich von seinem Bruder fern und blies ebenso verloren Trübsal wie der Zwilling mit dem gebrochenen Bein. Einmal beobachtete ich, wie er Nahrung in der Nähe seines verletzten Bruders ablegte und sich anschließend rasch wieder entfernte. Innerhalb von zehn Tagen war der Bruch geheilt, hinterließ in der Mitte der Fußwurzel jedoch eine Schwiele, die wie ein unechtes Gelenk aussah und den Vorderfuß abknickte. Ansonsten schien das Bein wieder kräftig und funktionstüchtig. Und trotzdem führten die Brüder ihre Freundschaft nicht fort; offensichtlich gefiel es beiden in meinem Garten nicht mehr, und so verließen sie ihn getrennt voneinander. Zuerst verschwand der Bruder, der sich das Bein gebrochen hatte, eine Woche später war auch der andere Zwilling fort.

Zwei Jahre später, im Winter, tauchte plötzlich eine seltsam aussehende Kohlmeise auf; ihr Gefieder war künstlich geschwärzt, als hätte sie in schwarzer Tinte gebadet. Das Kohlmeisenmännchen flog mir umgehend auf die Hand, als wäre es nie fort gewesen – das eigentümlich abgewinkelte Bein machte die Identifizierung eindeutig. Im Frühjahr verschwand der Vogel wieder und kehrte nie zurück. Ein ausgezeichnetes Beispiel für das Vogelgedächtnis! Ich glaube, dass diejenigen, die als sehr junge Vögel zahm werden, nie vergessen. Das mag auch erklären, warum hin und wieder alte, kranke oder verletzte Vögel vor meiner Tür sitzen und mir, sobald ich die Tür öffne, erstaunlicherweise sofort auf die Hand geflogen kommen. Ich erkenne den betreffenden Vogel vielleicht nicht, doch sein Gedächtnis leistet ihm, wenn er Hilfe braucht, nach wie vor gute Dienste.

Auch die verschiedenen Männchen und Weibchen in meinem Garten erkennen einander schon von Weitem, und die Männchen, die eine Partnerin haben, reagieren nie auf die Paarungssignale eines anderen Weibchens, wenngleich sie die fremden Weibchen manchmal mit Interesse betrachten. In einem Garten wie meinem, in dem so viele Individuen jeder Art wie nur irgend möglich nach der geschützten Überwinterung zum Nisten bleiben, sind die jeweiligen Reviere im Allgemeinen nicht groß. Deshalb ist es durchaus keine Seltenheit, dass Männchen mit Weibchen in Kontakt kommen, die mit dem Nachbarn verpartnert sind. Der Buchfink ist die einzige Spezies in meinem Garten, die jemals versucht hat, sich mit einem Weibchen zu paaren, das nicht das eigene war. Das betreffende Weibchen war leicht verletzt und hatte Schwierigkeiten beim Fliegen. Das Männchen verfolgte sie auf dem Boden und gab dabei den typischen Paarungsruf von sich. Sie versuchte, ihm aus dem Weg zu gehen; trotzdem gelang es ihm, auf ihren Rücken zu klettern, dann aber wurde er abgeschüttelt. Da er es hartnäckig weiter versuchte, ging ich schließlich dazwischen, woraufhin das Männchen zu seiner Partnerin zurückkehrte.

Auch Elternvögel verwechseln die eigenen Küken nie mit denen ihrer Nachbarn. Treffen sie auf einen noch sehr jungen verirrten Sprössling aus einer anderen Brut, zeigen sie sich manchmal besorgt; ältere Jungvögel, die die Eltern noch immer füttern, werden im Allgemeinen jedoch verjagt.

Wie wir Menschen brauchen auch Vögel Beschäftigung als Ventil für ihre Vitalität und als Zeitvertreib. Viele meiner Kohlmeisen verbringen den Großteil ihrer Zeit im Herbst und Winter mit mir in meinem Cottage. Ich muss ihnen dann Spielzeug zur Verfügung stellen, denn sonst würden sie sich eine Beschäftigung suchen, die wertvolle Dinge beschädigen könnte. Als ich noch nicht wusste, dass Kohlmeisen Spielzeug mögen, stellte ich eines Tages fest, dass einer von vier Zelluloidsittichen, die ich als Weihnachtsbaumschmuck verwende, von einem Stechpalmenzweig in meinem Zimmer verschwunden war. Am selben Tag beobachtete ich, wie eine Kohlmeise zu besagtem Stechpalmenzweig flog, einen der übrigen Sittiche auf den Boden warf, ihn dort mit einem Fuß festhielt und ihn dann scheinbar fuchsteufelswild attackierte: Sie pickte und hämmerte auf ihm herum, zog ihn hierhin und dorthin, hob ihn auf und drehte ihn um, vermutlich, weil er dann so schön knisterte. Nachdem es der Meise gelungen war, den Sittich seitlich aufzureißen, nahm sie ihn in den Schnabel und flog damit aus dem Fenster. Die Meise hatte kein Auge für irgendetwas anderes in dem Zimmer, bis sie sich nicht um alle Spielzeugsittiche »gekümmert« hatte. In gleicher Weise wurden einige sehr realistisch aussehende Blaumeisen aus Filz bearbeitet; doch ist nichts ähnlich Wirklichkeitsgetreues und Spannendes zu haben, schnappen sich die Kohlmeisen den Verschluss meines Tintenfläschchens und fliegen schnell – sie wissen ganz genau, dass das verboten ist – damit davon, wenn ich meinen Federhalter auffülle. Will ich das Fläschchen dann wieder mit dem Korken verschließen, sehe ich, wie die Meise den Verschluss auf dem Rasen oder einem Ast genau wie die Spielzeugsittiche und die anderen künstlichen Vögel malträtiert. Die Meisen sehen sie nicht als etwas Lebendiges an, sondern als Spielsachen, mit denen sie ihren Spaß haben können und an denen sie sich austoben können. Die heftigen Attacken gegen die Spielzeugvögel ähneln den Reaktionen mancher Vögel auf ausgestopfte Greifvögel.

Leider aber ist es nicht nur der Verschluss des Tintenfläschchens, dem die Vögel derart zu Leibe rücken. Sehen sie mich schreiben und dabei meinen Füllfederhalter in die Tinte tauchen, besteht ihre bevorzugte Methode, meine

Aufmerksamkeit auf sich zu ziehen, darin, das Fläschchen umzustoßen. Sie tun das absichtlich und entziehen sich dann meinem Zorn, indem sie umgehend die Flucht durchs offene Fenster ergreifen. Sie versuchen auf verschiedenen Wegen, mich vom Schreiben abzulenken: So hämmern sie etwa auf meinem Schädel herum oder setzen sich auf meine Schulter, um mich an den Haaren zu ziehen oder ins Ohr zu zwicken; Letzteres bedeutet, dass sie Nüsse und Käse wollen. Weigere ich mich, ihnen aufgrund dieser Schikanen Beachtung zu schenken, tippelt manchmal einer der Vögel aufs Papier und hebt mit dem Schnabel sorgfältig die Feder an, wobei er mich die ganze Zeit über ansieht. Da mich das garantiert dazu bringt, mit dem Schreiben aufzuhören, haben die Meisen gewonnen! Beim Verfassen dieses Buchs hatten die Vögel immensen Spaß. Viele meiner Notizen stehen auf losen Blättern; die Vögel sehen mir dabei zu, wie ich die Blätter ordentlich auf den Tisch neben die Schreibmaschine lege, dann fliegen sie auf und verteilen die Notizen absichtlich kreuz und quer auf dem Fußboden. Sie haben dazu eigens eine Technik entwickelt: Sie landen mit flatternden Flügeln auf dem betreffenden Gegenstand und scharren dann schnell mit den Füßen. Gemeinsam mit dem Luftzug durch die flatternden Flügel sorgt die Fußbewegung ausgesprochen effektiv dafür, dass sich die Blätter im Zimmer verteilen, aber auch große Keksdosen landen so krachend auf dem Boden. Mit etwas Glück – für die Vögel – fällt durch die Wucht des Aufpralls der Deckel ab, sodass die Übeltäter, nachdem sie sich durch den Krach erschrocken zum Fenster zurückgezogen haben, zurückkehren und den Inhalt der Dose verzehren können. Ein weiteres Spiel besteht darin, sich auf die Schreibmaschinenwalze zu setzen, wenn ich innehalte, um nachzudenken – halte ich dann nicht die Hände schützend über die Seite, picken die Vögel ein Loch in den letzten Satz, während ich im Kopf den nächsten bilde! Hin und wieder kommt es auch vor, dass eine der Meisen mit dem Schnabel eine Taste anschlägt, dann aber zum Glück schnell davonfliegt, weil ihr die daraus resultierende Bewegung der Schreibmaschinentaste doch zu unheimlich ist.

Die genaue Beobachtung der Tiere hat ergeben, dass zahlreiche Arten vor allem in der Jugend viel Zeit mit Spielen verbringen. Die Jungen einiger Spezies tun sich sogar mit denen anderer Spezies zusammen, um sich spielerisch zu jagen und anderen »Freizeitbeschäftigungen« nachzugehen. Insbesondere jungen Fitislaubsängern und manchmal auch Zilpzalps bereitet es die größte Freude, die Vertreter anderer Spezies zu jagen, meist zu deren großem Ärger. Am liebsten spielt der Fitislaubsänger dieses Spiel mit der Blaumeise, vielleicht weil diese Meisenart so bereitwillig reagiert. Ich habe in meinem Obstgarten schon häufig beobachtet, wie sich Fitislaubsänger und Blaumeise gegenseitig um die Bäume jagten, bis sich die Meise, die generell weniger ausdauernd im Flug ist, zum Ruhen zurückzog. Der junge Fitislaubsänger ruhte sich nur einen Moment aus, um sich nach dem nächsten geeigneten Opfer umzusehen. Er erspähte einen Grauschnäpper, der auf dem Zaun saß und die dunklen Augen auf eine Fliege gerichtet hatte – Grauschnäpper sind ausdauernde Flieger und des Gejagtwerdens mehr als würdig. Bevor er auch nur die Chance hatte, sich die Fliege zu schnappen, war der Fitislaubsänger schon hinter ihm her: Flink jagte er ihn um die Bäume und durch den Obstgarten, der gelassene Grauschnäpper in rasantem, lautlosem Flug, während der lebhafte junge Fitislaubsänger in seinem funkelnagelneuen, primelgelb-grünen Gefieder laut mit dem Schnabel klappernd hinter ihm her sauste. Sofort nachdem sich der Grauschnäpper woanders niedergelassen hatte, stürzte der Fitislaubsänger einem Buchfinken hinterher, der gerade seine Partnerin verfolgte. Da der Buchfink offensichtlich mit eigenen Angelegenheiten beschäftigt war, wandte sich der Fitislaubsänger nun einer Kohlmeise zu, die sich vom Nest aufmachte, um Futter für ihre Jungen zu suchen. Die Kohlmeise schimpfte zornig, denn Elternvögel haben keine Zeit zum Spielen. Das Spiel zieht sich häufig eine ganze Zeit lang ununterbrochen hin, und steht so gar niemand anderes mehr zur Verfügung, gibt es immer noch irgendwo einen Spatz, den man jagen kann.

Gelegentlich beschränken sich Fitislaubsänger und Zilpzalp bei dem Spiel auf die eigenen Artgenossen, normalerweise aber suchen sie sich einen artfremden Spielkameraden aus. Handelt es sich dabei um eine Schwalbe, hat der Fitislaubsänger bezüglich scharfer Wendungen und Geschwindigkeit im Flug seinen Meister gefunden. Einmal saßen fünf junge Schwalben nahe beieinander auf dem Draht vor meinem Fenster. Auf einem Baum ganz in der Nähe saß ein junger Fitislaubsänger und beobachtete die Schwalben ebenso eifrig, wie diese nach ihren Eltern Ausschau hielten, die sie jeden Augenblick mit Futter im Schnabel zurückerwarteten. Jedes Mal, wenn die Elternvögel zurückkamen, jagte der ungezogene Fitislaubsänger sie und stiftete dabei so viel Verwirrung, dass die Schwalben in ihrer Hast, den Jungen die Fliegen in den Schlund zu stopfen und vor dem Fitislaubsänger zu fliehen, die Hälfte des Futters fallen ließen. Hin und wieder schnappten die Schwalbeneltern nach dem nervtötenden Wicht, was diesen jedoch nicht im Geringsten beeindruckte. Der Fitislaubsänger war ganz in seinem Element und schien sich mit den Flugkünsten der Schwalben messen zu wollen. Das Gefieder der beiden Spezies bildete einen allerliebsten Kontrast: die zarte, frühlingshafte Tönung des kleinen, leichten Fitis gegen die tief nachtblaue Färbung des größeren, langschwingigen Vogels. Doch auch mit seinen kürzeren Flügeln war der Fitislaubsänger so schnell wie die Schwalben mit ihren längeren. Das funktioniert natürlich nur bei kürzeren Flügen, bei denen sich der Fitislaubsänger ganz verausgabt.

Schwalben und Mauersegler hingegen halten sich bei Jagdspielen an die eigene Art. Ich habe schon beobachtet, wie Schwalben das herrlich elegante Spiel, eine Feder zu fangen, spielten. Es war an einem Nachmittag im August. Ich saß am oberen Ende eines steil abfallenden Ackers im Hochland von Devon, als mir auffiel, dass über einem Teil des Felds mehr Schwalben als gewöhnlich nahe beieinander kreisten, vermutlich weil es an diesem heißen, sonnigen Tag auch mehr Fliegen als gewöhnlich gab. Da Enten und Gänse auf dem Feld umherstreiften, lagen im Gras einige weiße Brustfedern verstreut. Dann sah ich, wie sich eine Schwalbe in Richtung Boden hinuntersinken ließ und mit einer der Federn im Schnabel wieder nach oben schoss; anschließend ließ sie die Feder, über ihren Artgenossen kreisend, fallen. Als die Feder nach unten schwebte, wurde sie von einer anderen kreisenden Schwalbe aufgefangen, die dann über ihre Artgenossen aufstieg und die Feder ebenfalls losließ. Sie segelte durch die vielen in der Luft wirbelnden Schwalben nach unten und berührte dieses Mal beinahe den Boden; doch da tauchte einer der Vögel anmutig und mit flatternden Flügeln ab und schoss mit der aufgefangenen Feder wieder empor, um sie erneut fallen zu lassen. Manchmal gelang es den Vögeln nicht, das unberechenbare Spielzeug aufzufangen, vielleicht war es mittlerweile zu abgenutzt. Dann holte eine der Schwalben im Flug rasch eine neue Feder aus dem Gras, und das Spiel begann von Neuem. In dieser Hügellandschaft, vor dem Hintergrund des wilden Heidemoors und, in weiter Ferne, des blauen dunstigen Meeres, das an den dunkleren blauen Himmel stieß, war das Spiel der Schwalben wirklich wundervoll anzusehen.

Es mag sich aus einem einfacheren Spiel heraus entwickelt haben, das unter vielen Arten verbreitet ist und bei dem Dinge aufgehoben, fallen gelassen und beim Fallen beobachtet werden, wenngleich ich so etwas bei einer Schwalbe nie beobachtet habe. Eine wilde Dohle hatte eine Zeit lang Geschmack daran gefunden, immer im Morgengrauen durch den Kamin in mein Schlafzimmer zu kommen. Das ging mehrmals hintereinander so, und als sich die Dohle allmählich im Zimmer auskannte, flog sie auf meine Frisierkommode. Sie hatte zwar Mühe, auf der glatten Oberfläche die Balance zu halten, schlitterte jedoch trotzdem darauf herum, nahm kleine Dinge in den Schnabel, ließ sie über den Kommodenrand fallen und drehte dann den Kopf zur Seite, um gespannt dabei zuzusehen, wie der Gegenstand zu Boden plumpste – bis sie eines Tages schließlich einen

Bilderrahmen umstieß und vom Geräusch erschreckt aus dem Fenster flog.

Meine Kohlmeisen spielen gern mit einem verschließbaren Glas voller Muschelschalen. Sie picken den Deckel ab, nehmen Schalen heraus und werfen sie mit einer ruckartigen Bewegung des Kopfes entweder auf den Boden oder quer durchs Zimmer, wobei sie ihnen jedes Mal interessiert beim Fallen zusehen. In der gleichen Weise spielen sie mit Streichhölzern; war ich aus, finde ich bei meiner Rückkehr häufig Streichhölzer auf dem ganzen Boden verteilt, die auseinandergezerrte Streichholzschachtel in zwei Hälften daneben.

Eine solche Verspieltheit gehört auch zu den zauberhaftesten Eigenschaften der Mehlschwalben. Diese Vögel haben schon in der Wiege Spaß. Einmal konnte ich beobachten, wie eine junge Mehlschwalbe den halben Körper aus dem Nest streckte, um mit einem kleineren Artgenossen im Nachbarnest zu spielen. Sie zwitscherte aufgeregt, reckte den Kopf nach vorn und konnte so gerade die Schnabelspitze des anderen Kükens berühren. Der kleinere Vogel stimmte ins Spiel ein und hüpfte im Nest auf und ab, um den Kuss entgegenzunehmen, auf den hin sich beide umgehend zurückzogen. Anschließend begann der größere Nestling begeistert damit, seinen Bruder – oder seine Schwester – anzustupsen, als wolle er ihn oder sie dazu animieren, sich ebenfalls am Spiel zu beteiligen. Das Geschwister reagierte jedoch nicht, und so wandte sich die ausgelassene kleine Mehlschwalbe wieder dem Nachbarsküken zu. Mit ungeheurer Anstrengung hievte sie sich fast vollständig aus dem Nest und berührte, erneut eifrig zwitschernd, den Schnabel des Kükens. Das Kleine nahm diese Berührung oder diesen Kuss mit offensichtlichem Amüsement entgegen: Es zog sich ins Nest zurück und hüpfte dann wieder nach oben, um sich mit gestrecktem Kopf eine weitere Schnabelberührung abzuholen. Das ging eine ganze Weile so weiter, und die Freude der Schwalben war so ansteckend, dass ich unmöglich, ohne zu lachen, dabei zusehen konnte. Da das ältere Küken in seiner Aufregung auch gut aus dem Nest hätte fallen können, waren die Eltern natürlich nicht begeistert. Als sie sich auf ein zweites Gelege vorbereiteten, versiegelten sie deshalb vorsorglich den alten Einschlupf und schufen auf der anderen Seite des Nests, wo es keine Nachbarn gab, einen neuen. So kamen die Jungen der nächsten Brut gar nicht erst in Versuchung, riskante Spiele mit den Nachbarskindern zu spielen, bevor sie flügge geworden waren.

Viele Vögel spielen auch, indem sie wie Welpen auf Dingen, die man nicht essen kann, herumpicken und diese schütteln. Einmal beobachtete ich eine junge Silbermöwe am Ufer einer Flussmündung in Cornwall dabei, wie sie meinen kleinen Schirm in eben jener Weise bearbeitete. Nachdem sie ihn drollig genauestens inspiziert hatte, spielte sie lange damit, zerrte mit dem Schnabel an ihm herum und schüttelte ihn. Anschließend zog sie am Gummiband zum Verschließen des Schirms, ließ dieses wieder los und verfolgte fasziniert die Auswirkungen ihres Tuns. Vorher hatte die Möwe meine Tasche untersucht: Sie hatte den Inhalt herausgezogen, einige Zeichenmaterialien verstreut und sich dann auf mein Mittagessen gestürzt. Den Bissen von meinem Sandwich hatte sie überraschenderweise wieder ausgespuckt – das war vor der Lebensmittelrationierung! Danach richtete sie ihre Aufmerksamkeit auf meine nackten Beine, auf die sie mehrere Male einpickte, sowie auf die Knöpfe an meinen Turnschuhen, die sie spielerisch abzureißen versuchte – zuerst vom einen, dann vom anderen Schuh. Als die Möwe vom Spiel mit dem Schirm müde geworden war, schlief sie neben ihm ein, was mir die Gelegenheit gab, sie rasch zu skizzieren, bevor sie wieder aufwachte. Hinterher erfuhr ich, warum der Vogel so zutraulich war. Er war einen oder zwei Monate zuvor aus dem Fluss gerettet worden, ölbeschmutzt und unfähig zu fliegen. Jemand hatte sich um ihn gekümmert, hatte sein Gefieder gereinigt und ihn gefüttert.

Die Singdrossel wiederum ist zwar kein besonders verspielter Vogel, doch verbrachte eine junge Singdrossel in meinem Garten einmal so viel Zeit damit, ein an einem Stock befestigtes Seil zu schütteln und daran zu zupfen, dass sie es schließlich aufdröselte und ich es entfernen musste, damit sich der Vogel nicht darin verhedderte.

Die Amsel ist in jeder Hinsicht ein Individualist. Ihre Vorstellung vom Spielen scheint sich um die Aneignung eines bestimmten Besitztums zu drehen, sie spielt nur mit einem ausgewählten Freund. Steht einer der beiden nicht zur Verfügung, wird das Spiel nicht mit einer anderen Amsel fortgesetzt. Drei Jahre lang spielte eine Amsel in meinem Obstgarten zu jeder Jahreszeit mit einem benachbarten Freund um die Herrschaft über einen kleinen Baumstumpf. Da der Baumstumpf auf der gegenüberliegenden Seite des Obstgartens zum Revier des Nachbarn hin stand, ging es hier nicht um territoriale Streitigkeiten, sondern eben um ein Spiel, an dem beide Vögel offensichtlich viel Freude hatten, da sie jeden Tag viel Zeit damit verbrachten. Sogar in der Brutzeit widmeten sich die Amseln dem Spiel jeden Abend wenigstens kurz. Tauchte der Nachbar nicht von sich aus auf, flog meine Amsel nach nebenan und kehrte anschließend gemeinsam mit ihrem Spielgefährten zu dem Baumstumpf zurück. Das Spiel begann mit dem für Amseln typischen Verfolgen, wobei man sich damit abwechselte, wer vorausging und wer hinterherhuschte. Dann flog einer der beiden auf den Baumstumpf, woraufhin der andere ihn rasch vertrieb und sich seinerseits auf den Stumpf setzte, mit ausgebreitetem Schwanzgefieder, nach oben gerichtetem Kopf und komisch wirkender Keckheit in dieser allzu aufrechten Haltung. Nun wurde dieser Vogel vertrieben, das Verfolgen begann von Neuem, und das Spiel, das sich mit kleineren Variationen oft über Stunden hinzog, wiederholte sich. Mich erinnerte es immer an das Kinderspiel, bei dem sich die Kinder um den Besitz einer imaginären Burg oder eines Hügels balgen. Es wurde in ähnlicher Weise von vielen anderen männlichen Amseln gespielt, immer mit einem ausgewählten Freund; andere, ebenso zur Verfügung stehende Nachbarn wurden ganz anders behandelt und für gewöhnlich direkt aus dem Revier verjagt. Ein gutes Beispiel für miteinander spielende Amseln sind etwa Darky und Oakleaf (siehe Seite 125).

All das vermittelt doch den Eindruck, dass das Vogelgehirn nicht nur artgemäß, sondern auch individuell funktioniert.

Im Sommer und Herbst nehmen Vögel häufig Sonnenbäder, am liebsten auf geschützten Baumstümpfen oder toten Ästen. In meinem Obstgarten fängt sich die Sonne unter anderem gern um einen halb umgestürzten, abgestorbenen Apfelbaum herum. Das fand ich an einem Mittsommertag heraus, als die Sonne gerade ihren Zenit erreichte. Aus meinem belaubten Obstgarten, in dem das Gras beinahe schulterhoch stand, ragte der schiefe, nackte Baum wie ein grauer Felsen aus dem dunkelgrünen Meer hervor. Den ganzen Stamm und alle Äste entlang lagen mehrere sonnenbadende Vögel flach auf dem Bauch, jede einzelne Feder der ausgestreckten Flügel und des ausgebreiteten Schwanzgefieders warf das satte Sonnenlicht in den Himmel zurück. Sie alle hatten den Kopf zu einer Seite gedreht und leicht zur Sonne hin erhoben, den Schnabel halb geöffnet, als wollten sie die Sonne auch in ihr Innerstes lassen. Auf dem oberen Ast saßen drei Fitislaubsänger, auf dem knorrigen Stumpf hatten sich einige Kohl- und Blaumeisen niedergelassen, und den dicken Ansatz des schiefen Stammes hatten sich zwei junge Amseln als Badeplatz ausgesucht.

Manchmal breitet ein mir sehr vertrauter Vogel die Flügel und das Schwanzgefieder aus, um auf meinem Schoß oder in meiner Armbeuge ein Sonnenbad zu nehmen. Er stellt jede Feder an Kopf und Rumpf auf, der Schnabel ist immer halb offen – vielleicht erleichtert das die Atmung, denn die Vögel öffnen den Schnabel auch, wenn es sehr heiß ist. Der Distelfink gibt in Sonnenbadposition eine besonders bezaubernde Figur ab.

Einmal sah ich, wie zwei Reiher auf einer von Butterblumen übersäten Wiese in der Nähe eines Flusses ein Sonnenbad nahmen. Sie hatten den langen Hals so weit es nur ging gestreckt, der Kopf wies schräg nach oben, der Schnabel war ebenfalls geöffnet; die halb ausgebreiteten Flügel hielten sie tief und von den Flanken weg. Vor dem goldenen Hintergrund des strahlenden Sonnenlichts sahen die seltsamen, weißen, schlangenähnlichen Hälse, die zum Rücken hin in ein blasses Grau übergingen, unbeschreiblich merkwürdig aus. Die Reiher standen so lange reglos da, dass sie nicht wie Vögel wirkten, sondern wie symbolträchtige Statuen, die irgendetwas Sonderbares und Abseitiges zum Ausdruck brachten.

Am selben Fluss sind gemischte Partien von Kiebitzen und Rotschenkeln heimisch, die gemeinsam im seichten Wasser baden und planschen und sich Seite an Seite auf den Steinen am Rand des Wassers sonnen. Durch gewisse auffällige Gegensätze der beiden Arten ist dieses freundschaftliche Miteinander der Vögel außerordentlich hübsch anzusehen. Ich habe damals Folgendes dazu festgehalten: Kiebitze schweben mit flatternden Flügeln in der Luft, die Beine baumeln über dem seidigen Schimmer des Wassers, das ihre Gestalt perfekt widerspiegelt. Oh, wie sie das Wasser genießen, wie sie darin baden und herumplanschen und dann ihre zottigen Flügel schütteln, damit sie trocknen. Manche jagen einander ausgelassen, sie taumeln knapp über das Wasser hinweg mit wilden, klagenden Rufen. In einer Kurve steigen sie in den Himmel auf, dann lassen sie sich mit schrägen Flügeln fallen, die Federn breitblättrig, die Flügelspitzen zerklüftet, wie vom Wind zerzaust. Die Rotschenkel sind gekonnte Flieger, ihre sauber umrissenen, spitz zulaufenden Flügel führen sie mit flinker Präzision. Sie rufen in reinen, flüssigen, widerhallenden Tönen, während sie im Zickzack über die Wasseroberfläche schnellen oder sich in weiten, ausholenden Kurven in die Höhe schrauben, über das grasbewachsene Ufer hinweg und hinunter, die Beine ragen hinter ihnen heraus wie kleine Flammenzungen. Sie sitzen inmitten glänzender nasser Steine am Ufer, werden plötzlich beinahe unsichtbar, ihre Färbung nicht mehr die blendenden weißen und Schildpatttöne im Flug, sondern nun ein stumpfes Grau im Einklang mit den Schatten des Steins. Sie halten eine Weile regungslos inne, als dösten sie, dann erheben sich mit einem Mal ein bis zwei Vögel und schießen rufend und trillernd über den Fluss; andere folgen zu zweit oder zu dritt, um sich anderswo niederzulassen. Wenn sie landen, lassen sie ihre langen Flügel einen Augenblick oben in der Luft hängen; dann bringen sie sie nach vorn und ordentlich gefaltet an die Flanke.

Viele Spezies nutzen Flug und Gesang als wichtigste Form der Entspannung und Erholung. Darauf werde ich an anderer Stelle in diesem Buch noch näher eingehen.

· KAPITEL 6 ·

Schlafplatz, Nahrung und Nistkasten

Vögel besitzen eine größere Voraussicht, als allgemein angenommen wird. Häufig suchen sie schon am Morgen nach einem geeigneten Schlafplatz und probieren ihn aus. Ist dieser Schlafplatz später von einem anderen Vogel besetzt, führt dies unweigerlich zum Kampf: Der ursprüngliche Besitzer greift unerbittlich an, während sich der neue Bewohner nur schwach verteidigt. Einmal fand eine Kohlmeise auf der verzweifelten Suche nach einem Schlafplatz eine Blaumeise schlafend in einem Kasten vor, den ich am Fensterrahmen aufgehängt hatte. Das Kohlmeisenmännchen drohte mit fürchterlichen Kampfgebärden und pickte auf die Blaumeise in ihrem Bett ein. Diese wehrte sich, und da die Kohlmeise den Schlafplatz nicht bekam, flog sie weg. Kurz darauf aber kam sie wieder und begann mit einer heftigen Attacke von der Rückseite des Kastens aus, wo ich das morsche Holz mit etwas Karton verstärkt hatte. Die Attacke war erfolgreich: Die Rückwand gab nach und die Blaumeise ebenfalls. Allerdings ließ sich nun auch die Kohlmeise nicht in dem Kasten nieder, war er mittlerweile doch von zweifelhaftem Wert. Hastig reparierte ich den Schaden. Daraufhin kam die Kohlmeise sofort wieder angeflogen und setzte sich in den Kasten. Die Blaumeise folgte laut jammernd und griff die Kohlmeise mit gesenktem Kopf an, ganz »Billy Biter«[5], entschlossen, den Kampf zu gewinnen. Die Kohlmeise verteidigte sich jedoch nicht, sondern flog wenige Sekunden später davon, woraufhin die Blaumeise wieder in den Kasten schlüpfte. Es hatte den Anschein, als wusste die Kohlmeise, dass sie Unrecht hatte: Ihre Angriffslust war verpufft, sie sah irgendwie schuldbewusst aus und verschwand mit hängendem Schwanzgefieder. An den darauffolgenden Abenden spähte sie immer in den Kasten, um sicherzustellen, dass sich die Blaumeise darin befand. Da das stets der Fall war, hüpfte die Kohlmeise auf den Deckel des Kastens, klopfte, vielleicht aus Spaß, ein- oder zweimal laut mit dem Schnabel darauf und begab sich dann andernorts zu Bett. Manchmal sah sie die Rückwand des Kastens mit einem seltsamen Ausdruck im Gesicht an, bevor sie davonflog, möglicherweise weil sie sich an ihren Angriff erinnerte, ihn aber nie wiederholte.

Wo man sicheres Quartier für die Nacht findet, ist die erste große Herausforderung, vor die sich der gerade flügge gewordene Jungvogel in seinem Leben gestellt sieht. An einem Morgen beobachtete ich, wie eine junge Kohlmeise lange versuchte, eine schmale Ritze in einem Baum zu verbreitern. Es gelang ihr, ein wenig verrottetes Holz herauszuholen, doch war ihr Schnabel noch nicht kräftig genug für die Aufgabe, sodass die Ritze nicht so groß wurde, dass sich der Vogel darin umdrehen konnte – und Vögel schlafen nun

---

5 Billy Biter oder Little Billy Biter ist der im Südwesten Englands gebräuchliche Spitzname der Blaumeise. Eingebracht hat ihn ihr das Verhalten, dass sie ihr Gelege rund um die Uhr bewacht; steckt man den Finger in den Nistkasten oder ins Nest, beißt sie hinein. (Anm. d. Ü.)

einmal nicht mit dem Hinterteil zum Eingang des Schlafplatzes. So blieb der jungen Meise nur eine Lösungsmöglichkeit: Sie versuchte, sich rücklings in die Ritze zu schieben. Das sah, ehrlich gesagt, sehr komisch aus, da sich das Einfädeln des langen Schwanzes als ausgesprochen schwierig erwies. Sie versuchte es mit immer seltsameren Verrenkungen mehrere Male, sich dabei immer umblickend, um den vermaledeiten Schwanz im Auge zu behalten. Doch schließlich hatte sie es geschafft und die Schwanzspitze erfolgreich in die Öffnung gelenkt. Danach rutschte sie mit dem Rest des Körpers in dem engen, ebenen Spalt Stückchen für Stückchen nach hinten. Kleiner hätte die Öffnung offensichtlich nicht sein dürfen, außerdem befand sich der Kopf schließlich zu nahe am Eingang, als dass das Ganze einen wirklich sicheren Schlafplatz abgegeben hätte; dennoch blieb die Meise einige Minuten darin, bevor sie die Ritze wieder verließ und sich eine bessere Schlafmöglichkeit suchte. Die fand sie später auch, und so konnte sie sich endlich zur Ruhe begeben – harte Arbeit für ein simples Bett!

Hin und wieder kann ich auch beobachten, wie das kleinste Mitglied einer eben flügge gewordenen Brut verschiedener Spezies zur Abenddämmerung auf dem Boden Schutz unter den Blättern einer Pflanze oder alten Baumwurzeln sucht. Die Eltern des Jungvogels geben sich alle Mühe, den Kleinen zu einem sichereren Schlafplatz zu locken, doch vergebens. Vielleicht hat der Sprössling das Gefühl, der Boden biete mehr Wärme und Schutz vor dem Wind. Ich habe schon oft versucht, die kleinen Vögel auf einen sicheren Platz auf einem Ast zu setzen, in der

Annahme, sie hätten vielleicht Schwierigkeiten, nach oben zu fliegen. Kaum oben, hüpfen sie jedoch sofort wieder hinunter und gehen auf der Erde in Deckung, obwohl sie doch eigentlich Baumbewohner sind. Das Schlafen in den Bäumen scheint ihnen nicht instinktiv zu eigen zu sein, sie müssen mit der Zeit erst lernen, an für die Spezies typischen Orten nachts Schutz zu suchen.

An einem Abend war ich gegen halb elf, doppelte Sommerzeit,[6] eben zu Bett gegangen, als ein Kohlmeisenjunges, dessen Schwanz erst etwa einen halben Zentimeter lang war, durchs Fenster hereingeflattert kam und sich mir geradewegs auf die Brust setzte. Nach eingehender Betrachtung meines Gesichts kuschelte es sich knapp unterhalb meines Kinns nieder und steckte den Kopf unter den Flügel. Wie winzig das Bällchen aufgeplusterter Federn doch war und so leicht wie Distelwolle! Nach einer Weile versuchte ich, es hochzunehmen, ohne den kleinen Vogel dabei zu wecken; der aber verabscheute jede Art von Störung und kuschelte sich noch tiefer unter mein Kinn, sodass ich den Kopf oben halten musste, während das Kohlmeisenjunge noch eine Stunde weiterschlief. Dann versuchte ich erneut, ihn in die Hand zu nehmen. Bei der ersten Berührung aber flatterte er auf meine Schulter und schlief dort umgehend wieder ein. Schließlich legte ich ihn in eine kleine Schachtel neben meinem Bett. Das gefiel ihm nicht: Er wachte auf, flog zum Fenster und schlief, innen am Fensterrahmen hän-

---

6 Damit ist das Vorstellen der Uhr um zwei Stunden gemeint. Sie wurde ab dem 11. Mai 1947 vom Alliierten Kontrollrat verordnet, um das Tageslicht maximal auszunutzen. Sieben Wochen später kehrte man zur einfachen Sommerzeit zurück. (Anm. d. Ü.)

gend, bis zum Morgengrauen. Danach setzte ich ihn nach draußen, damit er sich wieder dem Rest der Brut anschließen konnte. (Es war einer von Janes kleinsten Sprösslingen aus dem zweiten Gelege.)

Blaumeisen tun sich mit dem Finden eines geeigneten Schlafplatzes leichter, denn sie sind so klein, dass sie sich selbst in die schmalste Ritze quetschen können. Allerdings unterschätzt der sehr junge Jungvogel mitunter seine Größe. Eines Abends kamen bei Sonnenuntergang neun Blaumeisenküken in mein Wohnzimmer geflogen und versuchten, sich für die Nacht an Stellen niederzulassen – Türspalte und dergleichen mehr –, die eben selbst für gerade geschlüpfte Vertreter dieser Art zu klein waren. Eines flatterte zu meiner Handtasche hinauf, die an einem Türgriff hing, und unternahm zahlreiche lustige Versuche, es sich unter der Lasche gemütlich zu machen. Keines der Küken hatte Erfolg, und so marschierte die ganze Brut unter viel Gezwitscher wieder hinaus, wo sie von den Elternvögeln in die Bäume geführt wurde.

Manchmal kommt es vor, dass eine meiner Jungspundkohlmeisen statt sich in ihrem gewohnten Kasten auf der Leiste über meinem Bett zur Ruhe zu begeben in den frühen Abendstunden auf Wanderschaft geht und erst morgens zurückkehrt. Kommt sie dann gegen halb acht ins Zimmer, fliegt sie schnurstracks zu Bett und bleibt dort auch einige Minuten, vielleicht weil sie bei ihrem nächtlichen Ausflug ihren gemütlichen Schlafplatz vermisst hat! An diesem Abend geht sie dann eher früh schlafen.

Wann die Tiere schlafen gehen, variiert erheblich. Manche Vertreter einer Art scheinen mehr Schlaf zu brauchen als andere: Sie gehen nicht nur früher zu Bett, sondern schlafen morgens häufig auch länger. Bei Kohlmeisen kann die Schlafzeit bis zu zwei Stunden variieren, was nichts mit dem Alter des Vogels zu tun hat. Einige Vögel schlafen auch fester und wachen nachts weniger oft auf. Curley etwa schlief die ganze kurze Sommernacht durch, ohne sich dabei auch nur ein einziges Mal auf ihrem Sitzplatz zu rühren. Andere drehen sich nachts immer wieder um und klopfen sogar auf dem Boden des Schlafplatzes herum. Curley war die Erste, die auf der Leiste über meinem Bett schlief; bald darauf schliefen überall auf den Leisten sowohl in meinem Wohn- als auch in meinem Schlafzimmer junge Kohlmeisen. Am begehrtesten und deshalb auch am meisten umkämpft waren die Zimmerecken. Eines Nachts fiel Curley im Schlaf von ihrer Stange, die so glatt ist, dass sich die Vögel mit den Füßen kaum daran festklammern können. Einen Augenblick lang hatte sie recht große Angst; doch als ich das Licht anmachte, flog sie sofort wieder auf die Leiste und schlief weiter. In der darauffolgenden Nacht brachte ich für sie eine Pappschachtel an der Leiste an, eine von vielen, die noch kommen sollten, um den Bedürfnissen der Meisen gerecht zu werden. Anstelle von Bildern hängen an der Schiene Zucker- und Getreideflockenkartons, auf denen die Vögel tagsüber oft spielerisch herumhämmern. So treiben sie zwar Löcher in die Dächer ihrer Schlafboxen, doch greife ich nie ein – immerhin sind die Löcher in ihren eigenen Betten besser als Löcher in meinen Vorhängen, Sesseln und anderen Möbeln, die sie ansonsten kurz und klein hauen würden. Da sie hinsichtlich ihrer Schlafkästen ausgesprochen besitzergreifend sind, mögen es die Meisen gar nicht, wenn ein Artgenosse am Tag aus Spaß auf ihrer Box herumhämmert. Haben die Vögel ihr Alterskleid bekommen, mögen sie es auch nicht, zu nahe beieinander zu schlafen, und so entstehen jeden Abend kurze Streitereien um die Kästen. Diejenigen, die am entschlossensten sind zu bleiben, ergreifen Besitz vom Zimmer, aus dem die anderen nach und nach vertrieben werden. Ist das Wetter sehr schlecht, kehren manche der Vögel häufig zu ihren alten Boxen zurück; dann wird auch nicht gestritten, da sich die Schlafkastenbesitzer toleranter zeigen. Kohlmeisen sind so verschieden, dass auch ihr Schlafverhalten – und nicht nur das – unendlich verschieden ist, was es immer wieder interessant macht, die Tiere zu beobachten. Ich wache jeden Morgen bei Tagesanbruch zum Geräusch flatternder Vogelflügel auf, die im abgedunkelten Zimmer umherschwirren und über die zugezogenen Vorhänge hinweg zum Fenster hinausfliegen.

In einer feuchten Winternacht kam gegen ein Uhr ein sehr kräftiger Wind auf, der Regen durchs offene Fenster ins Zimmer trieb. Ich stand auf, schaltete das Licht ein und wollte gerade das Oberlichtfenster schließen, als eine meiner Kohlmeisen aus der dunklen Nacht hereingeflogen kam und sich direkt zum Schlafkasten über meinem Bett begab. Es war seltsam und berührend, dass ein Vogel vor der stürmischen, nassen Nacht Schutz bei mir suchte.

Im Herbst und Winter nehmen meine männliche Amsel, Darky, und seine Gefährtin tagsüber manchmal keine Notiz voneinander; ist es Zeit, schlafen zu gehen, zeigt sich aber häufig folgendes Bild. Bei Sonnenuntergang erscheint das Weibchen auf dem Rasen, sieht einen Baum hinauf und zuckt ein paarmal mit den Flügeln oder stellt das Schwanzgefieder auf. Daraufhin fliegt Darky zu einem anderen Teil des Rasens hinab und beäugt sie aus einiger Entfernung. Nachdem beide eine Zeit lang nach Nahrung gesucht haben, fliegt sie zu ihrem Schlafplatz in der Klettenfrüchtigen Eiche neben meinem Fenster. Er neigt ein ganz klein wenig den Kopf in ihre Richtung, er ist sich ihrer Bewegung also durchaus bewusst, frisst aber weiter und hüpft auch weiterhin im schwindenden Licht auf dem Rasen herum. Schließlich fliegt er zum Schlafen auf einen anderen Ast desselben Baums. Sie geht vielleicht eine halbe Stunde vor ihm zu Bett oder wartet, bis es dunkelt, woraufhin er ihr immer beinahe umgehend folgt – auch bei Amseln variieren die Schlafenszeiten. Darauf hat beispielsweise auch das Wetter Einfluss, und befinden sich andere Amseln auf dem Rasen, bleibt das Pärchen länger auf, vielleicht weil es ihre Anwesenheit interessant findet. Die folgenden Notizen stammen vom 23. September:

Bei Sonnenuntergang suchten sieben Amseln auf dem Rasen nach Nahrung, bis es zu dunkel war, als dass ich junge Vögel von älteren oder die Männchen von den Weibchen hätte unterscheiden können. Sie huschten rasch umher, wirkten in der Dunkelheit wie ein Haufen Gnome, ein faszinierender Anblick. Plötzlich stimmte eine der Amseln ein durchdringendes »Tschink, Tschink« an und flog, den Laut noch immer von sich gebend, zu einem Schlafplatz in der Klettenfrüchtigen Eiche. Kurz nachdem sie aufgeflogen war, begaben sich auch die restlichen Amseln stumm und auf direktem Weg zu Bett. Es ist das erste Mal in diesem Herbst, dass mit diesem

Ruf zum Schlafengehen aufgefordert wurde; vielleicht setzt sich das nun fort, da das Schlafrevier im Herbst und Winter von besonderer Bedeutung ist.

Zu den seltenen Gelegenheiten, zu denen ich mich nachmittags etwas hinlege, setzt sich die Kohlmeise, die über mir schläft, für einen Moment auf den Paravent neben dem Bett und betrachtet mich im Liegen, bevor sie zu ihrem Schlafplatz auf der Leiste fliegt. Ich höre, wie sie sich ein wenig putzt und dann etwa drei Minuten lang ruhig dasitzt. Danach wird sie wieder unruhig, klopft spielerisch auf dem Boden ihres Schlafplatzes herum und fliegt zum Fenster hinaus oder zu mir aufs Bett hinunter, um sich dort zu vergnügen. Die Vögel scheinen das Bett als mein Nest anzusehen, denn manchmal spielen zwanzig oder mehr von ihnen darauf, beispielsweise wenn ich krank und ans Bett gefesselt bin. Statt dabei jedoch die Laken und Bezüge zu verschmutzen, fliegen sie zum Fenstersims oder Paravent, wo ich zu sanitären Zwecken Zeitungspapier ausgelegt habe. Haben sie ihr Geschäft gemacht, kehren sie umgehend zum Bett zurück. Nur wenn sie plötzlich verärgert sind oder ich sie schimpfe, weil sie mein Buch oder eine Decke in Stücke zupfen, verrichten sie ihr Geschäft auf dem Bett und fliegen anschließend zum Fenster. Außerdem spielen sie nie auf dem Bett, wenn ich nicht darin liege.

In einem Winter, als ich zwei oder drei Wochen lang krank war, amüsierten sich die Meisen in vielfältiger Weise jeden Tag auf dem Bett. Manche, so schien es, kämpften spielerisch um mich: Sie stolzierten mit allerlei Drohgebärden auf mir herum, das Schwanzgefieder voll ausgebreitet, die Flügel halb geöffnet und nach unten hängend, den Kopf steif nach oben gehalten, den Schnabel in Richtung Decke erhoben. Dabei murmelten sie in seltsamen Zungen miteinander und schnitten dabei so komische Grimassen, dass es unmöglich war, ihnen, ohne zu lachen, zuzusehen. Das alles war offensichtlich nur Spaß, denn die spielenden Vögel trugen zu dieser Zeit – es war früher Winter – keine Revierkämpfe aus. Darüber hinaus amüsierten sich die Meisen damit, die Abhänge meines Kopfkissens hinunterzurutschen, und einige schienen an diesem Miniaturalpinsport besonderes Vergnügen zu haben. Sie kletterten immer wieder nach oben und ließen sich dann langsam, ohne die Füße zu bewegen, hinabgleiten. Manchmal rollten sie auch mit ineinander verhakten Füßen auf dem Bett herum und stritten sich um ein Stückchen Käse. Sie konnten recht tyrannisch werden, wenn ich keinen Käse mehr für sie hatte, vor allem Baldhead, ein entschlossener Vogel mit sehr spitzem Schnabel. Stand er mit drohendem Blick über mir und forderte, was zu geben ich nicht imstande war, blieb mir nur noch eins: den vollständigen Rückzug unter das Bettzeug anzutreten. Steckte ich den Kopf hervor, um zu atmen, stürzte er sich auf meine Nase und piekte mich ein paarmal schmerzhaft in die Wange, sodass ich mir erneut die Decke über den Kopf ziehen musste. Allerdings war sein Geist ebenso funktionstüchtig wie sein Schnabel: Er versuchte, an mich heranzukommen, indem er an der Decke zupfte, sie am Rand anhob und sich darunter quetschte, bis er schließlich meine Haare erreichte, an denen er mit aller Kraft zog. Währenddessen spazierten die anderen Meisen in Höhe meines Gesichts auf der Decke herum und pickten hin und wieder daran, um sie zu entfernen. Diese Form der Behandlung muss ich immer dann erdulden, wenn mein Vorrat an Käse und Nüssen erschöpft ist – was in den Tagen der Lebensmittelrationierung und -knappheit nur allzu oft vorkam.

Denken sie, ich hätte Erdnüsse, schleudern sie plötzlich alles andere Futter von sich und betteln mich so lange aufdringlich an, bis ich sie zu dem Schrank führe, in dem ich die Nüsse normalerweise aufbewahre, und sie sich selbst davon überzeugen lasse, dass die Nussdose leer ist. Das verstehen sie, und sie erinnern sich auch daran, dass es keine Nüsse mehr gibt, bis neue Vorräte kommen. Zeige ich Baldhead die leere Dose, sieht er immer sehr verärgert aus – die Veränderung in seiner Mimik ist deutlich zu erkennen – und fliegt mit einem ganz bestimmten Zucken seines Schwanzes aus dem Fenster. Er kehrt jedoch bald zurück, setzt sich auf meine Schulter und nimmt etwas Käse. Früher bewahrte ich die wenigen Erdnüsse, die zu bekommen waren, in der Schublade eines Tischs auf, doch fanden ein paar Kohlmeisen heraus, wie sie selbst bei geschlossener Schublade an sie gelangen konnten. Die Vögel kletterten den Tisch von unten hinauf und schlüpften dann von hinten in die Schublade hinein. Anschließend zogen sie einige der vielen gefalteten Papiere und Briefe, die ihnen den Weg versperrten, nach hinten und warfen sie dort aus der Schublade hinaus auf den Boden. Das war harte Arbeit und dauerte mehrere Minuten. Danach quetschten sie sich in der Schublade von hinten nach vorn durch, dorthin, wo die Nüsse lagen. Eine ganz erstaunliche Leistung, denn die Papiere füllten fast die gesamte recht lange, aber schmale Schublade aus. Damit hatten sie sich die Nüsse eigentlich wirklich verdient, doch da ich die Papiere mehrmals am Tag in die Schublade zurücklegen musste, konnte ich schließlich nicht umhin, die Nüsse an einem anderen Ort zu lagern.

Wollen meine Kohlmeisen eine Nuss, die ich fest zwischen zwei Fingern halte, versuchen sie zuerst, die Nuss herauszuziehen. Gelingt es ihnen nicht, meinen Griff zu lockern, versuchen sie, meine Finger von der Nuss wegzuziehen, wobei sie mir immer wieder ungeduldige Blicke zuwerfen.

Wie wir Menschen haben auch Vögel beim Essen unterschiedliche Vorlieben. Die eine Drossel mag getrocknete Johannisbeeren, verschmäht aber Brot, es sei denn, es liegt viel Schnee, und sie ist wirklich hungrig. Die andere Drossel verweigert die getrockneten Beeren und frisst gern Brot. Eine meiner Amseln mochte keine Würmer und lebte stattdessen von Insekten, Früchten und anderer Nahrung. Darky gönnt sich hin und wieder eine Wespe, nachdem er ihr den Stachel herausgezogen hat, doch habe ich nie eine andere Amsel eine Wespe fressen sehen. Kohlmeisen picken zwar Bienen auf, aber nur eine meiner vielen Kohlmeisen mag Wespen, und ob Biene oder Wespe – immer wird vorher sorgfältig und mit großem Geschick der Stachel entfernt.

Einmal beobachtete ich eine junge Kohlmeise dabei, wie sie sich vorsichtig einer riesigen Hummel näherte, die sich an einer abgefallenen Birne auf dem Rasen gütlich tat. Die Meise zögerte einen Augenblick und tippte dann ganz sanft mit dem Schnabel an den pelzigen Körper der Hummel. Die summte zornig und versuchte wegzufliegen, konnte aber nur wegkrabbeln, was sie auch schleunigst tat. Der

Vogel hüpfte hinterher und tippte der Hummel noch mehrmals auf den Rücken. So ging es über den halben Rasen, bevor die Hummel schließlich mühsam abhob und doch noch davonflog. Die Meise sah ihr nach und zwitscherte ihr zwei Töne hinterher. Junge Kohlmeisen sind außerordentlich verspielt und neugierig. Der eben beschriebene Vorfall, der so lustig anzusehen war, stand in keinerlei Verbindung mit Nahrung – der Vogel hatte mit der Hummel gespielt und war, nach seiner Mimik und Gestik zu urteilen, traurig gewesen, als er sein Spielzeug verloren hatte. Kohlmeisen fressen keine Hummeln.

Umso beliebter bei Meisen und den meisten anderen Vögeln ist Käse, wenngleich eine oder zwei meiner Kohlmeisen ihn verweigern. Sie bevorzugen Tierfett und Nüsse, während andere Käse mögen, aber um Tierfett einen Bogen machen. Die Wahl der Nahrung hängt auch vom Wetter ab. In Kälteperioden verlangen die Vögel mehr Fett und Käse, ist es draußen heiß, wird Fett nicht angerührt. Allerdings verdirbt ihnen Hitze den Appetit auf Käse und Nüsse keineswegs. Einige Vögel sind bezüglich der Nussart wählerisch, doch ist mir nie eine Meise begegnet, die keine Erdnüsse mochte. Vor Kurzem bekam ich zum ersten Mal seit dem Krieg eine Kokosnuss – die Meisen sahen sie nervös an und begannen erst zwei Stunden nachdem ich sie aufgehängt hatte, damit, an ihr herumzupicken. Und selbst diejenigen, die daran herumpickten, schienen zu meiner Überraschung nicht sonderlich erpicht auf diese Art von Nuss zu sein. Zwei oder drei Kohlmeisen verzogen das Gesicht und wischten sich den Schnabel ab, nachdem sie von der Kokosnuss gekostet hatten, was sie anschließend nie wieder taten.

Meine Vögel sind alle gut genährt; wären sie das nicht, würden sie die Kokosnuss vermutlich nicht verschmähen. Die Blaumeisen fanden offensichtlich mehr Geschmack daran, waren in der verzehrten Menge aber auch sehr zurückhaltend und fraßen im Vergleich dazu viel mehr Brot und Fett. Ich glaube, Vögel können Kokosnüsse insbesondere in großen Mengen nur schwer verdauen und sollten deshalb dazu immer auch Fett und Brot angeboten bekommen, damit sie nicht vor lauter Hunger zu viel von der Kokosnuss fressen.

Die eine oder andere meiner Kohlmeisen ist auch wählerisch bezüglich der Käsesorte, die ich ihnen anbiete. Sie nimmt Schmelzkäse oder holländischen Käse in den Schnabel und schleudert ihn dann quer durchs Zimmer, während die bevorzugte Sorte mit Genuss verzehrt wird. Einige wenige Vögel können anscheinend Fett nicht verdauen, außerdem ist es für kleine Nestlinge schädlich, vor allem für Kohlmeisennestlinge, wahrscheinlich aber für alle Meisennestlinge. Einmal hatte ich ein Kohlmeisenpaar, das seine Brut begeistert mit großen Mengen Hammelfett fütterte. Zu meinem Entsetzen und zum großen Kummer der Eltern wuchsen den Kleinen jedoch nie normale Federn. Als es an der Zeit war, das Nest zu verlassen, kletterten sie nach draußen und fielen zu Boden, unfähig zu fliegen. Sie sahen fürchterlich aus, graubraun, als hätte jemand sie in Schmiere getaucht, die unterentwickelten Federkiele ohne eine einzige farbige Feder. Nur drei von ihnen verließen das Nest, ich nehme an, die anderen starben vorher. Und die armen Jungvögel außerhalb des Nests wurden binnen dreißig Minuten alle von Katzen gefressen. Die unerfahrenen, aber engagierten Eltern waren beide in ihrem ersten Jahr, und auch ich wusste damals noch nicht viel darüber, wie man Nestlinge ernährt. Glücklicherweise ist dies der einzige Fall unter all meinen Vögeln, auch den jungen Paaren, bei dem die Eltern bezüglich der Nahrung für ihre Sprösslinge die falsche Wahl trafen. Nach dem Schlüpfen füttern sie sie in den ersten Tagen immer ausschließlich mit natürlicher Kost, der sie nach und nach etwas Käse beigeben. Meisen geben ihren Nestlingen, abgesehen von Käse oder der einen oder anderen sorgfältig ausgewählten Erdnuss, keine weitere nicht natürliche Nahrung, wobei sie die Erdnuss immer erst klein kauen. Bei schlechtem Wetter übertreiben die Kohlmeisen es manchmal mit der Menge an Käse, die sie den Kleinen füttern, mit dem Ergebnis, dass die Küken fest den Schnabel schließen und sich weigern, auch nur noch ein winziges Stückchen davon zu sich zu nehmen. Da kann der Elternvogel noch so sanft schimpfen und es mit jedem Sprössling einzeln probieren – es nützt nichts. Er muss das Nest mit dem Käse verlassen und diesen entweder selbst fressen oder wegwerfen. Anschließend macht sich Mama oder Papa auf die Suche nach einer Raupe, die die Nestlinge für gewöhnlich akzeptieren; sind sie jedoch so satt vom Käse, dass sie noch nicht einmal diese natürliche Nahrung annehmen, lässt das Elternteil sie so lange in Ruhe, bis der Appetit wieder da ist. Danach sind die Eltern mit der Käsemenge vorsichtiger, sie haben aus der Erfahrung gelernt. Etwas Ähnliches geschieht bei den Amseln, wobei es hier jedoch immer der Vater ist, der es mit der nicht natürlichen Nahrung zu gut meint. Ich sehe ihm manchmal dabei zu, wie er fünf Minuten am Stück probiert, dem Nachwuchs mit geschlossenem Schnabel Brot in den Schlund zu stopfen. Hin und wieder hat das Junge die Nase so sehr von dieser Art der Nahrung voll, dass es seinem lästigen Vater durch Flucht zu entkommen versucht – und der Vater mit dem ungewollten Brot immer hinterher. Irgendwann hat er dann ein Einsehen und bietet dem Kleinen ein Insekt an, das dieses im Allgemein auch nimmt. Der Amselvater versteht bei Weitem nicht so schnell wie die Kohlmeiseneltern: Er lernt viel langsamer, was die Meisen sofort begreifen.

Im Rahmen eines Experiments versuchten Wissenschaftler einmal, Bartmeisen in Gefangenschaft aufzuziehen. Dabei zeigten die Elternvögel ein abnormes Verhalten, wie es meist bei nicht in Freiheit lebenden Vögeln der Fall ist. Als sich die übersättigten Nestlinge weigerten, den Schnabel zu öffnen, warfen die Eltern sie aus dem Nest, statt zu warten, bis sie wieder hungrig waren, wie es meine Meiseneltern immer taten. Ein gesunder Meisennestling verdaut Nahrung so rasch, dass er schnell wieder Appetit entwickelt, auch wenn er vorher übersättigt war. Vielleicht waren die Jungen des Bartmeisenpaars aufgrund der in Gefangenschaft unpassenden Nahrung aber auch nicht gesund.

Rotkehlchen und Spatzen scheinen prächtig zu gedeihen, wenn sie wenige Tage nach dem Schlupf nicht natürliche Nahrung angeboten bekommen. Als Dobs' Junge eine Woche alt waren, stopfte er sie mit allem voll, was er auch nur irgendwie erwischen konnte: mit Kuchen, Brot, Käse, fettem oder magerem Fleisch, Johannisbeeren, Sultaninen und dergleichen mehr. Sie schienen nie etwas zu verweigern. Der jungen Drossel hingegen tut solche Nahrung weniger gut: Sie spuckt sie aus und blickt die Eltern an, die gleich verstehen. Herrscht eine Dürre und sind wenig Schnecken oder Würmer vorhanden, hocken sich meine jungen Drosseln auf die Erde, damit ihre Eltern sie schneller mit Ameisen füttern können.

Als ich begann, Nistkästen für die Vögel aufzuhängen, säuberte ich die gebrauchten Kästen anfangs nicht, in der Annahme, das würde die Vögel eher stören. Später lehrte mich die Erfahrung, dass das falsch gewesen war. Die Meisen, die die ungereinigten Kästen benutzten, kamen nachts nicht zur Ruhe: Ständig wachten sie auf und putzten sich. Die Vögel in gereinigten Nistkästen hingegen hatten keine Probleme mit Parasiten und mussten sich nachts deshalb auch nie putzen. Oft beobachtete ich, wie eine Meise zu ihrem ungereinigten Nistkasten flog, hineinspähte, rasch einige Putzbewegungen machte und, ohne in den Kasten zu schlüpfen, wieder davonflog. Als ich die Kästen näher untersuchte, fand ich innen rund ums Einflugloch lauter Läuse. Sofort nachdem ich die Kästen gesäubert hatte – am sichersten und schnellsten geht das, indem man den Kasten innen und außen mit einer Kanne siedenden Wassers übergießt –, schlüpften die Meisen wieder hinein, wobei sie davor auch keine Putzbewegungen mehr machten. Die Kästen, die ich säubere, werden im Winter als Schlaf- und im Frühjahr als Nistkästen genutzt; die, die nicht gesäubert werden, werden auch nicht mehr benutzt – es sei denn, die Vögel werden dazu gezwungen, weil nicht ausreichend sichere Nisthöhlen vorhanden sind. Manche Menschen glauben, es sei am besten, »es der Natur zu überlassen«. Indem wir Vögeln jedoch künstliche, wasserdichte Kästen zur Verfügung stellen, ermuntern wir sie dazu, Gebrauch von etwas nicht ganz so Natürlichem zu machen. Wahrscheinlich dringt in eine Baumhöhle so viel Feuchtigkeit, dass die Höhle sauber bleibt. Außerdem ist mir aufgefallen, dass sich viele Ameisen in Baumhöhlen aufhalten, nachdem Meisen darin genistet haben – nicht um selbst Eier darin zu legen, sondern um die Läuse zu fressen. Zu dieser Annahme habe ich guten Grund, denn neulich, ich war gerade dabei, die Schlafkästen der Meisen zu reinigen, erschienen einige Ameisen und marschierten mit den Läusen, die ich aus den Kästen gekratzt hatte, wieder davon. Die Vögel der verschiedensten Arten picken, wenn sie von Läusen befallen sind, Ameisen auf und setzen sie sich ins Gefieder.

Es ist wichtig, dass sich das Einflugloch eines Nistkastens mindestens zwanzig Zentimeter über dem Boden des Kastens befindet, da das Katzenvorderbein, entschlossen, Nestlinge herauszuangeln, lang und biegsam ist. Der Vorfall mit der Blaumeise, von dem ich in Kapitel 1, Seite 25 ff. berichte, muss einer Katze geschuldet gewesen sein – und hier befand sich das Einflugloch lediglich zwölf Zentimeter über dem Boden des Kastens. Ich habe auch schon beobachtet, dass eine Katzenpfote an ein Nest herankam, das etwa fünfzehn Zentimeter unter dem Einflugloch lag. Seit ich Kästen benutze, bei denen der Abstand von mindestens zwanzig Zentimetern eingehalten wird, gibt es keine Probleme mit Plünderern mehr. Da Meisen gern fünf bis sieben oder acht Zentimeter Moos unter dem Nest haben, sind die tieferen Nistkästen ohnehin viel besser, unabhängig von den Katzen. Ist das Einflugloch vom Nest aus allzu leicht zu erreichen, können die Jungen außerdem zu früh herausklettern; durch einen oder zwei zusätzliche Tage im Nistkasten werden die Überlebenschancen mehr als verdoppelt, denn der noch nicht ganz flugtaugliche Jungvogel ist für viele Feinde fette Beute. Darüber hinaus haben die Jungen gern viel Platz, um vor dem Verlassen des Nests ihre Flugmuskulatur zu trainieren, weshalb der Kasten auch nicht zu schmal sein sollte. Meine Nistkästen sind mindestens achtzehn mal dreizehn Zentimeter groß, eher größer. Benzinkanister sind bei Meisen sehr beliebt, sie haben schon mehrere davon besetzt, doch denke ich, dass die Jungen in Holzkästen besser aufgehoben sind. Die Nistkästen sollten nicht nach Süden oder Westen zeigen, es sei denn, sie sind in dieser Position vor direkter Sonneneinstrahlung geschützt. Scheint die Sonne am Abend auf das Einflugloch, ermuntert dies die Jungen dazu, ihren ersten Flugversuch zur falschen Tageszeit zu unternehmen. Den Elternvögeln ist es lieber, wenn der Nachwuchs das Nest früh am Morgen verlässt, da er dann länger Zeit hat, sich zurechtzufinden und vor dem Schlafengehen etwas über sichere Sitzplätze zu lernen.

Häufig bringen mir die Leute Vögel, die sie gefunden haben – manche von ihnen sind schwer verletzt, die meisten aber haben nur eine leichte Verletzung und einen Schock und hätten sich auf einem sicheren Sitzplatz in der Nähe des Fundorts rasch wieder erholt. Die Angst vor dem ungewohnten menschlichen Umgang und das Entfernen aus den heimischen Gefilden ist zwar gut gemeint, führt aber oft zum Tod des vermeintlich geretteten Vogels. Manchmal bringen mir die Leute auch nur noch nicht voll entwickelte Jungvögel, die man immer besser in einer Hecke oder einem Strauch in der Nähe des Ortes, an dem man sie gefunden hat, lässt. Entfernt man sie von den Elternvögeln, haben die

Jungen wenig Überlebenschancen, da man sie damit auch der natürlichen Nahrung beraubt. Der eine oder andere hat mir auch schon erzählt, er habe versucht, einen verletzten Vogel mit Brandy wiederzubeleben – was selbstverständlich sehr schlecht für Vögel ist. Stattdessen sollte man ihnen so schnell wie möglich etwas Wasser einflößen und später dann auch etwas Milch, in Milch getunktes Brot sowie Käse, gerieben oder in sehr kleine Stücke zerteilt. Vielleicht ist der Vogel eine Zeit lang nicht in der Lage zu fressen; in diesem Fall kann man das Futter einfach in Reichweite stehen lassen. Je ruhiger es ist, desto größer die Chance, dass sich der Vogel wieder erholt. Wildvögel können mit Streicheln wenig anfangen, weshalb man sie auch nicht liebkosen sollte. Das könnte die Angst des kleinen Tiers noch verstärken. Und noch einmal zum Alkohol: Dieser gilt für Menschen mit Kopfverletzungen als ausgesprochen schädlich. Das trifft auf Vögel ebenfalls zu, egal welcher Art ihre Verletzung ist. Vor allem aber sollte man Vögeln keinen Alkohol geben, wenn sie benommen sind.

Eine Kohlmeise sucht sich eine Muschelschale aus. September 1950.

Das Muschelschalenspiel wird vom Blitzlicht der Kamera unterbrochen. September 1950.

Eine Kohlmeise späht in ihren Schlafkasten, um nachzusehen, ob sich schon jemand anders darin befindet. Juli 1950.

Bei den Kohlmeisen beschäftigen sich Jung und Alt gern mit Büchern. September 1950.

Diesen jungen Kuckuck brachte man mir, als Eric Hosking gerade meine Vögel fotografierte. Der Vogel war verletzt und starb noch in derselben Nacht. Er ist heute noch ausgestopft im British Natural History Museum in South Kensington in London zu sehen. Juli 1950.

Grauschnäpper

Grauschnäpper flatternd vor seinem Nest

Pakete werden von den Kohlmeisen immer untersucht und aufgerissen. Hier sind zwei ausgewachsene Männchen am Werk. September 1950.

Der Vogel auf dem Paket droht dem anderen leicht. Dieser hat sich gerade vom Blitzlicht der Kamera abgewendet. September 1950.

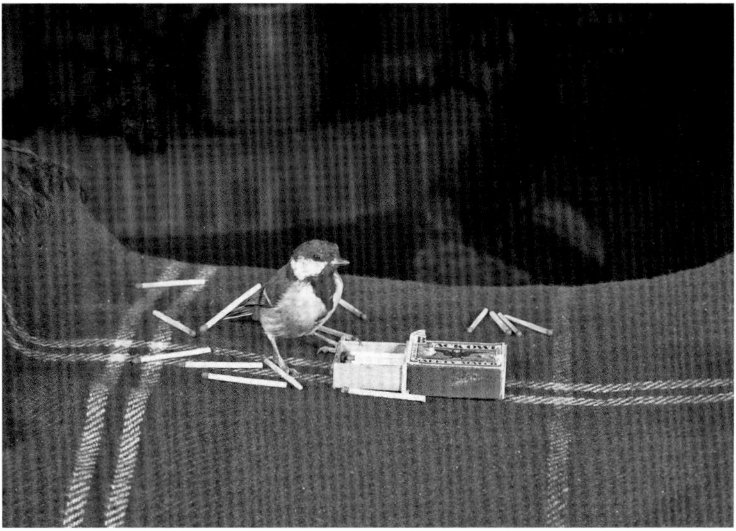

Eine Kohlmeise wirft mit Streichhölzern. September 1950.

Kohlmeisen in ihrem Nest

Singender
Fitislaubsänger

Schilfrohrsänger

Nachtigall

Derselbe Vogel mit aggressiver Gebärde

Feldlerche

Singdrossel

· KAPITEL 7 ·

Finken und andere

DER GIMPEL

Der Gimpel, auch Dompfaff genannt, bewohnt meinen Garten den Großteil des Jahres über. Einzig im Herbst und frühen Winter entfernt er sich etwas weiter, dann bekomme ich ihn einige Wochen lang nicht zu Gesicht. In einem Frühjahr hielt ich Folgendes über meinen Gimpel fest, den ich Chanter (Kantor) nannte, weil er immer ein so hübsches kleines Lied anstimmte.

22. März. *An diesem Morgen hörte ich Chanter lauter als gewöhnlich von den Bäumen rufen, und so ging ich hinaus, um nach ihm zu sehen. Er flog im Garten herum, setzte sich auffällig auf die Wipfel der höchsten Bäume, ließ seine lautesten Rufe ertönen, zuckte mit dem Schwanz, hob den Kopf und präsentierte seine leuchtende Brust von ihrer schönsten Seite, geradezu in Flammen gesetzt von der strahlenden Sonne. Sogleich erschien ein weiterer Gimpel, Chanters Sohn, glaube ich, denn dieses Männchen war Chanter und seiner Gefährtin seit dem letzten Sommer nicht von der Seite gewichen. Er flog nahe an Chanter heran, setzte sich auf den Ast ihm gegenüber und schien ihm etwas mitzuteilen. Chanter nickte*

mehrmals mit dem Kopf und zuckte dabei immer schneller mit dem Schwanz. Daraufhin begann auch der andere Vogel zu nicken, die Köpfe der beiden berührten sich fast. Dann flog der zweite Gimpel davon, über die Bäume zu einer Wiese dahinter. Der Eindruck, der sich mir spontan aufdrängte, war, dass die kleine Zeremonie bedeutete, dass die Vögel nun auseinandergingen. Ob das stimmte oder nicht, jedenfalls sah ich den anderen Gimpel in meinem Garten nicht wieder. Chanter setzte seine lauten Rufe fort, und bald darauf erschien seine Gefährtin im Baum nebenan. Er flog zu ihr, setzte sich auf einen Ast in ihrer Nähe, sah sie einen Augenblick an, flog dann direkt zu ihr und berührte sie ganz sanft am Schnabel – ein Kuss auf Vogelart. Gleich darauf flog er wieder zu seinem Ast zurück. Sie hatte sich nach vorn gebeugt, um die Berührung zu empfangen, und dann sorgfältig den Schnabel am Ast abgewischt, sobald er ihr den Rücken zugewandt hatte. Anschließend flog sie zu einem Baum etwas weiter weg, woraufhin er ihr folgte, sich ihr gegenübersetzte, wie zuvor anmutig zu ihr flog und erneut ihren Schnabel berührte, den sie ihm entgegenhielt. Das ging eine halbe Stunde lang so weiter, von Baum zu Baum und zarter Schnabelberührung zu zarter Schnabelberührung, wobei sie sich zwischendurch nicht mehr den Schnabel abwischte. Später flogen die beiden dann gemeinsam zu ihrer Niststätte vom vergangenen Jahr, einem hohen, üppigen Strauch im Obstgarten meines Nachbarn.

25. März. *Chanters Werben scheint Fortschritte zu machen. Heute Morgen saßen er und seine Gefährtin etwa dreißig Zentimeter auseinander auf dem Ast eines Baums; mit ra-*

schen, eifrigen Bewegungen tänzelte er immer wieder an sie heran, um ihr stets mehrere Küsse auf einmal zu geben. Sie saß mit dem Rücken zu ihm, wandte ihm aber immer den Kopf zu, um sich küssen zu lassen. Später suchten sie in ihrem alten Nistbaum gemeinsam nach Nahrung, dort sehe ich sie derzeit häufig. Chanter streckte den Kopf nach vorn, um an ein knospendes Blatt an einem Zweig heranzukommen, der fast außerhalb seiner Reichweite lag; dabei verlor er das Gleichgewicht, fiel vornüber und landete weiter unten im Strauch. Absolut unbeeindruckt fraß er weiter, an einem anderen Zweig über ihm, als wäre der Sturz Absicht gewesen. Ich habe Gimpel schon mehrfach dabei beobachtet, wie sie die Balance verlieren und beim Versuch, an eigentlich unerreichbare Knospen heranzukommen, auf weiter unten gelegene Äste purzeln.

An den Tagen, die auf die obigen Notizen folgten, sah ich Chanter und seine Gefährtin immer nahe beieinander. Verlor sie ihn einmal kurz aus den Augen, führten seine pfeifenden Rufe sie schnell wieder zu ihm. Die zauberhafte Melodie seines Vollgesangs[7] ist im zweiten Teil dieses Buchs in Kapitel 12 festgehalten. Er sang sie zwar nicht oft ganz, pfiff aber häufig die Eingangsnoten oder die Kadenz, wobei der weiche Klang seiner Stimme und die Würde seines schlichten Gesangs ganz im Einklang mit dem Charakter dieser sanften Vogelart standen.

---

7 Der Vollgesang ist der voll ausgebildete Gesang des adulten Vogels, der sich zum einen vom Subsong und zum anderen vom Jugendgesang unterscheidet. (Anm. d. Ü.)

Als Chanters Junge flügge geworden waren, brachte er die drolligen kleinen Küken mit dem kräftigen Rumpf und noch fast keinem Schwanz in meinen Garten. Dort verbrachten die Elternvögel viel Zeit in den Blumenbeeten und fütterten die Jungen, die währenddessen in Reih und Glied auf der Pergola saßen, mit den Samen des Vergissmeinnichts. Häufig hängten sich Chanter und seine Gefährtin auch an die Stängel des Wiesenkerbels, die unter ihrem Gewicht nachgaben, um die reifenden Samen aus ihnen zu picken. Machte der Hunger sie ungeduldig, flatterten die leise und beständig rufenden Jungen um ihre Eltern herum. Mehr als einmal versuchten sie, auf den dünnen Halmen des langen Grases oder auf zierlichen Wildblumen zu landen, die schlicht zu schwach für sie waren. So wurden viele schwankende Sitzmöglichkeiten ausprobiert, bis sie endlich eine fanden, auf der sie sich mit geschlossenen Flügeln niederlassen konnten.

Meiner Meinung nach wird der Schaden, den Gimpel an Fruchtknospen anrichten, übertrieben dargestellt, denn tatsächlich bringen die Bäume in meinem Garten ebenso viele Früchte hervor wie die Bäume in Gärten, in denen es keine Gimpel gibt. Im frühen Frühjahr nehmen die Vögel überwiegend grünen Salat in Form von Blattknospen zu sich, und dieses Ausdünnen der Blätter scheint die Menge der Blütenknospen zu erhöhen. Zu Beginn der Blütezeit bevorzugen Gimpel wilde Pflaumen und Holzäpfel, die in den Hecken meines Obstgartens wachsen, dann sind Birne und Apfelbaum an der Reihe, vornehmlich Ersterer; und doch tragen all diese Bäume jedes Jahr reichlich und überreichlich Früchte (außer natürlich, wenn der Baum eine Vegetationspause einlegt). So bin ich zu dem Schluss gekommen, dass Gimpel nur kranke oder unproduktive Knospen fressen. Das einzige Mal, bei dem merklicher Schaden angerichtet wurde, war in einem Jahr, als ein Gimpel wirklich mutwillig jede Blüte von drei Zierapfelbäumen abzwickte – der Boden unter ihnen sah aus, als wäre Schnee gefallen. Doch wurde ich für diesen frühen Verlust der Blütenpracht durch den Anblick des wunderschönen Vogels inmitten der weißen Tupfen mehr als entschädigt. Dieses Jahr trugen meine Holzapfelbäume Früchte über Früchte (ebenso wie alle anderen Obstbäume in meinem Garten), die dekorativen, hellroten, kleinen Äpfelchen waren bei den Amseln, den Drosseln, den Rotkehlchen und zwei Mönchsgrasmücken außerordentlich beliebt. Die Mönchsgrasmücken verbrachten in der letzten Septemberwoche fünf Tage damit, sich beinahe rund um die Uhr von den Früchten zu ernähren, bevor sie ihre Reise antraten. Ein zauberhafteres Vogelbild als die beiden Mönchsgrasmücken, das Männchen und das Weibchen, die ihren dunklen, glänzenden Kopf über die kleinen, roten Äpfel beugen, kann man sich kaum vorstellen. Die Äpfel leuchten wie chinesische Laternen en miniature und schwingen bei der ersten Berührung durch den Schnabel hin und her, denn die Vögel picken die an langen Stielen hängenden Früchte in die Seite, ohne sie festzuhalten. Die Vögel sahen aufmerksam zu, bis das Schwingen nachließ, und versuchten es dann mit einem kräftigeren Picken, was natürlich ein stärkeres Schwingen verursachte. Schließlich flogen sie auf einen Zweig, von dem aus sie den Apfel von oben in Angriff nehmen und gleichzeitig den Stiel ruhig halten konnten. Waren die Äpfel dann bis zum Kerngehäuse ausgehöhlt, kamen die Buchfinken an die Reihe, denn sie mögen die Kerne am liebsten.

DER BUCHFINK

Einmal hatte ich mehrere Buchfinken, die Futter aus meiner Hand nahmen – oder besser: es mir aus der Hand rissen. Als sie erst entdeckt hatten, dass sie Futter auf diese Weise bekommen konnten, stellten sie immerzu entsprechende Ansprüche und schnappten sich das Futter so stürmisch – sie flogen auf wie kleine Wirbelwinde und stießen dabei schrille Rufe aus –, dass ein Tumult entstand, der die Meisen verschreckte, die immer friedlich nebeneinandersitzen, nun aber kontinuierlich von meiner Hand gefegt wurden. In der Folge schnappten sich die Meisen das Futter ebenfalls rasch, nur um den Buchfinken aus dem Weg zu gehen. So hörte ich auf, die Buchfinken handzahm zu machen, bis auf einen, Chink (Klirr), den ich nun schon seit neun Jahren immerzu in meinem Garten habe. Rufe ich so durchdringend wie möglich »Chink, Chink«, kommt er sofort von den Bäumen heruntergeflogen. Wie die anderen Buchfinken schnappt auch er sich das Futter, drei oder vier Stückchen auf einmal, wenn es geht, lässt aber beim Wegfliegen immer etwas fallen. Im Gegensatz zu den Meisen, Rotkehlchen und einigen Amseln hat er sich nie auf meine Hand gesetzt, um zu fressen. Zudem kommt Chink nur zu mir, wenn er Futter haben will, und zeigt, wiederum im Gegensatz zu den anderen Arten, wenig Interesse an meiner Gesellschaft. Er scheint nicht ausreichend intelligent, den Weg zum Fenster hinein- und wieder hinauszufinden, um sich Futter zu holen, so hungrig er auch sein mag. Er kommt mir aber mit den Meisen auf der Straße entgegengeflogen und folgt mir ein kurzes Stück, wenn ich im Winter ausgehe. Zu Beginn des Frühjahrs werden seine Forderungen maßlos. Sitze ich im Garten, setzt er sich auf die Stuhllehne und schreit mir seine Rufe und seinen Gesang direkt ins Ohr, bis ich ihm mehr Futter gebe. Weigere ich mich, ihn zu beachten, ruft er so lange weiter, bis ich fast taub bin von den lauten, schrillen Tönen nahe an meinem Trommelfell; habe ich also kein Futter mehr, biete ich ihm alle paar Rufe ein Blatt an. Das gefällt ihm natürlich nicht: Er macht ein gelangweiltes Gesicht und schießt bei etwa dem zehnten Blatt wie ein Pfeil davon, als hätte er vergeudete Zeit aufzuholen. Anschließend jagt er seine Gefährtin oder ärgert andere Vögel – mich lässt er in Ruhe die Flugkünste des Buchfinken bewundern.

Chink wechselt mit seinem Nistrevier zwischen Obstgarten und Vorgarten ab. Er bleibt das ganze Jahr über bei mir, seine Gefährtin und die anderen Weibchen aber, die im Garten nisteten oder dort aufgezogen wurden, verlassen ihn im Herbst und kehren nur gelegentlich für einen Besuch zurück. Einige der jungen Männchen, die im Garten schlüpften, bleiben noch den Herbst über, manchmal sogar bis zum frühen Frühjahr, wenngleich sie mehrere Tage hintereinander wegziehen, um sich größeren Schwärmen anzuschließen, wie ich vermute. Im Allgemeinen sehe ich zu Beginn des Frühjahrs mehr Buchfinkenweibchen als -männchen in meinem Garten; manche von ihnen erkenne ich als die wiedergekehrten Weibchen, die im Jahr zuvor hier nisteten, oder die Jungen, die im Sommer zuvor hier aufgezogen wurden. Andere wiederum sind, glaube ich, fremd in meinem Garten.

Chink trennte sich sechs Jahre lang nicht von seiner Partnerin, obwohl er jede Menge Auswahl unter all den umherschwirrenden Weibchen gehabt haben musste, die offenbar unbedingt in seinem Revier bleiben wollten, in dem manche von ihnen zur Welt gekommen waren. Seine Gefährtin war sehr zahm und flog mir immerzu nach, kam aber nicht zu mir auf die Hand. Jedes Mal wenn ich ihr in Chinks Anwesenheit Futter hinwarf, schnappte er es ihr vor dem Schnabel weg und fraß es rasch selbst. Ich habe nie gesehen, dass er sie fütterte oder zur Seite trat, damit sie fressen konnte. Ein anderes Buchfinkenpaar, dessen Nest sich auf einem nackten Ast just oberhalb der Stelle im Obstgarten befand, an der ich für gewöhnlich sitze, war auch sehr zahm, die beiden konnte ich gut aus nächster Nähe beobachten. Auch dieses Männchen fütterte das Weibchen nie, weder wenn es brütete noch außerhalb des Nests, um die Jungen aber kümmerte sich das Männchen genau wie Chink fürsorglich. Ein weiteres Paar, mit dem ich weniger vertraut war und das ich nur hin und wieder beobachten konnte, hatte sein Nest hoch oben in einer Hecke. Dieses Männchen schien seine Gefährtin häufig zu füttern, wenn sie auf dem Gelege saß – sah ich auch nur eine kurze Weile zu, tauchte der angehende Buchfinkenpapa immer zuverlässig auf und flog mit Futter zum Nest. (Im *Handbook of British*

Birds[8] steht, dass männliche Buchfinken die Weibchen füttern, wenn diese brüten. Meinen Beobachtungen nach hängt dies jedoch stark vom jeweiligen Individuum ab.) Seine Gefährtin hielt das Moos ihres Nests mit langen Nähzwirnfäden zusammen, die sie mir stibitzt hatte. Dafür nutzte sie die Methode, die wir beim Transportieren eines langen Seils verwenden: Sie legte den etwa einen Meter langen Faden in Schleifen, bis sie eine rund fünf Zentimeter große Rolle daraus geformt hatte, die sie gut im Schnabel wegtragen konnte. Hätte sie den Faden unaufgerollt mitgenommen, hätte er sich in den Zweigen um ihr Nest herum verheddert und wäre praktisch unbrauchbar gewesen.

In einem Jahr baute Chinks Gefährtin ihr Nest auf meiner Pergola. Es machte mir große Freude, die Nestlinge zu beobachten, als diese kurz davorstanden, flügge zu werden. Das adrette kleine Nest war definitiv zu klein für die drallen Küken, die über den Rand hinauswuchsen und sich einander auf den Rücken stellten, wenn sie sich strecken oder putzen wollten. Eines Morgens hoben vier von ihnen kühn aus dem Nest ab, einer nach dem anderen, ohne auch nur einen Augenblick zu zögern, und landeten in Bäumen auf der anderen Seite des Rasens. Ein Küken aber blieb zurück, es hatte Angst gehabt, den Sprung zu wagen. Es stand auf dem Rand des Nests und war in seinem raschen Wechsel von Haltungen und Gesichtsausdrücken interessant zu betrachten: Erst stand es aufrecht mit ausgestrecktem Kopf

---

8 H. F. Witherby, F. C. R. Jourdain, Norman F. Ticehurst, Bernard W. Tucker: *Handbook of British Birds,* erschienen zwischen 1938 und 1941 in fünf Bänden. (Anm. d. Ü.)

und hielt nach den Geschwistern Ausschau, dann kroch es wieder tief ins Nest hinein, das Gesicht vor Angst verzerrt. Einen Moment später begann es, sich zu putzen, es sah entspannt aus und plusterte mit mopsiger, zufriedener, babyhafter Mimik das Gefieder auf. Im nächsten Moment richtete es sich zu seiner vollen Größe auf, hob leicht die Flügel und sah nach oben, nur um dann auf dem Rand des Nests wieder in sich zusammenzusinken, mit seiner ganzen Haltung Elend ausdrückend. Die Eltern hielten sich vom Nest fern, sie waren auch nicht in der Nähe gewesen, als die anderen Jungen davongeflogen waren. Schließlich stellte sich der einsame Nestling kerzengerade hin, begann mit zuversichtlichem Gesichtsausdruck, mit den Flügeln zu flattern, und weg war er, ein langer Flug, der im Schlafzimmer des Nachbarhauses endete. Chink flog sofort hinterher, das Fenster stand unten weit offen. Sanft rufend saß er auf dem Fensterbrett oder flatterte vor dem Fenster herum, bis das Junge endlich herausgeflogen kam und gefüttert werden konnte. Danach setzte es sich auf eine Ranke neben dem Fenster und hatte offensichtlich Angst, einen weiteren Flug zu wagen. Es war nicht das kleinste Junge der Brut und für einen Jungvogel beim Fliegen schon sehr kräftig, hatte aber eben ein ängstliches Gemüt. So blieb es einige Tage lang weg von den anderen und klammerte sich an die Ranke oder den Baum daneben. Nervöse Jungvögel haben nicht nur Angst vor dem Flug, sondern auch vor der Schwierigkeit, auf einem Sitzplatz zu landen. Ich denke, dieser Jungvogel flog immer weiter, an Sträuchern und Bäumen vorbei in das Schlafzimmer, weil er, einmal in der Luft, schlicht Angst hatte, sich wieder niederzulassen. Ich habe schon beobachtet, dass auch andere gerade flügge gewordene Junge der verschiedensten Spezies dem Rest der Brut folgen wollten, sich aber offensichtlich nicht entscheiden konnten, wohin sie fliegen sollten, und keine Ahnung hatten, wie das Landen zu bewältigen war. Selbst das Heranhüpfen aus kurzer Entfernung auf meine Hand bereitet Jungvögeln einige Mühe. Sie haben keine Angst vor meiner Hand, denn sie sind zahm und fürchten sich nicht vor mir, können aber die Distanz nur schwer abschätzen und wissen kaum, was sie mit ihren Beinen anfangen sollen. Ist die Entfernung sehr kurz und beträgt beispielsweise nur etwa dreißig Zentimeter, fällt ihnen das Landen schwerer als aus einer größeren Distanz.

Wie Jungvögel sich ausdrücken, ist bei allen Arten faszinierend zu beobachten. Letzten Sommer hatte ich einen jungen Grünspecht für zwei Tage in meinem Garten zu Gast. Er war mollig und flauschig und hielt immer nach Eltern Ausschau, die auf sich warten ließen. Seine erwartungsvolle Haltung und der plötzliche Rückfall in ein gelangweiltes Starren, wenn sich der erhoffte Elternteil als Star oder Amsel herausstellte, waren filmreif. Ich machte mir dazu folgende Notizen:

18. Juni. *Ein erst vor Kurzem flügge gewordener Grünspecht ruhte sich nahe am Cottage an den Baumstamm gelehnt in einer Astgabel aus, das Gefieder aufgeplustert, die Erscheinung rundlich statt des für Spechte typischen langgestreckten Körpers. Er gab oft Bettelrufe von sich, doch kein Elternteil erschien. Nach einer Stunde hob er plötzlich den Kopf kerzengerade in die Luft und rief mit hoher, schriller Stimme »pi, pi, pi, pi, pi«, in der Haltung wieder ganz*

das hilflose Baby. Es folgte ein lautes und gebieterisches »Jik, Jik«, jetzt in sehr erwartungsvoller Haltung, der Hals lang, der Kopf nach vorn gereckt, die Augen groß vor lauter Aufregung. In diesem Moment sah er fast aus wie ein adulter Specht, obwohl der Schwanz noch so kurz war. Danach sank er plötzlich in dralle Flauschigkeit zurück, mit deprimiertem Gesichtsausdruck, denn der sehnlichst erwartete Elternvogel war zwar durch den Garten geflogen, hatte das Junge aber dort, wo es saß, nicht gefüttert. Gleich darauf flog der junge Grünspecht zum Obstgarten, er kam trotz rasch flatternder Flügel nur langsam voran. Dabei ließ er sich im Flug nicht mit geschlossenen Flügeln fallen, wie erwachsene Spechte das tun. Sehr junge Vögel aller Spezies versuchen angestrengt, ein beständig schnelles Flattern mit den Flügeln aufrechtzuerhalten; erst die erfahreneren Vögel schließen die Flügel zwischendurch und lassen sich im Flug immer wieder fallen – ein typisches Merkmal vieler Singvögel.

DER GRÜNFINK

In meinem ersten Jahr in Bird Cottage, als Hanfsamen und Erdnüsse in unbegrenzter Menge für etwa vier Pence das Pfund erhältlich waren, konnte ich mehr Vogelarten in meinen Garten locken und zahm machen, als es seitdem je wieder möglich war. Grünfinken und viele andere Spezies haben eine Leidenschaft für Hanfsamen; es war eine Schau, was sich am Vogelhäuschen abspielte, wenn welche darin lagen. Während die Elternvögel auf der Hanfschale saßen und sich an den Samen gütlich taten, kletterten ihnen ihre

Jungen laut und ungeduldig rufend immer auf den Rücken, schubsten sich gegenseitig hinunter und kraxelten dann abwechselnd mit viel Flügelgeflatter wieder hinauf. Die Eltern fraßen stoisch weiter, ungeachtet des schnatternden Nachwuchses, der da auf ihnen herumpurzelte. Auf einmal flog die gesamte Familie an einen anderen Ort, wo die lärmenden Jungen dann gefüttert wurden.

Im Winter spielte sich ein ganz bestimmter Grünfink immer zum Herrn des Hanfs auf. Hatte Judge (Richter) – diesen Namen verdankte er seinem Gesichtsausdruck –, sich satt gefressen, blieb er einfach auf dem kleinen Hanfsamenbehälter hocken, um zu verhindern, dass irgendein anderer Vogel an die Leckerbissen herankam. Ein hungriger Vogel nach dem anderen versuchte, sich einen Samen zu schnappen, und probierte es dabei auch mit Ablenkungsmanövern wie Attacken von hinten, doch drehte sich Judge immer rasch um und stellte sich dem Angreifer. Dieser machte anschließend allerlei Drohgebärden, die Judge allerdings nicht im Mindesten beeindruckten: Er blieb ruhig, fuhr lediglich mit dem Kopf nach vorn und pickte mit dem kräftigen Schnabel ein paarmal nach den Köpfen der immer noch hungrigen Widersacher. Sie hatten Angst vor ihm, und es gelang ihnen nie, ihn von dem Behälter zu vertreiben. Irgendwann flog Judge dann weg, vielleicht um die Flügel zu strecken und sich neuen Appetit zu holen, denn er kam im Allgemeinen nicht lange danach zurück. Nach seinem Abflug war die Hanfsamenschale im Nu von Dutzenden von Vögeln umringt, von anderen Grünfinken, Spatzen und Buchfinken; sie drängelten und schubsten, eifrig darauf bedacht, auch einige der begehrten Körnchen abzubekommen. Nur die Kohlmeisen, die die Samen ebenfalls lieben, hielten sich fern, bis der Mob verschwunden war. Manchmal schob ich Judge vom Hanfsamenbehälter, zum Wohl seiner Seele und dem der hungrigen Vögel. War der Behälter leer, setzte sich Judge auf das Fenstersims, presste den Schnabel an die Scheibe und beobachtete jede meiner Bewegungen im Zimmer mit quälend durchdringendem Blick. Alle paar Sekunden klopfte er kurz ans Glas – es war absolut unmöglich, die hartnäckige, gespannte Aufmerksamkeit und das ruhige, entschlossene Klopfen zu ignorieren. Und so bekam er nach einer Weile, was er wollte. Es brach mir fast das Herz, dass Judge umsonst klopfte, als ich die Samen nicht mehr kaufen konnte. Ab diesem Zeitpunkt zog er sich aus dem Vogelhäuschen zurück, ebenso wie alle anderen Grünfinken. Und seitdem genieße ich auch keinen vertrauten Umgang mehr mit der Spezies, obwohl sie in meinem Garten nistet und von der Gemeinen Ochsenzunge unter meinem Fenster frisst, wenn deren Samen reif sind.

DER DISTELFINK

Um mein gesamtes Cottage herum habe ich Karden für die Distelfinken, auch als Stieglitze bekannt, ausgesät. Manchmal sitzen zwanzig dieser Vögel auf den Pflanzen und picken die Samen heraus. Im Sommer und Herbst hallt ihr fröhliches Familiengezwitscher beständig in meinem Garten wider, wenn die Jungen über die Blumenbeete hinwegflattern, während ihre Eltern die Samen verschiedener

Gewächse sammeln – haben die Kornblumen und Berg-Astern Saison, ist das ihre bevorzugte Wahl.

Picken sie die Samen aus den Karden heraus, machen sie dabei ein seltsames, summendes Geräusch, eine Art Zitherbegleitung zu ihrem musikalischen Zwitschern, das erklingt, wenn sie die Samen fressen. Bevor die Samen herausgezupft werden können, ist anscheinend eine vibrierende Bewegung des Kopfes notwendig, wenn der Schnabel in die Samentasche gesteckt wird, es sei denn, die Samen sind schon sehr reif. Das scheint das Summen zu erzeugen, das wie das Trommeln des Spechts über große Entfernungen hinweg zu hören ist. Ich habe vor Kurzem beobachtet, wie einige junge Distelfinken ohne diese vibrierende Kopfbewegung erfolglos versuchten, die Samen herauszuzwicken. Ob dieses Misserfolgs verwirrt, sahen sie ihren Eltern noch einmal genau bei deren sauber ausgeführten Tätigkeit zu, konnten die Bewegung aber nicht nachahmen und schwenkten in den Samentaschen der Karden lediglich den Kopf hin und her. Obwohl sie den Schnabel tief in den Taschen hatten, kamen sie damit nicht weit: Weder erzeugten sie ein Geräusch, noch konnten sie der Pflanze ihre Samen entlocken. Ich musste lachen, als ich den verdutzten Gesichtsausdruck der Jungvögel sah, die immer wieder ihre Eltern studierten und dann versuchten, das, was diese taten, zu imitieren. Sie erinnerten mich an Anfänger auf der Violine, die versuchen, ein Vibrato zu spielen, auch wenn die Finger partout nicht vibrieren wollen. Wie der geübte Kardenspieler ein so lautes Summen hinbekam, das so weit trug, verwirrte *mich* zunächst; zweifelsohne aber verleiht das Vibrieren des Schnabels auf starren Oberflächen dem Geräusch Leben und verstärkt es, ebenso wie der Geigenspieler dem Ton durch das Vibrato mehr Leben einhauchen kann. Das Vibrato intensiviert Schwingungen und bringt mehr natürliche Obertöne ins Spiel.

Meine Distelfinken nisten immer ganz oben in den Nadelbäumen, wo wenig von ihren Nistangelegenheiten zu erkennen ist. Einmal brachte mir eine Freundin einen Nestling, den sie auf einer Dorfstraße gefunden hatte. Der Kleine war erst ein paar Tage alt, er hatte noch sein Daunengefieder und die Augen waren noch halb geschlossen; auf seinen Flügeln aber zeigten sich bereits die ersten Anzeichen von Schwarz und Gold. Der Lebenswille des unreifen Vogels war erstaunlich: Setzte ich ihn in ein improvisiertes Nest, kletterte er sofort wieder heraus und kam quer durchs Zimmer auf mich zu. Er krabbelte auf meine ausgestreckte Hand und kuschelte sich auf der Handfläche zum Schlafen ein. Tagsüber gab ich ihm jede Stunde etwas Brot und Milch, doch am zweiten Tag schloss er den Schnabel fest, als ich versuchte, ihn erneut mit dieser nicht natürlichen Nahrung zu füttern, die ihm anscheinend nicht bekam. Zu dieser Zeit war gar kein geeignetes Vogelfutter zu bekommen. In meinem Garten hielten sich viele Distelfinken auf, und als er ihre Stimme hörte, hob der Nestling den Kopf und rief. Also legte ich das improvisierte Nest mitsamt Nestling für eine Stunde auf eine Hecke, in der Hoffnung, eine Distelfinkmama oder ein Distelfinkpapa würde die Rufe hören und wie Baldhead und seine Gefährtin das Waisenkind adoptieren. Als ich wiederkam, war der Nestling verschwunden, und ich fand ihn in der Nähe der Hecke auch nicht wieder.

Da Spatzen in ihrer frechen, aufdringlichen Art andere Vögel vertreiben, halte ich sie immer so weit wie möglich von meinem Cottage fern, doch gibt es um meine Hecken herum jede Menge Haus- und Feldsperlinge Vielleicht ist das der Grund, warum Mehlschwalben und andere Schwalbenarten nicht in der Nähe des Cottages nisten. Sitzen im Spätsommer einige wenige von ihnen mit ihren Jungen auf den Drähten in meinem Garten, kommen häufig die rüden Spatzen angeflogen und schimpfen ihnen in die Ohren. Das ärgert mich sehr, denn es gibt kaum einen schöneren Vogel als die Schwalbe, um aus nächster Nähe studiert zu werden. Im vergangenen Herbst saß eine ganze Familie ausgewachsener junger Schwalben auf dem Geländer einer Treppe; als ich auf sie zuging und meine Hand auf das Geländer legte, flogen sie nicht etwa weg, sondern sahen mir wie fragend ins Gesicht. Anschließend schienen sie zu vergessen, dass ich da war, obwohl eine der Schwalben nur wenige Zentimeter von meiner Hand entfernt saß. Ich werde den zauberhaften Blick in ihren Augen nie vergessen, wild und entschlossen, und doch mit einer Weitsicht, die unbeschreiblich berührend war, ebenso wie die Schönheit ihres frischen, jungen Gefieders. Der Schimmer der dunkelblauen Flügel im Sonnenlicht, die herrlich weich aussehenden Brustfedern mit dem Hauch einer leichten Röte, der allerliebst geformte Kopf und die leuchtenden, tiefen Farben – der ideale Rahmen für diese ausdrucksvollen Augen! Eine der ganz großen Freuden der Vogelbeobachtung aus nächster Nähe ist, dass man dabei den Ausdruck in ihren Augen sehen kann, ebenso wie die Struktur und die Farben des Gefieders. Durch die Lichtreflexe auf den Federn erstrahlt jeder Vogel in einer unendlichen Vielfalt an Farbtönen.[9]

DIE DROSSEL

Ich finde es schwer, Drosseln genau zu studieren, hauptsächlich weil sie von den Amseln in den Hintergrund gedrängt werden. Amseln können recht besitzergreifend werden, wenn man sie zur Zahmheit ermuntert, und so lassen sich die Drosseln, die vor ihren großen schwarzen Verwandten Angst zu haben scheinen, verjagen – es sei denn, sie sind sehr hungrig. Manchmal aber gelingt es ihnen, den Jäger auszutricksen. Ich habe eine Drossel, die die Amsel Darky immer wieder übers Ohr haut, indem sie von hinten an ihn heranschießt, um ihn herumfegt und sich derart rasch das Futter schnappt, dass Darkys schwerfälligere Verfolgungsbewegungen ins Leere laufen. Darky dreht sich erst zur einen Seite um, dann zur anderen, und neigt schließlich mit einem seltsamen Ausdruck im Gesicht den Kopf in Richtung der weggeflogenen Drossel. Die ist von Natur aus bei der Nahrungssuche zwar eher langsam, kann ihrem lästigen Cousin aber dennoch eine Schnabellänge voraus sein, bringt sie die Schnelligkeit ins Spiel, derer sie durch-

9 Im Vogelgefieder gibt es zwei Arten von Farben: Pigmentierung und Strukturfarbe. Letztere entsteht durch das Zerlegen des weißen Lichts auf der feinen Federstruktur. Zerlegt wird das Licht durch die Oberfläche ganz kleiner Luftbläschen im Inneren der winzigen Federstrahlen; so wird es in allen Farben des Regenbogens widergespiegelt, wie Öl von einer Wasseroberfläche.

aus auch fähig ist.

Letzten Sommer, als die Nahrung für Drosselgattungen sehr knapp war, weil eine lange Dürreperiode herrschte, rückten meine Amseln von ihrem besitzergreifenden Verhalten ab und ließen alle Drosseln, ohne sie zu belästigen, fressen. Da waren es die Drosseln, die gegenseitig aufeinander losgingen: den Kopf bis zum Boden gesenkt, mit schnappendem Schnabel und in Kampfhaltung gewölbtem Rücken. Elternvögel aus der Nachbarschaft, die Futter für ihre Jungen brauchten, widersetzten sich den Anwohnern kühn, was viele tätliche Auseinandersetzungen zur Folge hatte. Als die beiden Jungvögel einer Brut alt genug waren, um sich selbst durchzuschlagen, warteten sie immer an der Küchentür und riefen dabei mit lauten, klickenden Geräuschen, bis ich ihnen Futter gab. Die Jungen meiner ansässigen Drossel begaben sich vor das Cottage und bedienten sich im Vogelhäuschen, während ein weiterer Jungvogel mich von der Obstgartenseite des Cottages aus um Futter anbettelte. Die Elternvögel kamen zu mir geflogen und wurden gefüttert, wo immer ich gerade war, ob am oberen Ende des Obstgartens oder unten im Garten; die Jungen aber riefen mich stets an den von ihnen ausgewählten Stellen zu sich und regelten ihre Angelegenheiten auf diese Weise – denn die ansässigen Vögel verjagten die Jungen der Nachbarn noch immer, wenn sie mit ihnen in Kontakt kamen. Ebenso wie ihre Eltern folgten mir die jungen Amseln, wohin ich auch ging; wie bereits erwähnt, lockern diese Vögel ihr Territorialverhalten während einer Dürre oder anderer Zeiten der Not.

DER GRAUSCHNÄPPER

In einem Jahr nistete ein Grauschnäpper vor meiner Terrassentür, zwischen dem oberen Ende eines Spaliers und der Hauswand. Praktisch beteiligte sich das Männchen am Nestbau nicht, doch fütterte es seine Partnerin oft, während sie am Heim für die Jungen arbeitete. Damals habe ich Folgendes zu dem Paar festgehalten:

> *Das Grauschnäpperweibchen baut eifrig am Nest, es sammelt viel Material im Flug und zupft an Spinnweben, während es mit flatternden Flügeln vor Ästen und Zäunen schwebt. Kehrt die Grauschnäpperfrau zum Nest zurück, ist ihr Flug rasch und weich. Auch sie befestigt das Moos mit bunten Baumwollfäden am Spalier, Heftfäden, die sie nach dem Nähen von meinem Stuhl stibitzt. Sie muss Flügel und Schwanzfedern gerade nach oben halten, um sich umdrehen zu können, wenn sie an diesem schmalen Platz am Nest arbeitet. Häufig kommt ihr Partner dabei zu ihr geflogen und hängt nahe am Nest in der Luft, als wolle er ihre Fortschritte begutachten und sie mit vielen leise gezwitscherten Tönen ermutigen, die er mal ruhig, mal eilig singt. Präsentiert er ihr eine Fliege, zwitschern sie nach dem Verschlingen derselben gemeinsam auf ganz zauberhafte Weise. Hin und wieder flötet er wie eine Hausschwalbe, ein lieblicher, weicher Gesang, der sich so sehr von den sonst gehörten, nachdrücklichen Klängen unterscheidet … Eben rollten der Grauschnäpper und Dobs, mein Rotkehlchen, gemeinsam auf dem Boden zu meinen Füßen herum. Die Grauschnäpper scheinen zu denken, das Cottage gehöre ihnen, nun, da das Weibchen in ihrem Nest*

neben der Terrassentür brütet. Nicht nur werde ich gerügt, wenn ich das Haus durch diese Tür betrete, sie greift auch die Meisen, das Rotkehlchen und alle anderen Vögel an, die zu den vorderen Fenstern hineinfliegen. Sie schießt geradezu aus dem Nest und schimpft halb zischend, halb wispernd. Eine unschöne Situation – der Neuankömmling, der vom Cottage Besitz ergreift und meine alten Freunde verjagt! Manchmal kämpfen sie auch miteinander, wobei meine ansässigen Vögel nach kurzem Gerangel meist nachgeben, denn schließlich sind Niststätten unbedingt zu respektieren. Meine Meisen sind so vernünftig, vornehmlich durch die seitlichen Fenster ins Haus zu fliegen, doch der nicht ganz so helle Dobs denkt nicht einmal an so etwas. Das Grauschnäpperweibchen brütet unruhig, das weiße Kinn stets nach oben gereckt, während sie nach ihrem Gefährten schaut oder im Auge behält, was da vor ihrem Nest vor sich geht. Sie verfolgt jede meiner Bewegungen, wendet ständig den Kopf und betrachtet alles wachsam – wie jemand, der mit großem Interesse Vögel beobachtet! Mir geht durch den Kopf, dass sie mir das Starren, mit dem ich ihr beim Nestbau zugesehen habe, mit gleicher Münze heimzahlt.

Vor dem Schlüpfen der Grauschnäpperjungen verließ ich das Cottage für vierzehn Tage. Bei meiner Rückkehr saß die Grauschnäppermutter auf einem anderen Gelege, dessen Nest sich nun auf einem Spalier an der Rückwand des Cottages statt an der vorderen Hauswand befand. Das erste Nest war geplündert worden, es lag in zwei Hälften auf dem Boden. Aus Angst, der Plünderer könnte wiederkommen, bewachte ich das Nest praktisch rund um die Uhr. Dieses Mal griff das Paar mich nicht ein einziges Mal zischend und schimpfend an, auch dann nicht, als ich Maschendraht um das Nest herum anbrachte. Aus ihrem veränderten, freundlichen Verhalten schloss ich, dass die beiden Vögel verstanden, dass ich sie beschützte, und das zum Glück erfolgreich. Die Grauschnäpperfamilie war eine wahre Augenweide, Grauschnäpperküken sind ganz besonders bezaubernd.

Als es an der Zeit war, flügge zu werden, stürzten sich wie bei Chink vier der Jungen todesmutig in die Luft, während eines im Nest zurückblieb, zu ängstlich zum Fliegen. An seinem sensiblen Gesicht konnte ich die wechselnden Emotionen sogar noch besser ablesen als an dem des Buchfinkenkükens. Oft entsteht Mut, wenn wir uns unseren Ängsten stellen – und so war es vielleicht auch beim ersten Kampf des Grauschnäpperkükens gegen die Angst, das Nest zu verlassen und auf die unerprobten Flügel zu vertrauen. Ich konnte sehen, wie der Kampf in dem Küken tobte, das sich allein ans Nest klammerte, nachdem die Geschwister es verlassen hatten. In der Anstrengung, die Angst zu überwinden, verzog es das kleine Gesicht. Und dann kam der erhabene Moment, in dem es aufstand und die Flügel ausbreitete, ohne auch nur noch die geringste Spur von Angst zu zeigen, es hatte endlich Vertrauen gefasst. Das war der Übergang von der Hölle zum Himmel im Miniaturformat und ein großartiger Anblick.

· KAPITEL 8 ·

Das Vogelbewusstsein

Will man sich ein Bild vom Bewusstsein, vom Geist eines Vogels machen, muss man dabei unbedingt im Hinterkopf behalten, dass es bei den einzelnen Vögeln große Unterschiede in der Persönlichkeit und Intelligenz gibt, und zwar sowohl innerhalb einer Spezies als auch zwischen den verschiedenen Arten.

Bei der Untersuchung der physischen Struktur des Vogelgehirns hat sich herausgestellt, dass das Corpus striatum, kurz Striatum, der Bereich des Großhirns, mit dem die emotionale Aktivität assoziiert wird, sehr hoch entwickelt ist und im Vergleich mit demselben Areal beim Menschen über relativ viele Fasern verfügt. Die Großhirnrinde ist dagegen weniger komplex ausgebildet. Das überrascht kaum, zeigen Vögel doch sehr deutliche Emotionen, dafür aber eine weniger ausgeprägte Intelligenz.

Vögel sind ausgesprochen sensibel und impulsgesteuert, ihr Herz schlägt rascher, ihr Blut ist wärmer als das des Menschen. Zusätzlich zu ihrem sehr guten Seh- und Hörvermögen besitzen sie auch einen hochentwickelten Orientierungssinn, den sie aufgrund ihrer Flugfähigkeiten auch brauchen. Darüber hinaus verfügen sie wahrscheinlich noch über andere Sinne, die im Menschen nicht vorhanden sind.

Angst

Naturgemäß spielen Angst und Misstrauen gegenüber ihrem Feind, dem Menschen, der ihnen so oft Schaden zufügt und sie quält, eine große Rolle im Leben der Vögel. Ist ein Mensch, der noch nicht ihr ganzes Vertrauen gewinnen konnte, in Sicht, wittern die Tiere Gefahr und sind auf der Hut, weshalb wir ihr Verhalten häufig nicht aus nächster Nähe beobachten können. Das aber ist notwendig, will man besser verstehen, was im Geist eines Vogels vor sich geht. Beim geringsten Empfinden von Angst ändert der Vogel komplett sein natürliches Verhalten: Er wird zögerlich, er handelt vorsichtig und hält sich bedeckt, was meist einen falschen Eindruck von ihm erweckt.

Einige Vögel sind von Natur aus viel ängstlicher als andere, bei ihnen ist Angst eine Frage des Temperaments. Ein gutes Beispiel dafür sind die flügge werdenden Vögel, von denen ich im vorangegangenen Kapitel berichtet habe. Es kommt nicht selten vor, dass sich die Vögel, die als Küken am zaghaftesten sind, später zu den intelligentesten und interessantesten Persönlichkeiten entwickeln. Da sie empfindsamer sind, sind sie auch zugänglicher, haben sie ihre Angst vor dem Menschen erst überwunden. Hier ist vor allem die Kohlmeise Curley zu nennen.

Nestlinge scheinen frei von jeglicher Angst zu sein, bis die Elternvögel ihnen beigebracht haben, sich auf Warnrufe hin im Nest zu ducken, oder bis sie eine angsteinflößende Erfahrung gemacht haben; in letzterem Fall ducken sie sich hinterher bei jedem unvertrauten Gegenstand, der sich über dem Nest oder in dessen Nähe bewegt. Einem Vogel kann so viel widerfahren, dass es eines erheblichen Unterscheidungsvermögens bedarf, was gefährlich ist und was ignoriert werden kann. Das lernt der junge Vogel erst ganz allmählich, nachdem er das Nest verlassen hat – zum einen durch die Beobachtung umgebender Vögel und zum anderen durch Warnrufe. Die Elternvögel bringen dem Nachwuchs bei, sich vom Boden fernzuhalten und vor drohender Gefahr aus der Luft in Deckung zu gehen. Die vom Temperament her ängstlichen Jungvögel halten sich vorsichtig an sicheren Plätzen auf, die kühneren aber sind derart neugierig auf die Welt da draußen, dass sie mitunter alle Vorsicht fahren lassen. Macht einer von ihnen durch Zwitschern oder Umherhüpfen weiter auf sich aufmerksam, nachdem der Warnruf ertönte, dass sich eine Katze in der Nähe aufhält – der Ruf, dass Gefahr auf dem Boden droht, unterscheidet sich im Allgemeinen von dem, der vor Gefahr aus der Luft warnt –, gibt ein Elternvogel möglicherweise ein gedämpftes Schimpfen von sich, begleitet von einem leichten Schnabelklaps auf den Kopf des Jungen. Das bringt dieses sofort zum Verstummen; handelt es sich bei ihm noch um einen Nestling, duckt er sich ins Nest, ist der Sprössling bereits flügge, erstarrt er dort, wo er gerade sitzt, bis andere Vögel ihm signalisieren, dass die Gefahr vorbei ist. Wird der Warnruf, Schutz vor drohender Gefahr aus der Luft zu suchen, nicht beachtet, schubst die Elternkohlmeise den Jungvogel manchmal von seinem exponierten Platz: Sie verpasst ihm von oben einen Tritt und schimpft dabei.

Hat der Jungvogel einmal mitansehen müssen, wie ein anderer Jungvogel von einer Dohle, einer Katze oder einem Greifvogel weggetragen wurde, wird er übertrieben vorsichtig und erschrickt sich viele Male am Tag unnötigerweise. Ist er noch ein Nestling, duckt er sich bei jeder Bewegung über oder neben dem Nest; kann er schon fliegen, stürzt er sich mit schrillen Alarmrufen in Deckung, auch wenn die vermeintliche Gefahr nur die Nachbaramsel ist, die hinabfliegt, um Nahrung aus einem fremden Revier zu stibitzen, oder eine Schwalbe, die tief über das Territorium hinwegfliegt. Alles, was plötzlich in der Nähe vorbeistreift, löst Alarm aus, weil der Jungvogel noch nicht gelernt hat, zwischen Gefährlichem und Harmlosem zu unterscheiden. In dieser Phase fürchten sich die Tiere vor allem vor Flugzeugen, die sie schon am Geräusch erkennen, auch wenn sie noch nicht in Sicht sind. Manchmal kommt es vor, dass ein Kohlmeisenjunges starr vor Angst, weil ein Flugzeug in der Ferne zu hören ist, dasitzt und ein Elternvogel mit Futter angeflogen kommt. Und obwohl Letzterer die Raupe immer wieder gegen den geschlossenen Schnabel des erstarrten Sprösslings drückt, wird die Nahrung ignoriert, und der Jungvogel bleibt brettsteif sitzen, mit blinzelnden Augen – sie bedeuten Angst – nach oben blickend. Irgendwann entspannt er sich dann wieder genug, dass er Futter annehmen kann, bleibt aber noch so lange reglos sitzen, bis das Geräusch des Flugzeugs vollständig verklungen ist. Nach und nach lernen sie schließlich, was wirklich gefährlich für sie ist; zunächst reduziert sich die Angst vor Flugzeugen und hinabschießenden Schwalben auf ein misstrauisches Starren, dann werden diese Dinge ganz und gar ignoriert. Allerdings sind meine Vögel noch immer alarmiert, wenn ein Flugzeug nahe über ihren Köpfen über sie hinwegdröhnt.

Vögel achten mit Ohren und Augen auf ihre Feinde und verbinden Geräusch und Anblick von Verdächtigem vom ersten Auftauchen an. Zudem lernen sie, zwischen der gefährlichen Dohle auf der Jagd nach Beute und der Dohle, die aus anderen Gründen über sie hinwegfliegt, zu unterscheiden – vielleicht ist die angespannte Haltung des Kopfes das Alarmsignal, daran erkenne zumindest ich eine Dohle auf der Jagd.

Vögel können ihre Ängste auf zahlreiche Arten und Weisen zum Ausdruck bringen. Nur bei akuter Angst ist ihre Haltung starr, ein bestimmtes häufiges Wenden des Kopfes drückt Misstrauen aus. Allerdings muss man den betreffenden Vogel schon recht gut kennen, bevor man alle individuellen ängstlichen Verhaltensweisen und Angstreaktionen als solche erkennen kann.

Elternvögel achten immer penibelst auf potenzielle Gefahren für ihre Jungen, den eigenen Schutz vernachlässigen sie in dieser Zeit jedoch. Es ist auffällig, dass die Angst um ihre Jungen sie viel mehr quält als die Angst um sich selbst. Die Sterblichkeitsrate bei sehr jungen Küken ist erschreckend hoch, und so nehme ich an, dass die Schwierigkeit, angesichts so vieler Feinde – darunter auch der Mensch – eine Brut erfolgreich großzuziehen, für die extreme Angst der Elternvögel verantwortlich ist.

Gehen Vögel auf Warnrufe hin in Deckung, die sich als falscher Alarm erweisen, schließe ich aus dem Ausdruck in ihren Augen sowie aus ihrer schnellen Rückkehr zu normalem Verhalten, dass die Angst in diesem Fall rasch vergeht. War die Gefahr real, flog also beispielsweise ein Greifvogel über sie hinweg, dauerte es dagegen einige Minuten, bis sie sich wieder ganz von dem Schrecken erholt haben, auch wenn die Gefahr schon längst nicht mehr in Sicht ist.

Der gesundheitliche Zustand beeinflusst die Angst: Mausernde, kranke oder körperlich beeinträchtigte Vögel sind normalerweise sehr ängstlich, da die geschwächte Konstitution ihnen das Vertrauen in sich selbst raubt.

Der Mut, den Vögel angesichts der Gefahren und Herausforderungen in ihrem Leben an den Tag legen, ist enorm, insbesondere wenn sie ihre Jungen beschützen – er ist sogar noch größer einzuschätzen, bedenkt man, dass sie sich der Gefahren durchaus bewusst sind. Einige Vögel sind mutiger als andere, denn auch hier kommt es sehr aufs Individuum an.

Emotionen allgemein

Viele Ornithologen meiner Zeit behaupten, dass sich Vogel und Mensch hinsichtlich ihres Geists, ihres Bewusstseins, völlig voneinander unterscheiden und dass Ersterer keine klar umrissene Vorstellung von Emotionen wie Liebe, Hass, Eifersucht und dergleichen mehr hat. Man nimmt an, Vögel reagierten in je nach Reiz festgelegten Verhaltensmustern rein automatisch auf denselben. Die Details dieser Annahmen werden den Leserinnen und Lesern der jüngeren Literatur zum Thema bekannt sein, doch möchte ich auf den folgenden Seiten in diesem Kapitel einige Gründe nennen, warum diese Ansicht meiner Meinung nach nicht ausreicht, um die Natur und das Verhalten von Vögeln zu erklären.

Es ist durchaus möglich, dass mir bei den Vogelporträts und anderen Berichten in diesem Buch Vermenschlichung unterstellt wird. Dennoch sind all meine Beschreibungen dessen, wie sich die Vögel verhielten, absolut wahrheitsgetreu, wenngleich es schwierig ist, detailliert und ungezwungen vom Verhalten eines Vogels zu erzählen, ohne ihn dabei nicht hin und wieder zu vermenschlichen. Gäbe es ein spezielles ornithologisches Vokabular, umfassend genug, alle Verhaltensweisen zu beschreiben, würden sich meine Berichte zwar weniger vermenschlichend anhören, wären für den gewöhnlichen Leser und die gewöhnliche Leserin aber ebenso unverständlich wie ein juristisches Dokument! Abgesehen davon kann ich nach den Ereignissen, die ich im Laufe von elf Jahren bei den einzelnen Vögeln aus nächster Nähe beobachtet habe, tatsächlich nicht glauben, dass sich ihr Geist oder Bewusstsein so grundlegend von dem unseren unterscheidet. Da scheint es vernünftiger, von einigen Gemeinsamkeiten auszugehen, auch wenn es natürlich viele Unterschiede gibt. Ich möchte gern noch einmal betonen, dass Vögel ihre Bedürfnisse ausdrücken können, dass sie so etwas wie Freizeitbeschäftigungen kennen, ja sogar regelrechte Spiele, die den unseren ähneln, und dass sie einen hochentwickelten Gesang haben, den sie als Ausdrucksmittel nutzen. In manchen Fällen ist ihre Musik mit der unseren verwandt (siehe dazu den Gesang der Amseln in Kapitel 11).

All meine Schlussfolgerungen beruhen auf der Beobachtung einzelner, in Freiheit lebender Vögel aus nächster

Nähe. Mit Geduld ist es so möglich, viel aus dem Ausdruck in ihren Augen, aus ihren Bewegungen und aus ihrem Tonfall zu erfahren, die alle zusammen die Sprache der Vögel bilden. Beim Aufsperren des Schnabels beispielsweise, das viele Vogelarten gemeinsam haben, gibt es Nuancen, die, verbunden mit dem Ausdruck in den Augen, der jeweiligen Geste eine andere Bedeutung verleihen. Kenne ich den Vogel sehr gut, erschließt sich mir die Bedeutung der einzelnen Gesten, eben weil ich seine Mimik kenne und die kleinen Nuancen im Aufsperren des Schnabels verstehe, in vielen Fällen die Grundvoraussetzung für die korrekte Interpretation. Häufig wird die Geste von einem schwachen, beinahe unhörbaren Geräusch begleitet, das man nur aus nächster Nähe wahrnehmen kann; handelt es sich um das drohende oder zornige Aufsperren des Schnabels, kann es auch von einem lauten Zischen und von Funken sprühenden Augen begleitet werden. Trotz seiner harten Beschaffenheit bringt der Schnabel Emotionen rasch zum Ausdruck, denn er kann in subtilen Variationen bewegt werden, und diese Bewegungen kann man lesen, vorausgesetzt, man ist mit dem Vogel vertraut – wie beim Menschen lernen wir mit der Zeit, die unterschiedlichen Ausdrücke des Schnabels (Mundes) zu deuten. Wollen die Vögel etwas, wird der Schnabel meist langsam aufgesperrt; ist es Futter, das sie wollen, öffnen und schließen sie den Schnabel dabei manchmal auch schnell, mitunter mehrmals hintereinander. Dieselbe Art von langsamem Schnabelaufsperren, allerdings mit anderem Ausdruck in den Augen und anderer Körperhaltung, vollführen die Vögel vielleicht, wenn sie plötzlich die warme Sonne auf ihrem Gefieder spüren, was sie an das Sonnenbaden erinnert. Ist man dem Vogel in diesem Moment sehr nahe, kann man auch ein ganz leichtes Flügelzucken beobachten; sind die Umstände dann günstig, zieht sich der Vogel an einen geeigneten Ort zurück und breitet Flügel sowie Schwanzfedern aus, um ein Sonnenbad zu nehmen. Sehr amüsant ist die Geste des Schnabelaufsperrens, die gemacht wird, wenn der Vogel plötzlich frustriert ist, weil ein anderer Vogel ihm unerwarteterweise zuvorgekommen ist. Dann ist meist ein schwacher Ton zu hören, wie ein unterdrückter Ausruf, und die Augen nehmen einen komischen Ausdruck an, weil die Geste von einer ganzen Mischung aus Emotionen verursacht wird. Der Vogel wurde überrascht, seine Pläne wurden durchkreuzt, und augenblicklich scheint er unentschlossen, wie er darauf reagieren soll. Manchmal bleibt er mit offenem Schnabel, verdutztem Ausdruck im Gesicht und zögerlicher Haltung sitzen, während der andere Vogel ungeschoren davonkommt. Eine weitere Art, den Schnabel aufzusperren, die eher wie eine Grimasse wirkt, kann man bei Kohlmeisen beobachten, die eine Nuss erwarten und etwas bekommen, das weniger nach ihrem Geschmack ist. Der Schnabel ist halb geöffnet, ein schwaches Geräusch ist zu hören, wie Luft, die entweicht, wenn man den Kronkorken von einer Flasche entfernt. Das ganze Gesicht drückt Abscheu aus. Dann gibt es natürlich noch das bekannte Schnabelaufsperren, das von Baby-Imitationsrufen begleitet und von den adulten Vögeln zu bestimmten Zeiten der Brutsaison ausgeführt wird. In all diesen Fällen und vielen anderen mehr kann die Emotion anhand des Ausdrucks in den Augen und der verschiedenen Nuancen und Arten des

Schnabelaufsperrens identifiziert werden. Das Gleiche gilt für alle anderen Gebärden.

Dass man den Vogel gut kennen muss, bevor man sein Verhalten korrekt interpretieren kann, belegen auch die folgenden Beispiele:

1. Die männliche Amsel Oakleaf zieht mit einem Blatt im Schnabel in den Kampf. Er läuft über den Rasen und verschwindet hinter Sträuchern, das Eichenblatt dabei immer hoch erhoben. Die Vogelbeobachterin, die diese Amsel nicht kennt, mag gut und gern denken, der Vogel beteilige sich am Nestbau – doch trägt Oakleaf Blätter zu einem ganz anderen Zweck mit sich herum (siehe Kapitel 3). Gelegentlich hält er auch beim Werben um die Partnerin ein Blatt in die Höhe; anhand des anderen Gesichtsausdrucks und der anderen Art, das Blatt zu präsentieren, kann ich jedoch genau sagen, mit welcher Absicht er was tut. Und wenn schon ein Mensch, der mit dem Vogel vertraut ist, subtile Unterschiede in ähnlich wirkenden Aktionen ausmachen kann – wie viel offensichtlicher müssen diese Unterschiede dann für die eigene Spezies sein?
2. Eine männliche Kohlmeise bat immer um Futter, indem sie eine, wie ich zuerst dachte, so gar nicht zu ihrer Absicht passende ausgedehnte Flohjagd in ihrem Brustgefieder veranstaltete. Vögel bedienen sich verschiedener Weisen, sich Futter zu erbitten, doch dieses außergewöhnliche Schauspiel erweckte den Eindruck, der Vogel sei schwer von Begriff. Nachdem er mich einen Augenblick lang direkt angesehen hatte, neigte er den Kopf

nach unten und steckte mehrmals hintereinander hektisch den Schnabel in die Brustfedern, wie ein Hund, der nach Flöhen schnappt. Die Bewegung war seltsam ruckartig und wurde beim Putzen nie verwendet. Zwischendurch hielt er immer wieder inne und sah mich bittend an, dann nahm er die Flohjagd wieder auf. Als der Vogel mich besser kennenlernte, beendete er dieses merkwürdige Verhalten. Es hatte sich nur um eine nervöse Angewohnheit gehandelt, weil die Kohlmeise zu schüchtern gewesen war, offen um Futter zu bitten. Der eben beschriebene Vogel war Whiskers, Curleys Gefährte, der die Angewohnheit wieder zeigte, als Curley keine Eier legen konnte und er ungeduldig wurde. Vögel sind sehr anfällig für derlei nervöse Angewohnheiten, die leicht falsch als Dummheit oder unbestimmte Emotion ausgelegt werden können.

3. Vor Kurzem ereignete sich etwas, das zuerst elterliche Einfältigkeit und mangelnde Wiedererkennung zu sein schien, sich später jedoch als das genaue Gegenteil herausstellte. Eine ganze Kohlmeisenbrut war am Morgen flügge geworden, alle außer dem kleinsten Sprössling, der aus dem Nest kletterte, sich an den Baumstamm klammerte und dann zu Boden fiel. Die Eltern versuchten, ihn wieder zu sich heraufzulocken, doch waren die Flügel des Jungvogels noch nicht so kräftig, als dass er hätte nach oben fliegen können. Und so suchte er sich eine abgeschiedene Stelle unter dem tief hängenden, schützenden Ast eines sehr jungen Hennastrauchs. Das lange Gras um den Strauch herum gab ebenfalls etwas Schutz, doch fürchtete ich die Nachbarskatzen, die viele

der Jungvögel in meinem Garten fressen. Deshalb setzte ich das Küken gegen Abend auf den breiten Ast eines anderen kleinen Baums in der Nähe, nicht weit weg, aus Angst, die Eltern fänden es nicht wieder. Bald darauf kam der Vater mit Futter angeflogen; aber obwohl der Jungvogel kräftig rief, warf der Vater nur einen Blick auf den Sprössling und hüpfte dann aufgeregt unter dem ersten Baum herum, als suche er nach dem verschwundenen Jungen. Anschließend flog er zu dem Baum, auf dem das Junge saß und um Futter bettelte, kehrte gleich darauf aber wieder zum Boden unter dem ersten Baum zurück, von wo aus er mich ansah und einige Schimpflaute von sich gab. Endlich verstand ich die Bedeutung dieses Verhaltens: Dort, wo das Junge nun saß, konnte man es ausgezeichnet von oben sehen – leichte Beute für die Dohlen und Elstern, die sich viele Jungvögel aus meinem Garten schnappen. Auf dem Boden unter dem Ast war der Sprössling viel besser aufgehoben. Die Eltern füttern ihre Jungen nicht an einem gefährlichen Ort, weil dies sie dazu ermuntert, dort zu bleiben, statt in sicherere Deckung zu gehen oder dem Elternteil zu folgen. Als der Vater davonflog, um die anderen Jungen zu füttern, trug ich den Kleinen quer durch den Garten und setzte ihn auf den Ast eines Baums, der sehr dicht belaubt war. Nun konnte man den Jungvogel weder von oben noch von unten sehen; da er sich jetzt jedoch weitab der ursprünglichen Stelle unter dem Hennastrauch in der Nähe seines Nests befand, war dies ein Test, ob die Eltern ihr Junges wiedererkannten. Es rief beständig weiter, und einen Augenblick später tauchte der Vater wieder auf, zufrieden, wie es schien. Ohne zu zögern, fütterte er das Küken und ließ zwei oder drei sanfte Töne erklingen (die üblichen leisen Töne, die die Eltern von sich geben, wenn die Jungen zum ersten Mal fliegen). Anschließend flog er auf den Wipfel des Baums und rief laut, worauf die Mutter des Kükens antwortete. Eilig kam sie ebenfalls zum Baum geflogen, und gemeinsam begaben sich die beiden zum Jüngsten ihrer Brut, offensichtlich hoch erfreut, dass es nun endlich an einem sicheren Ort saß. Sie fütterten es mehrmals und vollführten dann allerlei aufgeregte Gebärden auf dem Ast neben dem Küken, die Elternvögel für gewöhnlich machen, wenn alle Jungen das Nest verlassen haben. Hätte ich das Verhalten des Vaters und den Grund für sein Schimpfen, als er sich weigerte, das rufende Junge an seinem exponierten Sitzplatz zu füttern, nicht verstanden, hätte man leicht annehmen können, der Vater habe sein eigenes Junges nicht wiedererkannt. Doch im Gegenteil: Der Elternvogel hatte sich ausgesprochen vernünftig verhalten. Meine Vögel geben mir durch ihre Rufe und Handlungen oder Nuancen in den Bewegungen zu verstehen, was ihnen durch den Kopf geht. Begreife ich nicht sofort, was sie mir klarmachen wollen, finden sie schon bald einen anderen Weg der Kommunikation, meist einen pantomimischen, den sie auch untereinander benutzen.

Hinsichtlich der Gebärden, mit denen Vögel ihrer Umgebung etwas mitteilen wollen, gibt es sowohl bei den einzelnen Arten als auch innerhalb einer Art große Unterschiede. Manche Vögel benutzen solche Gebärden weit mehr als andere, am größten sind die Unterschiede bei intelligenten Spezies.

Als Gründe für die Annahme, Vögel verfügten nicht über die klar umrissenen Emotionen, über die wir verfügen, werden immer wieder die folgenden angegeben: Ihren Kommunikationsgebärden, darunter auch dem Aufsperren des Schnabels, läge keine eindeutig identifizierbare Emotion zugrunde; bei manchen Arten seien Drohgebärden und solche, die der Balz und Fortpflanzung dienen, identisch, bei anderen Arten nicht; Vögel seien in der Lage, je nach Reaktion des Gegenübers plötzlich von einer Emotion zur anderen und wieder zurück zu wechseln.

Nach seinem äußeren Verhalten zu urteilen, ist der Mensch allerdings ebenso uneindeutig und wechselhaft. Manche Ethnien und Individuen erröten, gestikulieren oder zeigen weitere Manifestationen einer Emotion weit mehr als andere, doch kann das Ausmaß ihrer Gefühle anhand dieser äußerlichen Anzeichen nicht eindeutig eingeschätzt werden. Vielleicht ist das bei Vögeln auch so.

Drohgebärden und Balzverhalten würden den Vögeln selbst aufgrund der unterschiedlichen Nuancen in den Bewegungen, die als Sprache fungieren, nicht identisch vorkommen; manche der subtil unterschiedlichen Bewegungen kann sogar der Vogelbeobachter, der mit dem jeweiligen Individuum vertraut ist, korrekt interpretieren. Wahrscheinlich gibt es jedoch zahlreiche Gebärdendetails, die bestimmte Bedeutungen für die Vögel haben, sich dem Menschen aber nicht unmittelbar erschließen.

Zudem ticken bei Vögeln die Uhren gewissermaßen anders. Sie haben einen rascheren Herzschlag und eine höhere Körpertemperatur, sie sehen und hören viel schneller und handeln meist in so großer Geschwindigkeit, dass wir ihnen mit den Augen nicht folgen können. Was uns als schnelle Reaktion und als wechselhaft erscheint, ist für sie Standard und folgerichtig; außerdem ist es nur logisch, dass sie mit ihrer spontanen Natur sofort auf das Verhalten anderer Vögel reagieren. Deshalb können diese rasch wirkenden Wechsel auch nicht als uneindeutige Gefühle gewertet werden.

Ihre Emotionen können möglicherweise auch dann klar definiert werden, wenn die Vögel unangemessen zu handeln scheinen, etwa wenn ein Vogel aus einem Gefühl des Schocks heraus singt. Es wird behauptet, Vögel seien unfähig zu lieben, sie seien herzlos, weil es mitunter schon vorgekommen ist, dass ein Vogel, unmittelbar nachdem seine Partnerin getötet wurde, gesungen hat. Wenn dies aber geschieht, dann liegt es daran, dass der Vogel ungeheuer aufgewühlt ist und seinen Emotionen ein Ventil geben muss. Ich habe schon beobachtet, dass ein Vogel laut gesungen hat, als seine Partnerin auf der Straße vor meinem Cottage überfahren wurde. Ist dieser Ausbruch aufgewühlten Gesangs jedoch vorüber, scheint der Vogel seinen Verlust zu betrauern und hört tagelang ganz auf zu singen. Die Reaktion ist von Individuum zu Individuum unterschiedlich: Manche Vögel erholen sich von einem solchen Ereignis schneller als andere, was vielleicht daran liegt, dass manche auch eine engere Bindung zur Partnerin haben als andere.

Aus allem, was man vom Verhalten eines Vogels beobachten kann, lässt sich also keinesfalls zwingend schließen, dass diese Grundemotionen bei Vögeln nicht vorhanden wären.

ERINNERUNGSVERMÖGEN UND WIEDERERKENNUNG

Meiner Erfahrung nach erinnern sich Vögel aneinander, wenn sie sich in meinem Haus wiedertreffen, nachdem sie während der Brutzeit mehrere Monate lang voneinander getrennt waren. Es gibt Vögel, die eine besondere Abneigung gegen einen ihrer Artgenossen entwickelt haben, und diese wird vom betreffenden Vogel in immer genau derselben individuellen Weise gezeigt. Dazu ein Beispiel: Curley und Twist waren in jeder Nistsaison immer drei Monate lang voneinander getrennt, demonstrierten beim Wiedersehen ihre gegenseitige Feindschaft, die sie bereits als Jungvögel entwickelt hatten, aber immer wieder exakt gleich. Anderen Artgenossen gegenüber verhielten sich die beiden jedoch nicht feindselig (siehe Seite 66 f.). In ähnlicher Weise duldete Baldhead nach den ungewöhnlichen Nistereignissen, von denen ich in Kapitel 2, (Seite 47 ff.) berichtet habe, Fatty nicht mehr, und Baldhead zeigte diese Intoleranz jedes Mal, wenn Fatty eine Zeit lang nicht am Cottage gewesen war. Manche Vögel verhalten sich besonders freundlich zueinander, und zwar immer – sie erkennen einander also sofort wieder. Fremde werden je nach Umständen und beteiligten Individuen toleriert oder nicht. An der anderen Reaktion der Vögel kann man gut ablesen, dass sie sich auch aus der Ferne erkennen und aneinander erinnern, ohne jegliches akustische Signal. Sie können mich über zwei oder drei große Felder hinweg von anderen Menschen unterscheiden, selbst wenn ich Kleidung trage, die sie mich noch nie haben tragen sehen (siehe Seite 153).

Zudem haben Vögel keinerlei Schwierigkeiten, die eigenen Jungen von denen anderer Vögel zu unterscheiden. In meinem Garten kommt es häufig vor, dass sich die Jungen aus einem Nest in die Nähe des Nests einer anderen Brut derselben Spezies begeben, die im gleichen Alter ist. Halten sich die übergriffigen Jungvögel dabei jedoch zu nahe am fremden Nest auf, werden sie sofort durch Schimpfen vertrieben – es sei denn, die Umstände sind so ungewöhnlich wie im Fall von Baldheads Adoption der Waisen.

Ich habe schon davon berichtet, dass eine Kohlmeise mich nach zwei Jahren Abwesenheit wiedererkannt hat, und auch verschiedene andere Versuche belegen, dass sich die Vögel in meinem Garten nach mehrmonatiger Abwesenheit an mich erinnern. Meisen, Rotkehlchen, Amseln und Buchfinken fliegen mir direkt auf die Hand, wenngleich einige von ihnen mich auch nur nach einer Woche Trennung zunächst vielleicht zögerlich umflattern. Auch hier kommt es sehr auf das jeweilige Individuum an (siehe Kapitel 5, Seite 154 f.).

INTELLIGENZ

Da man gegenwärtig dazu neigt, die Intelligenz von Vögeln zu unterschätzen, möchte ich dieses Thema anhand von zwei Beispielen intelligenten Meisenverhaltens näher illustrieren. Sie stehen stellvertretend für viele weitere Beispiele.

1. Die Kohlmeise Jane, die in Kapitel 2 näher porträtiert wurde, zeigte sich sehr aufgeregt, als ihre Jungen zum ersten Mal nahe an die Fenster meines Cottages heran-

flogen. Junge Vögel fliegen häufig gegen Glasscheiben; kommen sie in ein Zimmer, bevor sie das Konzept der Fensterscheibe begriffen haben, ereignen sich mitunter Tragödien – denn für den Jungvogel geht es meist nicht gut aus, prallt er mit dem Kopf an eine Scheibe, während ältere Vögel viel härtere Stöße aushalten. Jane musste bewusst gewesen sein, wie gefährlich Glas sein kann: Nachdem sie einige Augenblicke lang aufgeregt um ihre Jungen herumgeflattert war, nahm sie etwas Futter in den Schnabel, rief den Nachwuchs zum offenen Oberlichtfenster – dort können sich die Vögel hinsetzen – und positionierte sich dann rasch so, dass sie den Jungen das Futter hinter der Glasscheibe hinhalten konnte. Als diese versuchten, es sich zu nehmen, pickten sie natürlich nur auf Glas. Dann steckte Jane den Kopf aus dem Fenster, um den Jungen das Futter direkt, ohne die Glasscheibe, hinzuhalten. Bevor sie es sich jedoch nehmen konnten, zog sie das Futter wieder hinter die Scheibe zurück, sodass die Jungen noch einmal nur auf Glas pickten. Das wiederholte sie drei Mal; dann hatten die Jungen mit der für Kohlmeisen typischen raschen Auffassungsgabe verstanden und untersuchten die Fensterscheiben mit drollig interessiertem Gesichtsausdruck. Als sie ihren Eltern danach ins Zimmer folgten, lief alles glatt, schließlich hatte Jane sie ja mit Glasscheiben vertraut gemacht. Die Sprösslinge näherten sich den Fenstern stets vorsichtig, fanden ihren Weg durch offene Fenster hinaus und prallten nie an geschlossene. Was, wenn nicht logisches Denkvermögen hätte der Grund für Janes Verhalten sein sollen?

Elternvögel bringen ihren Jungen vieles bei. Und obwohl manche der Lektionen im Vergleich zu der eben beschriebenen simpel sind, liegt das Lehren selbst in seiner simpelsten Form jenseits dessen, was man als automatisches Verhalten bezeichnen kann. Dass ein Vogel die Auffassungsgabe besitzt, die Notwendigkeit vorherzusehen, seinen Jungen das Konzept von Glasscheiben näherzubringen, zeigt, dass die Fähigkeit des logischen Denkens zu seiner Intelligenz gehört und Letztere höhergradig ist, als allgemein angenommen wird.

2. Eines Dezembertages kam eine Blaumeise, ein Neuankömmling in meinem Cottage, durch das kleine Oberlicht, das im Winter normalerweise das einzige offene Fenster ist, ins Zimmer geflogen. Sie versuchte, durch ein geschlossenes Fenster auf der gegenüberliegenden Seite des Zimmers wieder hinauszufliegen, bekam Panik und stieß flatternd mehrmals gegen die Scheibe. Eine andere Blaumeise, die mit meinem Zimmer und dem Oberlicht vertraut war, sah von draußen, wie die verängstigte Artgenossin immer wieder panisch gegen das geschlossene Fenster flog. Nachdem sie ihr einen Moment mit besorgtem Gesichtsausdruck zugesehen hatte, flog die Meise draußen eilig zur anderen Seite des Cottages und durchs Oberlicht herein. Sie setzte sich kurz auf das Sims, um leise zu rufen; als jedoch keine Notiz davon genommen wurde, flog sie quer durchs Zimmer und berührte die flatternde Artgenossin sanft. Sofort drehte diese sich um und folgte ihrer Retterin zurück durchs Zimmer und durch das nur wenig geöffnete Oberlicht hinaus. Indem sie die fremde Meise aus

dem Zimmer holte, zeigte die Retterin Gedankengänge, die an logisches Denkvermögen grenzen. Der weniger intelligente Vogel versucht, Kontakt mit dem verängstigten Artgenossen im Zimmer aufzunehmen, indem er von außen ans Fenster heranfliegt – auch das habe ich in ähnlichen Fällen schon beobachtet. Kohlmeisen helfen sich gelegentlich ebenfalls gegenseitig dabei, den Weg durch das Oberlichtfenster hinauszufinden, auf etwa die gleiche Weise, wie die Blaumeise es tat. Da Kohlmeisen hochnervöse, erregbare Vögel sind, fliegt die fremde Kohlmeise panisch von Fenster zu Fenster und knallt mit solcher Wucht gegen die Scheiben, dass sie womöglich schon halb betäubt auf dem Fensterbrett sitzt, wenn Rettung naht, die sich dann manchmal an den Vorhang hängt und die hechelnde, benommene Artgenossin mit besorgtem Gesichtsausdruck[10] betrachtet. Zeigt Letztere dann irgendwann Anzeichen der Erholung, muss die Retterin unter Umständen mehrmals zwischen Fensterbrett und Oberlicht hin und her fliegen, bevor die benommene Meise das Bewusstsein ganz wiedererlangt hat. Dann fliegen die beiden Vögel gemeinsam durchs Oberlichtfenster hinaus, wobei die fremde Meise mit kontrolliertem Flug folgt, ganz anders als das panische Umherstürzen ohne die Führung der rettenden Artgenossin.

---

10 In beiden Fällen – hier und vorher im selben Abschnitt – ließen Gesichtsausdruck, Unruhe und angespannte Haltung zweifelsfrei darauf schließen, dass der Vogel wirklich besorgt war.

Ich beobachte ständig Vögel, die mit für sie neuen Situationen konfrontiert sind, und meiner Erfahrung nach handeln sie alle intelligent, es sei denn, sie sind vor Angst wie gelähmt. Der Grad an Intelligenz variiert freilich je nach Individuum und Spezies.

Vögel wenden ihre Intelligenz auch auf die Kunst des Nestbaus an, die sie wundervoll geschickt betreiben. Wir unterstellen ihnen zwar leichthin, sie bauten ihre Nester »instinktiv«, doch lässt sich vieles, das in den Nestbau einfließt, nicht mit rein instinktivem Verhalten erklären. Die Vögel müssen dabei beispielsweise Schwierigkeiten wie die im Folgenden geschilderten überwinden.

Eine meiner Kohlmeisen, Smoke, wählte in einem Jahr einen großen Benzinkanister als Nest. Da er schief aufgehängt war, rutschte sie auf der glatten Oberfläche darin herum, als sie die ersten Moosstückchen zurechtlegen wollte. So beschloss sie, es mit einigen kleinen Stöckchen als Unterlage zu versuchen. Das ist für Meisen sehr ungewöhnlich; sie wählen normalerweise Moos, Wolle oder andere biegsame Materialien, die sich leicht durch den kleinen Eingang einer Nisthöhle transportieren lassen. Die Stöckchen stellten ein Problem dar, das Smoke ganz allein lösen musste: Sie waren länger als die Öffnung des Benzinkanisters breit war. Den ersten Stock, den sie brachte, hielt sie in der Mitte – diesen versuchte sie dreimal erfolglos durch die Öffnung zu quetschen. Umsonst: Er war und blieb zu lang und wollte sich Druck einfach nicht beugen. Smoke hüpfte an einen Platz vor dem Kanister, starrte einen Moment durchdringend auf die Öffnung und flog dann wieder zu ihr hin. Dieses Mal jedoch streckte sie absichtlich den Kopf nach hinten, weg von der Öffnung, drehte ihn so, dass sich der Stock längs statt quer zur Öffnung befand, und bugsierte ihn auf diese Weise mühelos hinein. Das konnte unmöglich Zufall gewesen sein, dafür war die Haltung des nach hinten gestreckten und gedrehten Kopfes einfach zu unnatürlich. Es muss eine bewusste Handlung gewesen sein, anscheinend das Ergebnis ihres konzentrierten Starrens auf die Öffnung des Benzinkanisters. Alle nachfolgenden Stöckchen bugsierte Smoke auf die gleiche Weise hinein. Der mit dem Nestbau beschäftigte Vogel sieht sich beständig vor derartige Herausforderungen gestellt und bewältigt sie durch seine jeweilige Intelligenz. Mehlschwalben verputzen ihr Nest mit Lehmkügelchen und bedienen sich dabei derselben Methode, die der Mensch beim Errichten einer Steinmauer anwendet: Die Lehmkügelchen überlappen einander. Andere Arten weben ihr Nest mit dem Geschick von Korbflechtern und Stickern, wobei sie sich mit Verstand und Kunstfertigkeit alle möglichen Materialien, die sie finden können und für geeignet halten, zunutze machen. Die intelligente Anwendung geistiger Fähigkeiten auf den Nestbau ist notwendig, um die Arbeit mit einer solchen Perfektion verrichten zu können; obwohl die Nester innerhalb einer Spezies einander ähneln, weisen sie im Detail doch erhebliche Abweichungen voneinander auf. Und wie konnten Vorfahren der heutigen Vögel zu den wunderbaren, für die Art typischen Erscheinungsformen der Nester gelangen, wenn nicht durch den Gebrauch ihrer Intelligenz?

Natürlich laufen viele Handlungen im Alltag des Vogellebens automatisch ab – ebenso wie bei uns. Ob Vogel oder

Mensch: Viele Handlungen werden durch die beständige Wiederholung zu Automatismen. Dazu zwei Beispiele.

1. Ein Vogel fliegt vielleicht immer wieder auf denselben Weg zu seinem Nest. Er lässt sich mechanisch immer an exakt denselben Stellen nieder, während er mit Geist und Augen wachsam nach Feinden Ausschau hält, die seine Bewegungen möglicherweise beobachten. Verrichte ich eine bestimmte Arbeit im Garten, die das wiederholte Zurückkehren an eine bestimmte Stelle erfordert, stelle auch ich irgendwann fest, dass ich immer denselben Weg dorthin nehme. Dadurch ist die Arbeit schneller und leichter verrichtet. Vögeln hilft eine solche Routine ebenfalls; macht die Situation es jedoch ratsam, ändern sie den Weg, auch wenn sich die Angewohnheit, einen bestimmten Platz zum Sitzen zu nutzen, schon sehr verfestigt hat. Manchmal entwickelt sich diese Angewohnheit aber gar nicht erst, dann nimmt der Vogel stets einen anderen Weg zum Nest.
2. Es kann vorkommen, dass ein Vogel immer wieder an der gewohnten Stelle nach seinem Nest sucht, nachdem es ein Stückchen weiter weg platziert wurde. Wiederum zeigen sich ganz ähnliche Züge in menschlichem Verhalten, denn wurde etwas ohne unser Wissen entfernt, suchen wir es vielleicht weiter dort, wo wir es zu finden glauben und immer aufbewahrt haben, auch wenn der betreffende Gegenstand in der veränderten Position gut sichtbar ist.

Mit den beiden eben genannten Beispielen wurde die Theorie der Automatismen im Vogelverhalten begründet. Meine Verhaltensbeobachtungen haben jedoch nur gezeigt, dass der Vogel unter großen Stress gerät, wenn man sein Nest versetzt, möglicherweise mehr aufgrund der Gefahr, die das Eingreifen für die Jungen bedeuten könnte, als aufgrund irgendeiner Schwierigkeit, das Nest ein Stückchen weiter weg zu finden. Hat der Elternvogel Angst, nähert er sich dem Nest fast immer nur sehr zögerlich, auch wenn es nicht manipuliert wurde. So sind künstlich konstruierte Intelligenztests generell irreführend, weil der Vogel unter dem Einfluss von Angst sein Verhalten vollständig ändert.

Weiterhin unterstellt man Vögeln mangelnde Intelligenz mit dem Argument, sie erkennten die eigenen Nestlinge nicht wieder, die aus dem Nest auf den Boden darunter gefallen sind oder an eine Stelle in der Nähe versetzt wurden. Meiner Erfahrung nach füttern sie die noch unreifen Jungen jedoch weiter, wenn diese aus dem Nest fallen oder zu früh einen Flugversuch unternehmen, ja selbst dann, wenn ich einen sehr unreifen aus dem Nest gefallenen Jungvogel in ein anderes, improvisiertes Nest in der Nähe setze. (Siehe Kapitel 1, der Vorfall mit den Rotkehlchen. Hier muss dazugesagt werden, dass der Vogel keine Angst vor mir hatte und sich deshalb ganz normal verhielt.)

Fällt ein noch unbefiederter Nestling aus dem Nest, wird er von den Elternvögeln verlassen. In einer solch exponierten Lage hat er keinerlei Überlebenschancen, und sich weiter um ihn zu kümmern, würde bedeuten, die restlichen Jungvögel im Nest vernachlässigen zu müssen. Wird er nicht bewusst aufgegeben, kann es auch sein, dass der vollständig nackte, unreife Vogel noch nicht so viel Persönlichkeit entwickelt hat, als dass er außerhalb der gewohnten Umgebung von den Eltern wiedererkannt werden könnte. Auch in einem solchen Fall, wenn die Eltern also einen Jungvogel aufgeben, scheint ihr Verhalten mit Instinkt allein nicht zu erklären zu sein. Muss beispielsweise entschieden werden, ob man dem Jungen eine Chance gibt, sich zu erholen, kann das häufig nicht ohne bestimmte Überlegungen geschehen; hier unterscheiden die Eltern zwischen einer Verletzung durch einen Unfall, die lediglich vorübergehend ist, und einer Verletzung, die den Vogel früher oder später das Leben kosten wird. Die Jungvögel in meinem Garten ziehen sich hin und wieder eine Beinverletzung zu – dennoch füttern die Eltern sie weiter, auch wenn das Bein zunächst furchtbar deformiert und der Vogel hoffnungslos beeinträchtigt scheint. Häufig erholt sich der betreffende Vogel dann nach einem oder zwei Tagen. Ist das nicht der Fall, hören die Eltern auf, das Junge zu füttern. Ein gutes Beispiel dafür ist das Amselmännchen Oakleaf. Eines seiner gerade flügge gewordenen Jungen brach sich das Bein und wirkte nach dem Unfall einen oder zwei Tage lang sehr krank. Oakleaf aber fütterte das Junge trotz seiner unnormalen Erscheinung eine ganze Woche weiter. Am Ende dieser Woche sah das Junge insgesamt zwar besser aus, doch war das Bein für immer verkrüppelt. Der Vogel war geschwächt und sollte nie wieder zu seiner alten Kraft zurückfinden. So gab Oakleaf das Junge schließlich auf, obwohl es noch immer um Futter bettelte; den Rest der Brut fütterte er weiter. Ich erbarmte mich des Invaliden und fütterte das Junge noch mehrere Wochen lang gut, doch erholte sich das

Bein nie wieder ganz, und so blieb die junge Amsel unter Normalgröße und schwach. Als sie im Herbst aus meinem Garten vertrieben wurde, war sie nicht in der Lage, den harten Winter hindurch für sich selbst zu sorgen. Oakleaf hatte dem Jungvogel die Chance gegeben, sich von seiner Verletzung zu erholen, und er scheint das im vollen Bewusstsein der Fakten getan zu haben. Wenn er nur aus Instinkt heraus gehandelt hatte, warum hatte er das Junge dann nicht gleich aufgegeben, als es so krank aussah und den Fuß kaum benutzen konnte?

Eine weitere meiner Amseln fütterte einen zu kleinen Sprössling viel länger als die Jungen, die kräftiger und normal groß waren. Dieses Verhalten habe ich auch bei zahlreichen anderen Arten beobachtet; es zeigt, dass die Eltern einen kleinen Jungvogel, der seine volle Größe vielleicht nie erreicht, nicht immer zwingend aufgeben.

Vögel, die sich in einem Netz verheddert haben oder versehentlich in einem Raum eingesperrt sind, reagieren mit Panik, wenn der menschliche Fremde sich nähert, und versuchen verzweifelt, sich zu befreien, was es umso schwieriger macht, sie unbeschadet aus der Falle zu holen. Ist der Fremde aber kein Fremder, hat er also das Vertrauen der Vögel gewonnen, reagieren Letztere viel intelligenter auf die jeweiligen Befreiungsversuche – die vor allem dann nicht leicht sind, wenn sich der Vogel mit den Zehen verfangen hat. Der folgende Vorfall hat sich erst vor Kurzem ereignet. In meinem Zimmer hatten Hausmäuse großen Schaden angerichtet; unter anderem hatten sie einen neuen Mantel attackiert und dessen Taschen in Streifen gerissen, um an eine sich darin befindliche Nuss heranzukommen. (In meinen Manteltaschen befindet sich im Allgemeinen immer etwas Futter für die Vögel.) In meiner Verzweiflung stellte ich in einer Ecke des Zimmers eine Mausefalle auf und schirmte sie mit Blechtabletts ab, die, so dachte ich, kein Vogel würde bewegen können. Zudem hatte ich ohnehin vor, die Falle am nächsten Morgen wieder zu entfernen. Das allerdings vergaß ich. Und so schreckte mich am Vormittag des darauffolgenden Tages das furchtbare Geräusch einer in der Falle um ihr Leben kämpfenden Kreatur bei der Gartenarbeit in der Nähe des Fensters auf – auch wenn die Falle eigentlich so konstruiert war, dass sie sofort tötete. Als ich das Zimmer betrat, sah ich, dass es einer Kohlmeise gelungen war, eines der Blechtabletts beiseitezuziehen. Sie hatte den Käse in der Falle gesehen und war nun am Hals darin gefangen. Sie hatte mit den Flügeln geflattert und panisch versucht, sich zu befreien, bis ich auf sie zuging und leise und beruhigend immer wieder sagte: »Ist schon gut. Ich helfe dir.« Vögel verstehen Worte anhand des Tonfalls. Da hörte die kleine Kohlmeise auf, sich panisch zu bewegen, und als ich mich über sie beugte, sah sie zu mir hoch – ohne das geringste Anzeichen von Angst oder Schmerz, sondern mit erwartungsvollem Gesichtsausdruck. Ich redete noch immer leise auf sie ein und zog die Falle mitsamt Vogel sehr vorsichtig zu mir. Das war notwendig, da ich sonst nicht mit beiden Händen an den Federmechanismus herankam. Die Meise hielt absolut still und wirkte entspannt, die Augen noch immer an meine geheftet, mit demselben zuversichtlichen Gesichtsausdruck. Ich erwartete, dass sich der Vogel wieder hektisch bewegen würde, während ich die Feder anhob, was es schwierig gemacht hätte, ihn ohne Verletzung zu befreien. Der Vogel aber hatte die Intelligenz zu erkennen, dass ich ihn befreien wollte, und hielt absolut still, die Augen ganz ruhig auf meine gerichtet, als ich die Feder löste. Er kam unbeschadet frei: Er schüttelte nur einmal kurz das zerzauste Gefieder und flog dann mit einem gedämpften Schimpfen zum Fenster hinaus. Als ich die Falle untersuchte, um herauszufinden, warum sie ihn nicht getötet hatte, stellte ich fest, dass der Draht genau an der Stelle, an der er sich über dem Hals des Vogels geschlossen hatte, eine kleine Einbuchtung besaß. Ohne diese Einbuchtung wäre die Kohlmeise sofort tot gewesen. Nachdem sie sich draußen flüchtig geputzt hatte, fraß sie mir wie gewöhnlich aus der Hand – offensichtlich hatte sie das Erlebnis bereits verarbeitet. Mich hingegen verfolgt das Bild des kleinen, in der Falle feststeckenden Köpfchens heute noch, ich bin dankbar, dass der Vogel durch mich weder verletzt noch zu Tode gekommen ist. Sollen die Mäuse doch tun, was sie wollen: Ich stelle in meinem Haus bestimmt keine Falle mehr auf.

Da die Vögel kontinuierlich um mich herumfliegen und neugierig alles, was ich tue, verfolgen, ist es schlechterdings unmöglich, ihre Zehen beim Schließen von Dosen oder Schubladen *nicht* hin und wieder einzuklemmen. Häufig lassen sich Kohlmeisen im letzten Moment auf dem Rand einer Dose nieder; zum Glück sehe ich sie meist noch rechtzeitig und ernsthafter Schaden kann vermieden werden. Manchmal aber kommt es vor, dass sie sich den Fuß dabei leicht verletzen. Anschließend setzen sie sich sofort auf mich, um die Zehen zu untersuchen: Sie nehmen jeden einzelnen in den Schnabel und fahren damit sanft darüber –

wahrscheinlich um ihn mit Speichel anzufeuchten. Ereignet sich ein solcher Unfall, hat der Vogel danach nie Angst vor mir, er verlässt noch nicht einmal das Zimmer. Er weiß, dass ich ihn nicht absichtlich verletzt habe. Ein oder zwei Mal habe ich sogar schon den Kopf einer Kohlmeise zwischen zwei Finger genommen, wenn ich etwas aufheben wollte und der Vogel mir dazwischenkam. Die Kohlmeise schrie kurz auf und schüttelte sich, nachdem ich sie mit einer leise gesprochenen Entschuldigung losgelassen hatte. Dann sah sie mich ohne jegliche Angst ruhig an, obwohl das plötzliche Greifen des Kopfes sehr unangenehm und ein Schock für den Vogel gewesen sein musste. Spreche ich jedoch streng mit ihm – wenn er nicht verletzt wurde –, bekommt der Vogel Angst und fliegt so lange vor mir davon, bis ich meinen Tonfall ändere. Wie kann ein Vogel das unterscheiden, wenn nicht mittels Gebrauch seiner Intelligenz?

Ebenso wie es möglich ist, aus dem Gesichtsausdruck und kleinen Bewegungen zu schließen, was ein Vogel will oder tun wird, so ist es auch dem Vogel möglich, den Menschen einzuschätzen. Ich habe Beispiele dafür in Kapitel 5 (das Fertigmachen zum Bad) und in Kapitel 1 (die Tests mit der Butterdose) beschrieben, hier folgt nun ein weiteres. Halte ich einigen meiner Kohlmeisen eine Nuss mit Schale hin, sehen sie zuerst begierig die Nuss und dann erwartungsvoll mich an – sie warten darauf, dass ich Anstalten mache, die Nuss für sie zu knacken. Manchmal tue ich das mit einem Hammer; nehme ich diesen in die Hand, fliegen die intelligenteren Vögel sofort zum Fenster hinaus, um draußen zu warten, bis ich die Nuss geknackt habe. Dann kehren sie eilig und eifrig zurück, um die Nuss zu bekommen. Sehen sie mich mit dem Hammer und der Nuss, wissen sie, dass ich nun gleich ein lautes Geräusch machen werde; habe ich nur den Hammer oder nur die Nuss in der Hand, fliegen sie nicht zum Fenster. Allerdings verstehen nur bestimmte Kohlmeisen, dass es nun bald laut knackt. Andere fliegen erst aufgeregt weg, wenn sie das Geräusch hören, und wieder anderen, wenigen, ist das Geräusch egal. Die intelligentesten und sensibelsten Vögel beobachten mein Gesicht und was ich tue; bei vielen Dingen wie dem Beispiel oben zählen sie mit erstaunlicher Geschwindigkeit zwei und zwei zusammen – sie wissen sogar schon nach einem oder zwei Malen, was kommt. Kohlmeisen sind schon sehr früh besonders neugierig, wie ich in Kapitel 2, beschrieben habe (Baldheads Neugier angesichts der zweiten Brut seiner Eltern). Vielleicht hilft ihnen diese Neugier dabei, ihre Beobachtungsgabe und Intelligenz zu entwickeln. Das trifft auch auf einige Individuen der Rabenvögel zu.

Vögel wissen, wie wichtig es ist, den Ausdruck in den Augen zu beobachten, nicht nur den in den Augen anderer Vögel, sondern auch den in den Augen des Menschen. Wollen meine Vögel, dass ich ihnen Futter, das ich in der Hand halte, hinwerfe, richten sie ihre Augen nicht auf das Futter oder die Hand, die es wirft, nein: Sie blicken mir forschend ins Gesicht und behalten den prüfenden Blick so lange bei, bis ich ihnen entweder das Futter hinwerfe oder mich entferne. Neben dem Fixieren meiner Augen bitten sie auch auf Arten und Weisen um das Hinwerfen des Futters, die von Individuum zu Individuum unterschiedlich sind, doch achten sie dabei nie auf die Hand, die das Futter hält. Für sie ist nur wichtig, was ich tun werde, und sie bauen den

Kontakt zum Menschen über die Augen auf. In Kapitel 1 habe ich beispielsweise anhand der Butterdosenexperimente davon berichtet, dass die Vögel in der Lage sind, meinen Tonfall oder meine Gesten korrekt zu interpretieren. Wollen sie Futter stibitzen und sage ich nichts, suchen sie in meinen Augen nach Anzeichen von Einwänden, während sie auf das Futter zuhüpfen und sich anschließend bedienen. Auch die Vögel, die mich nicht gut kennen, verhalten sich so. Liegt ein Stückchen Käse oder Brot auf dem Boden in der Nähe des Fensters, kommt mitunter eine hungrige fremde Blaumeise angeflogen, sieht das Stückchen und fragt sich, ob ich wohl etwas dagegen habe, wenn sie es sich nimmt. Vorsichtig kommt sie herein, die Augen an meine geheftet, während sie das Futter aufpickt, dann fliegt sie weg. Eine Blaumeise war einmal ganz versessen auf ein großes Stück Brot mit Butter, das auf dem Boden lag, konnte es aber nicht aufheben. So zog sie es mit den Füßen nach und nach aus dem Zimmer und sah mich dabei ununterbrochen an, bis sie es endlich geschafft hatte und ohne Angst vor Missbilligung fressen konnte. Auch Amseln und andere Spezies verhalten sich im Allgemeinen so oder ähnlich.

In diesem Winter tippte ich eine oder zwei Wochen lang jeden Tag etwas auf der Schreibmaschine neben meinem Bett. Die Kohlmeisen hatten sich zuvor immer vom Bett ferngehalten – es sei denn, ich lag darin –, obwohl sie auf allem sonst im Zimmer herumhüpften. Da ich in dieser Zeit aber so nahe am Bett beschäftigt war, begannen zwei oder drei der Vögel damit, auch auf dem Bett herumzuhüpfen und dort das, was ich ihnen gab, zu fressen. Rief ich: »Geht runter vom Bett!« – das erste Mal in recht harschem Ton –, gehorchten sie und hüpften entweder weiter von mir weg auf ihren Lieblingsplatz auf dem Paravent oder näher zu mir heran auf die Rückenlehne des Stuhls oder den Tisch, auf dem die Schreibmaschine stand. Als ich die Worte danach ohne den harschen Tonfall wiederholte, verstanden die Vögel trotzdem und verließen augenblicklich das Bett, um sich woanders in der Nähe niederzulassen. Anschließend versuchte ich es mit anderen Sätzen, aber im selben Tonfall, und sagte etwa: »Schürt das Feuer«. Die Vögel sahen mich an, bewegten sich aber nicht vom Bett. Ich versuchte das zu oft, als dass die Reaktion reiner Zufall hätte sein können. Sagte ich: »Geht runter vom Bett« oder auch nur: »Runter vom Bett«, hörten sie immer. Drei Tage später waren sie zu ihrer alten Angewohnheit, sich nie auf das Bett zu setzen, zurückgekehrt.

Vögel haben bestimmte Verhaltensregeln, die den Eindruck erwecken, ihre Handlungen folgten einem festen Schema. Doch hat jeder Vogel eine ganz eigene Persönlichkeit, und nehmen wir die Vogelgesetze genau unter die Lupe, vergleichen wir Verhaltensweisen innerhalb ein und derselben Spezies, zeigen sich je nach individuellen Umständen andauernd flexible Variationen dieser Gesetze. (Siehe dazu etwa Kapitel 3, S. 115, als es Thief gestattet war, seine Jungen in Blackies Revier zu bringen, oder Kapitel 2, S. 38, als das streitlustige Kohlmeisenpaar Jane, nach dem Verlust ihres Partners, in seinem Revier duldete.) Im Verhalten von Vögeln zeigt sich die Gabe der vernünftigen Unterscheidung häufig. Manchmal scheinen die Regeln auf der generellen Anerkennung des Charakters eines bestimmten Individuums zu basieren. Eine männliche Amsel beispielsweise, sie konnte außergewöhnlich schön singen, erhielt die Ordnung im Garten aufrecht, als hätte sie eine besondere, einflussreiche, von allen anerkannte Stellung innegehabt. Wann immer sie zwei Vögel miteinander streiten sah – egal von welcher Spezies –, stakste sie auf sie zu, und sofort hörten die beiden auf zu zanken. Nachdem der Amselmann den Streit geschlichtet hatte, flog er wieder auf seinen Singplatz und sang weiter. Auch eine männliche Drossel, ebenfalls ein hervorragender Sänger, hatte einmal eine solche Bedeutung, eine so gehobene Stellung in der Gesellschaft, dass sogar Amseln ihr den Vortritt ließen. Normalerweise werden Singdrosseln von Amseln gemobbt, kommen die beiden Arten einander an den Futterplätzen zu nahe; war dieser Drossel jedoch etwas Besonderes in Sachen Futter in meinem Garten ins Auge gestochen, konnte sie seelenruhig darauf zumarschieren und es sich holen, unbehelligt von jeder Amsel weit und breit. Es war schon ganz erstaunlich mitanzusehen, wie die Amseln ihr Vorrang ließen. In beiden Fällen schien es die Persönlichkeit des betreffenden Vogels und vielleicht auch sein Gesangstalent gewesen zu sein, die ihm die besondere Stellung einbrachten; jedenfalls habe ich nie beobachtet, dass einer der beiden sie sich durch die Zurschaustellung körperlicher Kraft erkämpft hätte.

Das Verhalten von Vögeln hängt stark von der Persönlichkeit des Individuums ab. Selbst das Suchen und Sichern einer Partnerin oder eines Partners kann innerhalb einer Art unterschiedliche Formen annehmen. Es kann mit nur sehr wenig Balzen oder vorbereitendem Werben ablaufen oder auffällig und leidenschaftlich betrieben werden, je nach betreffendem Vogel und herrschenden Umständen. Wie wir in den folgenden Kapiteln über den Vogelgesang noch sehen werden, gibt es innerhalb einer Spezies – und natürlich auch zwischen den einzelnen Arten – ebenfalls eine unendliche Vielfalt hinsichtlich Qualität und Quantität des Gesangs, und dasselbe trifft auf die Flugkünste zu. All diese individuellen Unterschiede müssen berücksichtigt werden, will man verstehen, wie Vögel denken. Je vertrauter man mit den einzelnen Vögeln wird, desto mehr fällt auf, dass Vögel in allem Individualität besitzen. Diese individuellen Unterschiede mögen groß sein oder uns sehr klein erscheinen; doch zeigt die Tatsache, dass all diese Unterschiede hinsichtlich Intelligenz, Erinnerungsvermögen, Emotion etc. innerhalb einer Art auftauchen und das Verhalten der Individuen beeinflussen, dass Vögel bestimmten grundlegenden Gesetzen zwar instinktiv gehorchen, ihre Handlungen größtenteils aber nicht automatisch ablaufen, sondern vom Vogel je nach Persönlichkeit bewusst gesteuert werden. Mir persönlich scheint das Terrain, auf dem heute so endgültig behauptet wird, der Geist eines Vogels unterscheide sich völlig vom Geist des Menschen, mehr als unsicher zu sein. In Seh- und Hörvermögen zeigen sich sowohl Ähnlichkeiten als auch Unterschiede. (Vögel können Geräusche, Töne, Klänge und dergleichen mehr nachahmen, was darauf schließen lässt, dass sie sie genau so wahrnehmen wie wir.) Vergleicht man die Reaktionen von Vögeln mit denen von Menschen, vor allem von Menschenkindern, treten ebenfalls viele Gemeinsamkeiten zutage, insbesondere dort, wo Emotionen involviert sind. So mag das Denken des Vogels innerhalb seiner Grenzen der Intelligenz dem unseren ähneln, in vielen Dingen naturgemäß aber auch von ihm abweichen. Eine Entwicklung findet selbstverständlich nach ganz anderen Bedingungen statt. Doch gäbe es gar keine Ähnlichkeiten, wie kann es dann sein, dass Vogel und Mensch einander so gut verstehen können, wenn sie vertraut miteinander werden?

Der Mensch hat für die Entwicklung seines Gehirns mit seinen Sinnen bezahlt und einige natürliche Fähigkeiten verloren, die ursprüngliche Ethnien noch besitzen. Bei wild lebenden, freien Vögeln sind die Sinne hoch entwickelt, insbesondere Orientierungssinn und Heimatinstinkt, die notwendig sind, weil die Flugfähigkeit ihnen die Möglichkeit gibt, sich sehr weit von ihren Brutstätten zu entfernen.

FLUGKÜNSTE

Vögel nutzen den Flug nicht nur als natürliches Fortbewegungsmittel, sondern in atemberaubend schönen Formen auch als Ausdrucksmittel, bei manchen Arten sogar in Kombination mit Gesang (siehe Kapitel 12). Zahlreiche Spezies verbringen viele Stunden am Tag damit, sich im Flug zu entspannen, ebenso wie andere Stunden mit dem Singen verbringen. Die Kunst des Fliegens ist mit derjenigen der Musik verwandt: Ihre Grundlage sind Rhythmus und Bewegungsgefühl, sie ist ein ganz herrliches Ausdrucksmittel, das Vögel mit ihrer emotionalen Natur sehr gut zu gebrauchen wissen.

Manche gesellige Arten wie Watvögel, Stare und andere mehr haben den Formationsflug zu einer solchen Perfektion gebracht, dass sich der wissbegierige Mensch auf ewig fragen wird, wie um alles in der Welt sie diese Bewegung im Einklang ohne die Hilfe eines Dirigenten hinbekommen. Über dieses interessante Thema ist schon viel geschrieben worden. In seinem Buch *How Birds Live* schlägt E.M.Nicholson vor, dass alle Vögel im Schwarm »in einen Zustand der beschleunigten Reaktionsfähigkeit gebracht werden« und mit offenem Geist, »wie ein Hund, der die Befehle seines Herrn erwartet«, bereit sind, dem Vogel zu folgen, der zufällig gerade als Erster beschließt, die Richtung zu wechseln. Doch können die Schwärme nur wenige oder Hunderte Vögel umfassen, weshalb ich mich frage, warum es immer nur einer sein soll, der sich plötzlich entschließt, die Richtung zu ändern, oder zwei, wobei sich der Schwarm teilt. Meiner Ansicht nach kann man solche Flugkünste mit Musikern vergleichen, die zusammenspielen. Auch sie müssen sich in einem Zustand der beschleunigten Reaktionsfähigkeit befinden; bei guten Kammermusikvorführungen – ohne Dirigenten – fühlen sich die Spieler eins miteinander und nehmen sich nicht als voneinander getrennte Individuen wahr, die alle ihren eigenen Part spielen. Sie konzentrieren sich auf die Musik als Ganzes und nicht nur auf ihren jeweiligen Teil. Alle wiegen sich vom selben Impuls, von derselben Inspiration bewegt, jeder ist sich hypersensibel des Spiels der anderen bewusst, häufig so stark, dass er es bereits vorher spürt. Beim Spielen von Musik muss ebenso wie bei allen anderen Handlungen der Kopf die Handlung leicht antizipieren, insbesondere bei schnellen Passagen. Man könnte einwenden, es sei das Notenblatt, von dem sich die Musiker leiten ließen, doch spielen Sinti- oder Roma-Gruppierungen ohne schriftlich festgehaltene

Noten; sie improvisieren ihren jeweiligen Part und erzeugen doch die Wirkung eines Ganzen. Sie sind alle beseelt von derselben Gefühlswoge. Das Gleiche gilt für die walisische Gesangsform des »hwyl«. Da die Musiker ein Musikstück nicht immer auf exakt dieselbe Weise spielen, wirken Aufführungen ohne die hypersensible Antizipation irgendwie »zerfranst«. Diese Antizipation kann auch als Interkommunikation individueller Köpfe unter Einfluss eines Fremdimpulses beschrieben werden.

Wenn sich besonders sensible Menschen unter derselben emotionalen Woge zusammentun können, trifft das auf Vögel wahrscheinlich noch mehr zu, sind diese in ihrer emotionalen Reaktion doch zugegebenermaßen viel rascher als wir. In der Begeisterung des Musizierens lassen sich die Musiker von einer lebhaften Strömung tragen, die an sich eine Art Leben ist, und sind nicht nur selbst begeistert, sondern übertragen diese Begeisterung auch auf ihr Publikum – das Publikum fühlt die Begeisterung der Musiker ebenfalls. Fliegen Vögel im rhythmischen Gleichklang ihrer Formationsflüge nahe an uns vorbei, hat dies auf den für solche Dinge empfänglichen Menschen eine große Wirkung. Der Schwarm strahlt Spannung und Erregung aus, und wir fühlen den Flug ebenso, wie wir ihn sehen.

Fliegen Vögel jedoch zu einem Futterplatz oder aus einem anderen praktischen Grund, konzentrieren sie sich nicht auf den Flug als Kunst, in diesen Flugbewegungen findet sich keine Spannung. Dann sind die Vögel nicht im Zustand der beschleunigten emotionalen Reaktionsfähigkeit, und so ist das Ergebnis als Ganzes auch nicht rhythmisch. Sie fliegen, als folgten sie einander lediglich, einer nach dem anderen, und der Schwarm strahlt auf den Beobachter in der Nähe keine emotionale Erregung aus.

Mittlerweile gibt es einige Beweise dafür, dass es zwischen Menschen zu Gedankenübertragungen kommen kann, das wird gemeinhin auch von der Wissenschaft akzeptiert. Man nimmt an, es handelt sich dabei um eine vernachlässigte natürliche Fähigkeit, die im modernen Menschen kaum mehr vorhanden ist. Es gibt Gründe zu glauben, dass auch Vögel über diesen zusätzlichen Sinn verfügen – einige aus nächster Nähe beobachtete Ereignisse können anders schlicht nicht erklärt werden (siehe Kapitel 2, Seite 72). Die Sinne spielen im Leben eines Vogels eine große Rolle: Orientierungs- und Zeitsinn sind hoch entwickelt, mit Ausnahme des Geruchssinns sind die Sinne, über die im Normalfall auch der Mensch verfügt, gut entwickelt, und es scheint keinen Grund für die Annahme zu geben, sie besäßen die übersinnliche Wahrnehmung oder telepathische Kommunikationsgabe nicht zumindest in einer simplen Form. Mit diesen Fähigkeiten ließ sich vieles sonst Unerklärliche im Verhalten von Vögeln erklären.

Teil 2

Vogelgesang

· KAPITEL 9 ·

Stimmung, Umgebung und Gesang

Es war ein trostloser Dezembertag, und kein Vogel flog durchs Tal der Ouse in Sussex. Deprimiert wirkende Dohlen und Saatkrähen saßen rittlings in Grüppchen auf den Zäunen beieinander, am Ufer des Flusses kauerten die Möwen. Alle sahen zu betrübt zum Fliegen oder Fressen aus, nicht ein einziges Vogelzwitschern war zu hören. Die windstille Luft war feucht und fröstelig, alles schien von grimmigem Schmollen bedeckt. Die grauen Hügel stumpf und tot, Felder und Sümpfe eintönig und freudlos, der Fluss zwischen ihnen ohne Leben, schwärzlich und ölig.

Langsam verdunkelte sich der ebenfalls graue Himmel durch Wolken, die sich ballten, und als sie eine ferne Biegung im Fluss erreichten, schien es am helllichten Tag Nacht zu werden. Firle Beacon und Mount Caburn waren wie Schatten ihrer selbst, in Richtung Meer und nach Westen hin verschwammen die Hügel und wurden eins mit der Schwärze der tief hängenden Wolken. Es herrschte eine gespenstische Stille, die nicht zum Tag gehörte.

Da durchbrach plötzlich eine Drossel die schwere Winterstille mit ihrem vollen, reichen Gesang, und im selben Augenblick bahnte sich ein kleiner Sonnenstrahl seinen Weg zur glatten Kuppe des Mount Caburn, sodass seine

Schattengestalt von Gold gekrönt war. Langsam breitete das Gold sich aus, bis schließlich der wohlgeformte Hügel in Flammen stand, während alles um ihn herum noch immer in Finsternis versank.

Auf ihrem Baum in der Nähe des Flusses sang die Drossel, als hätte der Frühling schon Einzug gehalten. Die Sonne streckte lange silbrige Fühler unter der riesigen Wolkenbank hervor, die allmählich auseinanderdriftete und durch einen sich verbreiternden Riss das volle Antlitz der Sonne enthüllte. Sie berührte nun auch Firle Beacon, schlich sich die gesamte Hügelkette entlang ins Tal der Ouse und verwandelte die eintönigen Felder in leuchtendes Grün. Die grasenden Kühe, zuvor unsichtbar in der Düsternis, hoben sich in lebhaften Farben vom Grün des Grases ab, und der Fluss, den eine schwache Brise kräuselte, begann zu glitzern und wie alles andere auch zum Leben zu erwachen.

Zwei Pferde, die auf einem Feld jenseits des Flusses lagen, standen auf, streckten sich und zuckten mit dem Schweif, als wollten sie Sommerfliegen verscheuchen. Und tatsächlich hatte die Sonne, die durch den Riss in den schwarzen Wolken flammte, eine Leuchtkraft, die dem tiefen Winter fremd war.

Endlich hatten alle Vögel Stimme und Flügel wiedergefunden. Von jenseits des Sumpfes erklangen die Rufe der Kiebitze, die sich in einem Schwarm hoch in die Luft schraubten. Die vorüberfliegenden Wacholderdrosseln riefen auf ihrem Weg zu den Bäumen, in denen die andere Drossel sang. Die verloren aussehenden Saatkrähen erhoben sich und flogen mit gespenstischem Krächzen davon, als wollten sie böse Träume abschütteln. Auch die kauernden Möwen erhoben sich, alle gemeinsam, und als sie am Himmel kreuzten und kreisten, schienen sie durch ihren Flug mitzuteilen, was die Drossel durch Gesang ausdrückte.

Eine Mantelmöwe war auch da. Majestätisch bewegte sie sich, langsam und kräftig zog sie gemessen ihre Kreise, als teilte sie ihr Gleiten zu irgendeinem für die Welt hoch oben bestimmten, bedeutsamen Zweck in kleine Abschnitte ein. Nahe am Fluss ragte eine schmale, strauchbedeckte Landspitze hervor, über die die Möwe nun kurvte, jede Runde wurde mit bedächtiger Präzision genommen, die großen Schwingen und das Schwanzgefieder voll ausgebreitet.

Bald schon war die Sonne wieder von dicken Wolken bedeckt. Die Euphorie ging vorüber, doch war die Wirkung des Risses in der Wolkenbank noch immer überall zu spüren. Die Schwermut wich der Regsamkeit. Eilig flogen zwei Schnepfen über den Sumpf, alle Vögel begannen, nach Nahrung zu suchen, und nicht eine Möwe oder Krähe hockte mehr einsam am Fluss.

Das vielleicht Wunderbarste an Vögeln ist ihr Gesang. Je mehr man ihrer Musik lauscht, je mehr man über ihre musikalische Sprache weiß, und je mehr man sie versteht, desto schöner wird sie. Der Gesang ist ein Ventil für Emotionen, der Vogel öffnet dabei sein Herz. Wissen wir ihn also voll und ganz zu schätzen, verstehen wir auch die Natur des Vogels besser.

Da Vögel sehr empfindsam und leicht erregbar sind, brechen sie bei vielen verschiedenen Arten von Emotionen in

Gesang aus. Sie reagieren ausgesprochen sensibel auf Stimmungen. Insbesondere die Übergangsstimmung zwischen Tag und Nacht regt den Vogel zu vollstem Gesangsausdruck an. Wenn die Sterne verblassen, hebt der Morgenchor an. Als Erste singen meist Lerche und Amsel, manchmal aber auch ein anderer Vogel, denn der Morgengesang folgt keinen festen Regeln. Und während es auf Erden immer heller wird, füllt sich die Luft mit immer mehr ergreifenden Vogelstimmen, sie geben alles beim Erwachen des Tages. Bei Sonnenuntergang ist ihr Gesang ruhiger, im Einklang mit der friedlichen Stimmung der Natur und der Schönheit der hereinbrechenden Nacht.

Plötzliche und unerwartete Veränderungen in der Stimmung, etwa wenn nach einem Gewitter die Sonne hervorbricht, lassen die Vögel ebenfalls mit Gesang reagieren, selbst im tiefsten Winter, wie das Beispiel weiter oben zeigt. Dieser Gesang im Sonnenlicht des 21. Dezembers war die einzige Vogelmusik, die bis zum Jahreswechsel zu hören war; eine lange Periode außergewöhnlich trüben und düsteren Wetters hatte fast den gesamten Monat lang angehalten.

Vögel lieben das Sonnenlicht. Neigt sich die Sonne in meinem Garten allmählich dem Horizont zu, setzen sich viele Vögel dorthin, wo sie sich der untergehenden Sonne zuwenden können. Kriechen die Schatten an sie heran, verändern sie ihre Position und hüpfen vielleicht ein paar Zweige höher, weil sie die Sonnenstrahlen dort ein klein wenig länger einfangen können. Die Schatten aber kriechen ihnen nach, also bewegen sie sich wieder. Auf den Bäumen, die die Sonne am längsten halten, sitzen die meisten Vögel; sie putzen sich oder sehen einfach zu, wie die Sonne untergeht. Für eine Weile sind sie sehr still, nicht ein Vogel frisst oder singt in diesen gedämpften Augenblicken vor dem Sonnenuntergang. Steht die Sonne dann sehr tief über dem Horizont, verändert sich die Stimmung und regt die Vögel zum Singen an. Beginnt der Himmel zu glitzern, und zieht sich die Erde langsam in die Dunkelheit zurück, sinken die letzten Klänge von Drossel und Amsel noch einmal viel schöner auf die zunehmende Dämmerung herab.

Im Frühling kann es vorkommen, dass der Gesang der Vögel verstummt, wenn sich ein östlicher Wind für einige Tage wie ein Pesthauch über das Land legt. In der Regel ist es die Amsel, ein besonders empfindsamer Sänger, die als Erste nicht mehr singt. Obwohl die Zeit laut Kalender reif für das Amselmännchen ist, sein großes Talent, das es so lange im Jahr unter seinem schwarzen Gefieder versteckt, zu entfalten, gehen kostbare Tage seiner Erfüllung verloren. Der Ostwind scheint den Stimmorganen nicht geschadet zu haben, denn Keckern und Rufe sind laut und deutlich wie zuvor. Die Gefährtin des Amselmannes nistet und brütet vielleicht weiter, das ist ihre kreative Arbeit, seinen kreativen Funken aber hat die kalte Atmosphäre zum Erlöschen gebracht. Schreitet der Amselmann gerade nicht sein Revier ab und schleicht den Nachbaramseln hinterher, verbringt er den Großteil seiner Zeit damit, reglos und still auf einem Baum zu sitzen. Beim ersten Anzeichen eines Wetterwechsels, den Vögel häufig Stunden vor dem Menschen spüren, widmen sich Amseln und alle anderen Sängerinnen und Sänger wieder mit ganzer Leidenschaft der Musik, während der freundlichere Wind eine sanftere Stimmung mit sich bringt und den Pesthauch des Ostwinds vom Himmel fegt.

Die Qualität des Vogelgesangs wird auch von der Umgebung der Vögel beeinflusst. Der Gesang derjenigen, die in der eingeengten Umgebung großer Städte aufgezogen wurden und dort geblieben sind, weist weniger Esprit und Vielfalt auf als der Gesang derjenigen, die in der Freiheit der ländlichen Umgebung leben und belaubte Gärten oder wilde Wälder als Heimat wählten. Das liegt zum Teil daran, dass sie von den Geräuschen in ihrer Umgebung beeinflusst werden. Eine Drossel singt vielleicht schöner, wenn sie eine Nachtigall gehört hat, und lebt ein Rotkehlchen in der Nähe eines Waldsängers, mischt es hin und wieder etwas von der Schönheit des Waldsängergesangs in die eigenen Phrasen. Ich glaube, das trifft auf viele Spezies zu, da Musiker voneinander lernen und das Vogelohr für jedes Geräusch empfänglich ist. Abgesehen von diesem Nachahmungseinfluss jedoch scheint auch die tatsächliche Atmosphäre des Ortes über die Qualität des Gesangs zu bestimmen. Mein frühester Eindruck vom Fitislaubsänger war, dass er am schönsten an ruhigen Orten sang, wo viele Blumen wuchsen. (Natürlich ist er kein »Straßenrandvogel« wie beispielsweise die Dorngrasmücke, einige Finken und die Ammer.) Seitdem ist mir aufgefallen, dass er, was seine Umgebung betrifft, recht sensibel ist und dass sein Gesang je nach Stimmung der Natur emotional zu variieren scheint. Für gewöhnlich ist die Musik des Fitislaubsängers eher besinnlich, nachdenklich, doch habe ich auch schon gehört, wie er die Art seines Gesangs radikal änderte.

Es war schon April, doch hatte ein schwerer Sturm die South Downs mit Schnee überzogen. In einer geschützten Mulde am Fuß des Ditchling Beacon hatte die Sonne den Schnee bereits weggetaut, wenngleich der blühende Schwarzdorn, der die Mulde füllte, noch immer mit dem blendenden Weiß des schneebedeckten Hügels darüber wetteiferte. Das einzige Geräusch, das durch die Stille klang, war die Stimme eines Fitislaubsängers, der unaufhörlich ein triumphierendes Lied schmetterte, während er ungewöhnlich lebhaft zwischen den blütenweißen Sträuchern hin und her flog. Der laute, regelrecht frohlockende Gesang war für einen Fitislaubsänger ganz und gar untypisch, an der Form des Liedes und der Reinheit der Stimme konnte man den Vogel allerdings sofort erkennen. Es schien, als hätte ihn die strahlende Landschaft mit dem ersten Aufblühen des Frühlings zu seinem Jubelgesang und dem freudigen Flug über den knospenden Schwarzdorn hinweg angeregt. Hätte nur das Tauen seine Lunge befreit, warum hätte er dann beim Singen immer denselben Flugweg über die Schwarzdornblüten wählen sollen?

Einige Tage später kehrte ich an dieselbe Mulde zurück. Der Schnee war nun vollständig von den Downs verschwunden, ebenso wie die Blüten von den Sträuchern; das blendende Strahlen war durch die pastellfarbenen Grüntöne des Hügellandgrases und der sich entfaltenden Blätter ersetzt worden. Der Fitislaubsänger sang noch immer in denselben Sträuchern, flog dieses Mal aber nicht freudig über sie hinweg; stattdessen durchdrang eine Form von Liebe und Zärtlichkeit seinen samtigen Gesang. In der Stimme des Vogels wie in der umgebenden Landschaft zeigte sich die Sanftheit, die der reifere Frühling hervorgebracht hatte.

All diese Beispiele zeugen von einem hohen Grad an emotionaler Empfänglichkeit und Reaktionsbereitschaft, die der musisch geprägte Geist vielleicht am meisten schätzen kann. Im Gesang der Vögel zeigt sich so vieles jenseits der Grenzen der Automatismen, und die Menschen, die über kein sensibles Gehör verfügen oder nicht die Gelegenheit haben, sich dem Vogelgesang wirklich zu widmen, können das Vogelnaturell vielleicht auch nie wirklich einschätzen. Die Tatsache, dass das musikalische Talent innerhalb der Spezies von Individuum zu Individuum ebenso stark variiert wie bei menschlichen Musizierenden, passt so gar nicht zu der Theorie des rein automatisch funktionierenden und nicht mit individueller Intelligenz begabten Vogelgehirns. Das unterschiedliche Talent ist nicht nur eine Frage der Stimmqualität, folgende Punkte spielen auch eine Rolle: die Substanz des Gesangs oder die Komposition, die Interpretation der Komposition, vor allem bei Amseln, und die technische Fähigkeit. Einige Vögel müssen viel länger daran arbeiten als andere, um sich die Gesangstechnik anzueignen, und der Grad an Gesangskompetenz, der schließlich erreicht wird, ist von Vogel zu Vogel verschieden. Auch wie der Vogel daran arbeitet, lässt auf einiges an musikalischer Intelligenz schließen.

Beispiele für all das finden sich in der folgenden Analyse des Vogelgesangs. Diese Analysekapitel, die mit einer neuen Sicht auf die Technik der Vogelmusik beginnen, regen den einen Leser oder die andere Leserin vielleicht dazu an, das riesige Feld hinter dem reinen Lauschen des Vogelgesangs auf eigene Faust zu erkunden. Das nächste Kapitel beschäftigt sich ausschließlich mit Technik und Analyse, kann aber übersprungen werden, wenn kein spezielles Interesse an diesem Thema vorhanden ist.

· KAPITEL 10 ·

Analyse verschiedener Gesangstechniken

Eine Analyse der Vogelgesangstechnik hilft, den rasch wechselnden Feinheiten vieler Gesänge mit der Zeit immer besser folgen zu können, um schließlich die verschiedenen Individuen einer Art anhand der subtilen Unterschiede in ihrem Gesang auseinanderzuhalten. Einzelne Amseln oder Drosseln an ihren spezifischen Melodien oder Phrasen zu erkennen, ist nicht schwer, vorausgesetzt, die Zuhörenden haben ein gutes Ohr und sind sich der Nachahmungen innerhalb einer Spezies bewusst – denn häufig werden die besten Ideen der wirklich guten Sängerinnen und Sänger, vor allem unter den Amseln, abgekupfert (mehr zum Thema Nachahmung siehe Seite 294 f.). Allerdings ist der Gesang vieler Arten von so feiner Struktur und das Tempo so schnell, dass das ungeübte menschliche Ohr sehr wohl Schwierigkeiten hat, dem Gesang im Detail zu folgen. So sind viele Zuhörende noch nicht einmal dazu in der Lage, zwischen verschiedenen Spezies zu unterscheiden, deren Gesänge einander leicht ähneln, wie es beispielsweise bei Mönchsgrasmücke und Gartengrasmücke der Fall ist. Je vertrauter man mit dem schnellen und komplexen Gesang jedoch wird, desto offensichtlicher treten die individuellen Unterschiede zutage.

Den Vögeln selbst würde es leichtfallen, verschiedene Individuen anhand ihres Gesangs zu erkennen. Sie sind viel empfänglicher für Töne und Tonabstufungen innerhalb ihrer Reichweite. Wie bereits erwähnt läuft für sie die Zeit langsamer ab als für uns, ihr Herz schlägt schneller, ihre Körpertemperatur ist höher, und ihre emotionalen Reaktionen sind rascher. So können sie dem Tempo selbst ihrer schnellsten musikalischen Phrasen mühelos folgen und mit ihrem exzellenten Gehör feine Stimmmodulationen leicht unterscheiden. Wir hingegen müssen die Feinheiten ihrer musikalischen Sprache erst erlernen.

Das Verstehen der folgenden technischen Punkte ist für das bessere Verstehen der Musik der Vögel meines Erachtens sehr hilfreich.

1. Vögel bedienen sich einer Tonleiter, die innerhalb der Oktave mehr Intervalle umfasst als unsere Tonleiter, die mittels Temperierung auf zwölf Töne eingestellt ist – die chromatische Tonleiter der Halbtöne.[11] Unsere Ohren sind an diese Skala, an diese Tonleiter, gewöhnt, bei der der Halbton das kleinste Intervall darstellt; Vögel aber verwenden nach Belieben viele Töne innerhalb des Halbtons, die noch kleiner sind als der Viertelton. Das fällt vor allem auf, wenn sie eine schnelle Phrase aus vielen Tönen die Tonleiter hinab singen, der Übergang nach unserer Notation insgesamt jedoch nur einen oder zwei

11 Die Definition der chromatischen Tonleiter lautet: »Die chromatische Tonleiter ist ein Satz von zwölf Tonhöhen, die in der tonalen Musik verwendet werden, wobei die Noten durch das Intervall eines Halbtons getrennt sind.«

Töne umfasst. Diese Intervalle, die kleiner sind als Halbtöne, nenne ich Zwischentöne. Vögel verfügen deshalb über eine unendliche Vielfalt an Tönen, jeder mit seiner eigenen Harmonik oder Bei- beziehungsweise Obertönen, die ihn begleiten. Ihre Tonleiter ist im Grunde die unbegrenzte Tonleiter der Natur. Lerchen und Waldsänger setzen zahlreiche Zwischentöne bis zur Perfektion ein – sie klingen für unsere Ohren ganz natürlich, obwohl wir nicht in der Lage wären, sie akkurat zu transkribieren, da sich der Mensch einer anderen Tonleiter und musikalischen Sprache bedient.

2. Die Klangfarbe ist einer der wichtigsten Faktoren beim Erkennen der Gesänge verschiedener Spezies. Allerdings verändern Vögel ständig den Klang ihrer Töne, ohne dabei die Klangfarbe zu ändern (abgesehen vom Wechsel des Intervalls), ebenso wie menschliche Sängerinnen und Sänger die Worte verändern, dabei aber die Qualität der Klangfarbe oder Stimme beibehalten. Da man nicht davon sprechen kann, dass Vögel unterschiedliche Wörter oder Vokale verwenden, beschreibt man die vorgenommene Veränderung meiner Meinung nach am besten mit dem Wort »Phon«[12]. Dazu ein Beispiel: Wenn der Zilpzalp singt, unterscheidet sich das Phon »zilp« vom Phon »zalp«, obwohl sich die Klangfarbe dabei nicht ändert. In ähnlicher Weise verwendet auch der Kuckuck zwei Phone, während viele Arten eine große Anzahl verschiedener Phone benutzen, die ihrem Gesang Farbe und Vielfalt verleihen. Phone als

12 Sprachlaut als Vokal oder Konsonant

Töne wie »pi«, »ti«, »tju« und dergleichen mehr zu transkribieren ist nie befriedigend, da verschiedene Menschen die Phone unterschiedlich hören – dem einen sein »ti« ist dem anderen vielleicht sein »tschu«. Doch wie die Phone auch gehört werden mögen: Nimmt man sie bewusst wahr und prägt man sich die Phonänderungen ein, hilft dies dem Kopf dabei, die Einzelheiten des Gesangs wahrzunehmen, womit man schnellen Übergängen leichter folgen kann. Dann ist es auch möglich, einzelne Individuen innerhalb einer Spezies zu identifizieren, selbst wenn sie noch so komplex singen.

3. Wie menschliche Musiker machen auch Vögel häufig Gebrauch vom Accelerando, Ritardando und Rubato. Der Begriff »Rubato« bezeichnet die Verlängerung oder Verkürzung eines Tons beim Spielen, ohne dass dabei der Rhythmus gestört wird. Werden die Töne verkürzt oder beschleunigt, spricht man von der musikalischen Vortragsbezeichnung des Accelerando, werden sie verlängert oder verzögert, vom Ritardando. Insgesamt jedoch wird die Balance gehalten, und der Rhythmus als Ganzes bleibt unbeeinflusst. Beim Gesang der Vögel kann man oft feststellen, dass auf ein plötzliches oder allmähliches Accelerando ein Verweilen auf langen Tönen oder ein langer Ton folgt, der durch einen Triller ausgeschmückt wird. Der Waldlaubsänger beispielsweise macht in seiner vollkommenen Kunstfertigkeit ausgesprochen effektiven Gebrauch vom allmählichen Accelerando, das zu einem lange gehaltenen Ton mit exquisitem Triller führt. Lauscht man dem Gesang der Vögel hin und wieder mit analytischem Geist, steigert dies, so finde ich, die Wert-

schätzung der Perfektion ihrer Musik, ohne dabei das emotionale Vergnügen zu schmälern.

Da die Begriffe »Zwischenton«, »Phon« und »Rubato« auf den kommenden Seiten häufiger auftauchen, sei hier noch einmal an Folgendes erinnert: Mit *Zwischentönen* sind Intervalle innerhalb des Halbtons gemeint; mit *Phon* ist die Art des Lauts gemeint, der sich innerhalb der Klangfarbe verändert; mit *Rubato* ist das flexible Verlängern oder Verkürzen der Notenwerte innerhalb des Rhythmus[13] gemeint.

4. Der Rhythmus ist die Grundlage des Vogelgesangs – die Grundlage jeglicher Musik. Von ihm hängen zu einem großen Teil Charakter und Emotion der Musik ab. Dabei scheint jede Vogelart mit eigenem Rhythmus auf die Welt gekommen zu sein – er zeigt sich schon in den Nestlingsrufen –, ebenso wie jede Art von Volksmusik ihren eigenen, für das jeweilige Volk typischen Rhythmus besitzt.

Die nun folgende Einteilung in verschiedene Rhythmusarten zur technischen Analyse ist sinnvoll, doch muss man immer im Hinterkopf behalten, dass jede Klassifizierung unvermeidlich ihre Mängel hat. Die Arten überschneiden sich naturgemäß, zudem kann zwischen ihnen nie eine absolut klare Grenze gezogen werden.

13 Definitionen von Rhythmus: »Die Gesamtsumme der einzelnen Teile einer Einheit« und »Ein Ausdruck des Gefühls für Ordnung im Klang«.

RHYTHMUSARTEN UND TECHNISCHE ANALYSE DER SPEZIES

1. Rhythmusart – Kuckuck (Männchen), Zilpzalp, Tauben und andere: Vögel mit nur einem Gesang in einem festen Rhythmus der schlichtestmöglichen Form.

Diese Vögel gelangen kaum zu Rhythmus in seinem weiteren Sinn, sie lassen lediglich ein paar Töne rhythmisch erklingen. Ihr Gesang stützt sich größtenteils auf das Phon; ein wirkliches »kuck-kuck« beispielsweise wäre schwach, während das »ku-kuck« in seiner Einfachheit geradezu ein Meisterwerk ist. Klangfarbe, Phon und Vortrag machen den Charakter dieses Gesangs mehr aus als sein simpler Rhythmus, denn die Phrasen »ku-kuck« und »zilp-zalp« sind zwar rhythmisch von gleicher Ausgewogenheit, in der Wirkung aber nicht zu vergleichen. Viele Menschen verwechseln den »Zi-tuhi«-Gesang[14] der Kohlmeise mit dem des Zilpzalps, obwohl die Gesänge einander nun so gar nicht ähneln. Beide Vögel benutzen zwei Töne und zwei Phone, die jedoch keinerlei Ähnlichkeit aufweisen; zudem ist die Klangfarbe der beiden Spezies sehr unterschiedlich, ebenso wie der Vortragsstil. Der Zilpzalp klingt kontrolliert und ruhig-präzise, die Kohlmeise leichtsinnig kühn, als gäbe sie bei jedem Ton alles. Sie sollte gar nicht in diese Rhythmusart eingeordnet werden, benutzt sie doch häufig vier Töne oder mehr, was den »Zi-tuhi«-Gesang ausgesprochen variabel im Rhythmus macht. Darüber hinaus hängt es

14 Die deutsche Bezeichnung stammt vom NABU (Anm. d. Ü.).

vom individuellen Vogel ab, welche Melodie gesungen wird. Und schließlich verfügt die Kohlmeise über viele andere Gesänge und Konversationsstücke (siehe Seite 315). Manche Zilpzalps bedienen sich in der Wiederholung origineller Gruppierungen ihrer Zwei-Ton-Phrasen, auch daran kann man das Individuum gut erkennen.

Den einzelnen Kuckuck erkennt man häufig an seiner immer gleichen Wahl bestimmter Intervalle, Tonhöhen und leichter Abwandlungen der beiden Phone. Die Gesänge der verschiedenen Taubenspezies sind eher monoton, und meiner Ansicht nach variiert ihr träumerisches Gurren individuell nicht so stark, als dass man die einzelne Taube an ihrem Gesang erkennen könnte. Ich habe allerdings schon Turteltauben gehört, deren Töne einige charakteristische Eigenheiten aufwiesen. Neben ihrem Gesang mit den langgezogenen, schnurrenden »turr«-Lauten, dem sie ihren Namen verdankt, kennt die Spezies nur einen nach oben gehenden Ton, den sie beständig wiederholt, sowie einen nach oben gehenden Ton, gefolgt von zwei nach unten gehenden Tönen, die ebenfalls monoton wiederholt werden.

2. Rhythmusart – Buchfink, Goldammer, Zaunkönig, Heckenbraunelle, Grauammer und andere Vögel, deren Gesang sich an einen festen, aber viel kunstvolleren Rhythmus hält.

Aus diesen Gesängen sticht der Rhythmus hervor, die Ausgewogenheit langer und kurzer Töne ist musikalisch perfekt. (Ohne diese Ausgewogenheit gäbe es keine »Ordnung im

Klang«, ein guter Rhythmus hängt von der Vervollkommnung der Ausgewogenheit ab.) Aufgrund des Tempos dieser Gesänge spielt das Phon eine weniger wichtige Rolle als bei Rhythmusart 1, außer beim Finale von Buchfink und Goldammer. Insbesondere im frühen Frühjahr sowie im Spätsommer sind verkürzte Gesänge und abgekürzte Varianten zu hören; zur Hochzeit der Saison aber wiederholt jeder Vogel für gewöhnlich den Vollgesang, ohne das festgelegte rhythmische Muster abzuwandeln. Die Individuen der Spezies sind häufig gut voneinander zu unterscheiden, denn sie singen im Detail nicht alle gleich. Einzelne Buchfinken kann man an den deutlichen Intervallunterschieden in den Trillern sowie an der Kadenz (dem Finale) erkennen. Im Vollgesang wiederholt jeder Vogel seine eigene Version. Manche Buchfinken singen ihre Triller absteigend in annähernden Terzen und enden mit zusätzlicher Brillanz, während sich andere an engere Intervalle halten, und einige wenige unfähig scheinen, die Kadenz mit der üblichen Ausschmückung vorzutragen – sie runden den Gesang dürftig oder ungeschickt ab. Ihr Vortrag ist immer kühn rhythmisch. Wie beim Buchfinken zeichnet sich auch die Kadenz im Vollgesang der Goldammer durch deutliche Veränderungen der Intervalle und Phone aus. Die Gesänge von Buchfink und Goldammer sind nicht zu verwechseln, bei beiden aber ist die Kadenz das typische Merkmal, wenngleich manche Sänger beider Spezies anscheinend nicht in der Lage sind, beide finale Töne zu singen. Die Goldammer endet beim Vollgesang mit zwei Tönen, die ein Rallentando bilden und eine träumerische Wirkung haben. Zwar variiert der individuelle Vogel Detail und Interpretation des

Gesangs zuweilen, hält ihn aber immer im selben festen rhythmischen Muster. Sowohl Goldammer als auch Grauammer singen in einem entspannten, mühelosen Stil, der zur Hitze von Sommernachmittagen passt, denn dann sind sie die Einzigen, die weiterhin beständig singen.

Der Vortrag des Zaunkönigs ist derart kühn für einen so kleinen Vogel, dass er uns manchmal regelrecht aufschreckt, wenn wir ihn aus nächster Nähe hören. Der kräftige Rhythmus des Vollgesangs ist an ein Muster gebunden und wird vom Individuum im Detail meist nur wenig variiert. Zaunkönige singen zahlreiche abgekürzte Varianten. Der Rhythmus der Heckenbraunelle wirkt insgesamt eher wie ein Singsang; der Vogel singt auf ordentliche, präzise Weise, ein wenig so, als wiederhole er etwas auswendig Gelerntes. Zaunkönig und Heckenbraunelle kann man anhand ihres Gesangs individuell kaum unterscheiden.

3. Rhythmusart – Teichrohrsänger, Schilfrohrsänger, Mönchsgrasmücke, Gartengrasmücke, Fitislaubsänger, Lerche, Bluthänfling, Distelfink und andere Vögel mit freiem und variantenreichem Rhythmus, bei dem der betonte Schlag wechselt, insbesondere beim Subsong. Der Vortrag dieser kunstvollen Rhythmen wird durch den Gebrauch des Rubato noch komplexer.

Dafür ist der Gesang des Teichrohrsängers ein gutes Beispiel. Er baut mitunter ein Accelerando rascher Töne in atemberaubender Geschwindigkeit auf, bevor er das Ganze durch relativ verzögerte langsamere Töne ausgleicht. Er wechselt häufig die Betonung, wodurch Kreuzrhythmen entstehen. Hier ein Beispiel für den Rhythmus eines Teichrohrsängers, das die wechselnden Betonungen zeigt. Ich habe die Noten in aller Eile festgehalten, während er sang. Die betonten Schläge stimmen, soweit es möglich ist, sie zu notieren, allerdings gab es zwischen den Viertelnoten noch viel mehr Töne. Die Zwischentöne der Vogeltonleiter machen jegliche Transkription ihres Gesangs unmöglich, man kann lediglich den Rhythmus skizzieren.

Der Vortrag ist intensiv rhythmisch und voller Energie. Tatsächlich ist der Rhythmus das hervorstechendste Merkmal, doch je vertrauter man mit einzelnen Sängern wird, desto mehr fallen die Phonwechsel auf, die die Farbwirkung des Gesangs steigern. Zahlreiche Phrasen im Gesang des Teichrohrsängers sind nachgeahmt, allerdings webt er sie beständig in eine originelle Komposition mit ganz und gar eigenem Rhythmus ein.

Der Schilfrohrsänger imitiert andere Vögel weitaus mehr und macht von einigem unregelmäßigem Rubato Gebrauch, das nicht immer ausgewogen ist – was aber auch mit der Angst vor dem Zuhörenden zusammenhängt. Der Schilfrohrsänger verfügt über keinen so kräftigen und entschiedenen Rhythmus wie der Teichrohrsänger.

Auch Mönchsgrasmücke und Gartengrasmücke singen in freien und abwechslungsreichen Rhythmen, hin und wieder auch mit Rubato. Die Gartengrasmücke verwendet mehr Triller, dafür aber weniger vielfältige Intervalle und Rhythmen als die Mönchsgrasmücke, deren Klangfarbe reiner ist und klarer widerhallt. Für gewöhnlich werden die Töne zur Kadenz hin länger und steigern sich zu einem Crescendo. Individuelle Mönchsgrasmücken sind viel leichter zu erkennen als individuelle Gartengrasmücken, da ihr Gesang deutlich melodischer ist.

Manchen scheint es, als wiederhole der Fitislaubsänger eine Phrase in einem festen rhythmischen Muster, so wie es die Vögel der zweiten Rhythmusart tun. Doch ist sein Gesang von so zarter Beschaffenheit, dass nur der erfahrene Zuhörende erkennt, dass das nicht der Fall ist. Die vielfältigen, im Diminuendo absteigenden Zwischentöne werden, so wirkt es, mit einem abwechslungsreich modulierten Phon gesungen, wobei die Modulationen allmählich zu einem anderen Phon in der Kadenz führen, auf den letzten beiden Tönen. Das Rubato kommt häufig zum Einsatz; der Gesang beginnt langsam und wird mit leiser werdendem Ton immer schneller.

Es ist durchaus möglich, die Individuen all dieser Grasmücken und Laubsänger anhand ihrer jeweiligen Rhythmusmuster, Phone, Kadenzen und anderer Details zu unterscheiden.

Feldlerchen und Baumpieper bedienen sich einer großen Rhythmusfreiheit, wobei der Gesang Ersterer natürlich deutlich mehr Melodien enthält. Der Baumpieper schenkt uns ein herrliches Beispiel des Ritardando, gleitet er auf einen Baumwipfel herab und singt dabei »zjia-zjia-zjia«[15].

---

15 Die deutsche Bezeichnung stammt vom NABU, siehe www.nabu.de/tiere-und-pflanzen/voegel/portraets/baumpieper/. (Anm. d. Ü.)

Die Feldlerche variiert in ihrem Gesang individuell sehr stark, doch variiert der Baumpieper noch stärker. Einige Baumpieper kürzen den Vollgesang ab und singen viele Phrasen gar nicht (siehe Seite 337 f.).

Sowohl im Gesang des Bluthänflings als auch in dem des Distelfinken finden sich Rubato und Crescendo. Das fröhliche und spontan klingende Lied des Distelfinken mit seinen perlenden Rhythmen ist strahlender als die sanftere und subtilere Musik des Bluthänflings. Der Distelfink trägt flüssig und mit Leichtigkeit vor, der Bluthänfling ist in seinem Vortrag ernsthafter.

Der schwerere, monotone Gesang des Grünfinken ist irgendwo zwischen der zweiten und dritten Rhythmusart angesiedelt, da er keinem allzu festen Rhythmus folgt und darin auch nur mäßig variiert. Der Vogel trägt sein Lied typischerweise in Fragmenten vor; singt er es ganz, enthält es einige Variationen. Dennoch ist der Grünfink kein sehr anschauliches Beispiel für die dritte Rhythmusart.

4. Rhythmusart – Amsel, Drossel, Rotkehlchen, Nachtigall und andere Vögel, deren Gesang aus vielen, deutlich unterschiedlichen Phrasen in verschiedenen Rhythmen besteht. Dabei wird zwischen den einzelnen Phrasen immer eine kurze Pause gemacht. Im Subsong werden die Phrasen zu einem einzelnen, kontinuierlichen Gesangsstrom verwoben, der häufig mehrere Minuten anhält und sehr ruhig vorgetragen wird.

Die Amsel komponiert viele Phrasen oder Melodien mit völlig unterschiedlichen Rhythmen und trennt die einzelnen Melodien durch kurze Pausen voneinander. Dabei komponiert jeder Vogel seine eigenen Melodien, obwohl diese auch oft abgekupfert werden, vor allem von weniger begabten Sängern. Der Gesang der Amsel ist sehr viel enger mit der Musik des Menschen verwandt als der aller anderen Spezies, einige ihrer Melodien sind in annähernd korrekter klassischer Notation mit Intervallen und Taktangaben festgehalten (sowohl in zusammengesetzter ungerader als auch in einfacher Taktart). Jedem Vogel scheint es auf eine möglichst vielfältige Wirkung anzukommen, wenn er seine Melodien in unterschiedlichen Tempi singt, Ausschmückungen hinzufügt, die Tonart wechselt, in Dur und Moll singt und Gebrauch von Stakkato sowie Legato macht. Manchmal versucht die Amsel sogar, die Phrase umgekehrt zu singen. Und all diese Arten, mit einer Melodie umzugehen, finden sich auch in der Technik des menschlichen Komponisten. Die Amsel wechselt zwischen verschiedenen Phonen ab und verfügt über ein großes Spektrum an Intervallen. Der Vortrag ist ruhig und beherrscht. Das Vibrato[16] setzt der Vogel ausgesprochen effektiv und sehr differenziert ein. Die einzelnen Amseln kann man sehr leicht an ihrem Gesang erkennen, da ihre Technik mehr der unseren ähnelt und jeder Vogel praktisch seine eigene Melodie hat.

Auch die Singdrossel komponiert viele Phrasen in verschiedenen Rhythmen, sie sind aber kürzer als die der

16 Da die Begriffe Vibrato und Tremolo oft fälschlicherweise als Synonyme verwendet werden, anbei die korrekte Definition: Vibrato ist die leichte Veränderung der Frequenz eines gehaltenen Tons. Damit unterscheidet es sich vom Tremolo – der schnellen Wiederholung eines einzelnen Tons oder Akkordes.

Amsel und werden zwei- oder dreimal hintereinander gesungen; dann folgt eine Pause von einer halben Sekunde, bevor die nächste Phrase beginnt. Die Wiederholung verleiht dem Lied als Ganzem rhythmische Ausgewogenheit – ohne sie würde der Gesang aufgrund der Kürze der einzelnen Phrasen und der unterschiedlichen rhythmischen Schläge zwischen einer Phrase und der nächsten abgehackt wirken. Beim Gesang der Singdrossel spielt der Vortrag, der immer kühn rhythmisch ist, eine große Rolle. Einige Phrasen sind vielen Individuen der Spezies gemein, darüber hinaus aber komponiert jeder Vogel auch eigene. Und sollte er sie nicht selbst erfunden haben, wandelt er sie individuell ab, weshalb man einzelne Singdrosseln anhand ihres Gesangs auch gut voneinander unterscheiden kann. Unterschiedliche Tonebenen gibt es kaum: Bei derart kurzen Phrasen sind Crescendo, Rubato und dergleichen mehr schlecht möglich.

Der Subsong beider Spezies ist ruhig und bedient sich des Stoffs des Vollgesangs. Allerdings werden die Phrasen beim Subsong nahtlos aneinandergereiht, abgesehen von dem einen oder anderen verbindenden Ton, auf dem der Sänger verweilt. Bei diesen verbindenden Tönen handelt es sich um Rufe und Keckern; hin und wieder wird auch eine imitierte Phrase eingewoben. Das alles geschieht sehr rasch, wenn, wie gesagt, auch ruhig, und so ist ein konzentriertes Lauschen erforderlich, will man die Details zur Analyse heraushören.

Die Misteldrossel ist ein weit weniger origineller Komponist als die Amsel oder die Singdrossel, doch ähneln Gesangsart und Stimmqualität eher der Ersteren. Die

Rhythmen ihres Liedes sind vergleichsweise einfach, das Intervallspektrum ist für gewöhnlich kleiner, und auch Phone und Längenwert der Noten sind, verglichen mit der Amsel, weniger vielfältig. Man kann individuelle Misteldrosseln anhand ihrer Melodien erkennen, allerdings nicht so leicht wie bei der Amsel. Denn zwar hat jeder Vogel seine eigenen Melodien, doch ähneln sie denen der Artgenossen häufig, und die Vögel ahmen einander auch oft nach.

Das Rotkehlchen verfügt über eine Vielzahl an Rhythmen und Phonen. Die Rhythmusart seines Gesangs als Ganzen erinnert an den Waldsänger, doch ist die Form anders und entspricht eher den Drosselgattungen. Vortrag und Rubato sind je nach Gemütsverfassung beim Singen unterschiedlich – mehr als jede andere Spezies nutzt das Rotkehlchen den Gesang für zahlreiche territoriale Zwecke und singt in Herbst und Winter ebenso wie in der Brutzeit. Ist der Vogel in ruhiger Stimmung, beschleunigt er die kadenzähnlichen Abfolgen chromatischer Zwischentöne oft und verweilt anschließend auf langen Tönen; das Rubato ist schön ausgewogen. Bei Revierstreitigkeiten im Herbst läuft das Rubato jedoch aus dem Ruder, und der Vortrag nimmt manchmal eine schrille und forcierte Form an: Das Rotkehlchen moduliert stimmlich stark und betont bestimmte Töne in manchen Phrasen so sehr, dass sich ein völlig anderes Klangbild ergibt als beim Singen des gleichen Liedes, nachdem die Streitigkeiten beigelegt wurden. Den Großteil des Gesangs haben die Individuen der Spezies gemein, wenngleich das eine oder andere Rotkehlchen immer wieder auch eigene Ideen hat.

Im Subsong des Rotkehlchens finden sich fließende Rhythmen sowie einige Imitationen des Gesangs und der Rufe anderer Spezies. Daneben zeichnet er sich dadurch aus, dass alle eigenen Phrasen praktisch en miniature vertreten sind, häufig verbunden durch zwei oder drei seufzende Töne, der erste leicht betont, doch alle ebenso gewispert wie der Rest des Subsongs.

Wie bei der Drossel hängt auch bei der Nachtigall die Wirkung des Gesangs stark von Vortrag und Technik ab. Sie singt viele Phrasen in unterschiedlichen Rhythmen und macht nach jeder eine kleine Pause. Die Phrasen sind bei den Mitgliedern der Spezies weit verbreitet, daneben gibt es aber auch zahlreiche Varianten. Ein hervorstechendes Merkmal des Nachtigallgesangs ist der Gebrauch von Crescendo, Phon und Trillertechnik. Aufgrund der festen Muster der Phrasen kann man die einzelnen Vögel nicht so leicht unterscheiden wie individuelle Amseln oder Drosseln, die ihre eigenen Phrasen komponieren. Hin und wieder kann man eine Nachtigall auch eine Phrase imitieren hören.

Doch wie bei allen Sängern variiert auch hier die Begabung: Einige Nachtigallen singen viel schöner als andere, und so erkennt man den individuellen Vogel eher an der Art, wie er die Phrasen singt, als an seinen Melodien.

Waldlaubsänger und Baumläufer sind beide zwischen den jeweiligen Rhythmusarten angesiedelt. Sie haben zwei festgelegte Gesänge in verschiedenen Rhythmen und singen diese zu unterschiedlichen Zeiten getrennt voneinander. Der zweite Gesang des Waldlaubsängers wird nicht so häufig vorgetragen wie sein Trillergesang, den ich bereits auf Seite 267 erwähnt habe. Er besteht aus einem Ton – dem Phon »twei« –, der mit großem Crescendo-Ritardando wiederholt wird und damit das absolute Gegenteil des Trillergesangs ist, bei dem sich der Vogel auf einem Ton ins Accelerando steigert. Erstaunlicherweise ist die Klangfarbe der beiden Gesänge völlig unterschiedlich: Der Trillergesang ist sehr hoch und klingt etwas dünn, der »Twei«-Gesang hingegen ist lieblich und außergewöhnlich voll.

Der Baumläufer singt eines seiner Lieder recht oft, es kann das ganze Jahr über gehört werden. Der Rhythmus des Liedes ist sehr bestimmt, und der Vogel singt es mit viel Nachdruck, was es wie ein kleines Horn klingen lässt. Das andere Lied wird ausschließlich in der Paarungszeit gesungen – zumindest habe ich es nur in dieser Zeit gehört –, es klingt weich und irgendwie geheimnisvoll. Die rhythmische Gruppierung von Tönen erinnert an den Hauptruf des Baumläufers. Im Gegensatz zu seinem anderen Gesang gibt es hier keinen Phonwechsel, nur kleine Intervallvariationen. Die wenigen Töne, aus denen der Gesang besteht, werden meist auf einem Accelerando gesungen.

Rotschwanz und Trauerschnäpper liegen zwischen der zweiten und dritten Rhythmusart. Beide beginnen ihren Gesang in einem festen Muster und Rhythmus und beenden ihn frei mit zahlreichen Variationen – häufig ahmen sie dabei andere Vögel nach. Allerdings sollte ich erwähnen, dass ich bisher nur einen Trauerschnäpper gehört habe und deshalb nicht beurteilen kann, ob dieser Gesang typisch für seine Spezies ist. Auf den folgenden Seiten werde ich den

Gesang vieler Arten getrennt voneinander analysieren und dabei auch auf Dinge eingehen, die mir an den jeweiligen Sängern aufgefallen sind.

· KAPITEL 11 ·

Der Gesang von Singvögeln und Drosselgattungen

ZILPZALP

Wie jede Musik beeindruckt auch der Vogelgesang die Zuhörenden je nach ihrer Aufnahmefähigkeit und persönlichen Stimmung. Unsere Gefühle hinsichtlich des Gesangs einer Spezies werden häufig von Assoziationen beeinflusst. Für mich ist der Gesang des Zilpzalps von Erinnerungen an kindliche Eindrücke gefärbt. Ich habe ihn das erste Mal vom Bett aus gehört, eines frühen Morgens, als ich noch sehr klein war; das mysteriöse Zilp-Zalp verwirrte mich sehr, bis ich beschloss, es käme von einem Feenschmied, der auf seinem winzigen Amboss herumhämmerte, um winzige Hufeisen für Feenrosse anzufertigen. Es bereitete mir große Freude, dem Gesang des Vogels zu lauschen, und ich fuhr fort, mir den Feenhandwerksmann vorzustellen, bis ich einige Wochen später ein älteres Mitglied des Haushalts recht gereizt sagen hörte: »Ich nehme an, das monotone Geräusch kommt von irgendeinem Vogel. Das geht schon den ganzen Tag so, und allmählich geht es mir auf die Nerven.« Welch ein Unterschied in der Wirkung! Im Allgemeinen wird der Gesang des Zilpzalps hauptsächlich deshalb willkommen geheißen, weil seine die erste Stimme eines Zugvogels ist, die wir nach dem Winter in den Wäldern hören und deren Klang wir aus diesem Grund so unverbrüchlich mit dem nahenden Frühling verbinden. Für mich hat der Gesang des Vogels jedoch noch immer etwas Mysteriöses, seine Stimme einen feenähnlichen Charme, und in den zurückhaltenden rhythmischen Schlägen schwingen in meinen Ohren die Geheimnisse des Waldes mit.

Einige wenige Individuen brechen aus dem festgelegten Gesang der Spezies aus. In einem Herbst hörte ich einmal, wie sich ein Jungvogel an ein paar nachahmende Phrasen und Rufe anderer Spezies wagte, die er zwischen seine Zilp-Zalps einschob. Im Frühjahr darauf erklang derselbe originelle Gesang aus einem Wäldchen, eine Viertelmeile von der Stelle entfernt, von der aus der Jungvogel im Herbst zuvor gesungen hatte. Es war wahrscheinlich derselbe Vogel. Zu einer bestimmten Zeit in der Nistsaison baut der Zilpzalp wie viele andere Vogelarten Nestlingsrufe in seinen Gesang ein.

FITISLAUBSÄNGER

Der Gesang des Fitislaubsängers hat meiner Meinung nach die innigste Wirkung aller Vogelgesänge. Er strömt direkt von Herz zu Herz, und zwischen Vogel und Mensch entsteht wahres Mitgefühl. Jeder einzelne Ton scheint mit liebevoller Sorgfalt vorgetragen, insbesondere nachdem das Nisten begonnen hat. Die Schnelligkeit der Abfolge und die Kraft des Klangs werden bedächtig abgestuft, während die reinen, lieblichen Töne sanft sinken, dann ein wenig ansteigen und dann erneut zu einer weicheren Kadenz sinken. Häufig werden zwei oder drei Wiederholungen dieser Diminuendo-Phrase miteinander verbunden, als würden sie in einem langen Atemzug gesungen. Die Gezeiten des Gesangs fallen und steigen sanft, manchmal ist nur das leiseste Gemurmel zu hören. Die Reinheit des Tons und die exquisite Schlichtheit seiner Äußerung machen den Gesang des Fitislaubsängers zur vollkommensten aller Vogelmusik.

Interessant zu hören ist, wie der Jungvogel seinen Gesang allmählich ausarbeitet. Sein Ruf ist zunächst nur ein zarter Ton, wie ein weiches Seufzen. Verlässt er das Nest, wiederholt er ihn beständig, aber ohne Dringlichkeit; dabei zeigt sich bereits die charakteristische Sanftheit des adulten Rhythmus. Während der Jungvogel wächst, verstärkt sich auch der Ruf nach und nach – auch die Stimme des ausgewachsenen Fitislaubsängers ist eher leise. Im Juni beginnt der Jungvogel dann für gewöhnlich damit, den Ton zu einer schleppenden Phrase aus fünf oder sechs Tönen zu formen und damit den groben Umriss des zukünftigen Gesangs zu skizzieren. Die Töne verfügen noch nicht über Reinheit oder Lieblichkeit, auch der Tonwert kann noch nicht kontrolliert und die anmutig absteigenden Zwischentöne können noch nicht frei eingesetzt werden. Allerdings scheinen die Jungvögel darauf hinzuüben. Ein oder zwei Töne werden im Verhältnis zu den anderen zu laut gesungen, was der Phrase einen abgehackten Eindruck verleiht. Der Vogel versucht es wieder und wieder und gibt langsam immer mehr Nachdruck auf die einzelnen Töne, als wolle er das Beherrschen der Tonwerte erlernen. Und ganz allmählich verwandelt sich der behutsame Nachdruck in einen liebkosenden Ton, und die Hülse des Gesangs hat schon viel mehr von der verlockenden Süße des adulten Fitislaubsängerliedes. Der Jungvogel singt stoßweise, doch schon bald fließen die liebkosenden Töne frei. Die Phrase wird ausgedehnt, die Hülse mit sanft strömenden Zwischentönen gefüllt, die im Diminuendo fallen. Verschiedene kleine, nach oben gehende Schlenker runden das Gesamtbild herrlich ab. Die volle Schönheit in Ausdruck und Klang zeigt sich jedoch erst, wenn der Vogel im Frühjahr darauf zurückkehrt.

Dann singt der Fitislaubsänger sein zauberhaftes Lied den ganzen Tag im frischen Frühlingsgrün, und beginnt seine Partnerin mit dem Bebrüten der Eier, kann der aufmerksame Zuhörende häufig den zarten Nestlingsruf wahrnehmen, der längst vergessen schien, nun am Anfang des perfektionierten Gesangs aber erneut auftaucht. Der Gesang ist jetzt leiser, aber schöner denn je.

AMSEL

Die Amsel verfügt nicht nur über die wunderschönste, lieblichste Stimme, sie besitzt auch einfallsreiches Genie. Die Stimmungen, von denen ihre Melodien zeugen und die sie verbreiten, sind sehr unterschiedlich: Häufig sind sie einfach nur schön, ruhig und friedlich, manchmal aber sind sie auch drollig, lustig oder sonderbar. Oft besitzen die Melodien einen idyllischen Charakter (und dann für gewöhnlich auch einen Sechs-Achtel-Takt). Der Gesang einer jeden Amsel besteht aus vielen solcher Melodien, die sie selbst komponiert hat und anschließend mit improvisierten Variationen der ursprünglichen Idee singt, wenn sie es für passend hält. Manchmal lässt der Vogel die Melodie jedoch so, wie sie ist, denn sie ist bereits vollkommen.

Eine Amsel komponierte doch tatsächlich einmal die Eingangsphrase des Rondos in Beethovens Violinkonzert. (Der Vogel ahmte sie nicht nach – ich kann mich dafür verbürgen, dass er das Konzert nie gehört hat.) Zuerst sang der Amselmann:

Ein paar Tage später änderte er den letzten Ton und sang die vollständige Phrase zweimal, genau wie am Anfang von Beethovens Rondo, nur höher natürlich.

Für den Rest der Saison tauchte die Melodie neben anderen in seinem Gesang häufig auf. Manchmal sang er die Phrase nur einmal; gelegentlich kehrte er zu seinem ersten Einfall zurück und machte eine Pause auf dem lange gehaltenen letzten Ton, den er zudem in wirkungsvollem Vibrato vortrug.

Seine Interpretation des Rondos variierte. Sang er die Melodie nur einmal, sang er sie gemächlich, mit geschmeidiger Phrasierung. Wiederholte er sie, steigerte er das Tempo zum Ende hin jedes Mal; dieser Rubato-Effekt verlieh dem Vortrag – wurde er von einer Amsel ausgeführt – zusätzliche Strahlkraft.

Vielleicht sollte ich erwähnen, dass in der Partitur von Beethovens Rondo über der ersten Viertelnote – der mit »Langsam« darüber – »Tenuto« steht. Die Vortragsbezeichnung gibt an, dass der Ton gehalten werden soll – eine Anweisung, mit der der Vogel es mitunter übertrieb.

Amseln fallen die Melodien in ihrer Gänze meist nicht ein, wenn sie sie das erste Mal singen. Es ist faszinierend zu hören, wie immer wieder kleine Veränderungen vorgenommen werden, welche die halb geformte Idee musikalisch schließlich verändern. Dazu ein weiteres Beispiel. Die folgende Melodie wurde erstmals so gesungen:

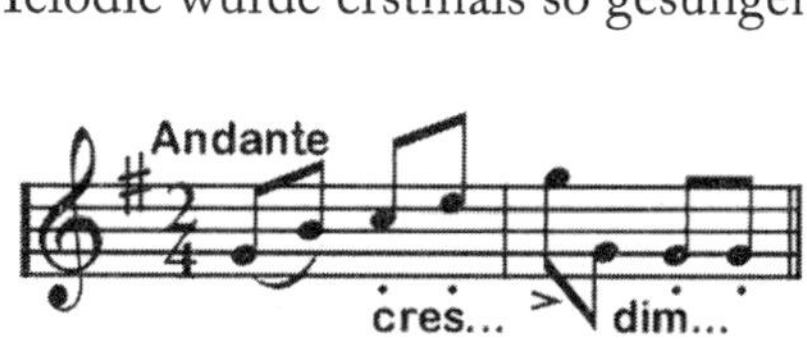

Wenige Tage später fügte die Amsel einen chromatischen Halbton ein, der eine wirkungsvolle Triole in der zweiten Hälfte des ersten Taktes ergab:

Diese kleine Änderung mit ihrer eleganten und einfach zauberhaften Wirkung machte einen überragend großen Unterschied und wurde, vom menschlichen Standpunkt aus gesehen, mit exzellenter musikalischer Interpretationsfähigkeit gesungen. Die nach unten gebundene Oktave im zweiten Takt trug der Vogel gleitend, im Glissando, vor, was ihr etwas Liebkosendes verlieh, das sich voll und ganz im Einklang mit der chromatischen Triole befand. Die Amsel sang diese Melodie einige Tage lang, bevor sie sich an einer Änderung versuchte, die ihr musikalisches Urteilsvermögen auf die Probe stellte – eine für den menschlichen Musiker ausgesprochen interessant zu beobachtende Probe. Die Amsel probierte aus, welche Wirkung es hatte, wenn sie die Triole in vier Sechzehntelnoten aufteilte, womit sich folgende Melodie ergab:

Der Vogel sang die Melodie einige Male, verwarf sie dann aber und kehrte zur Triole zurück. Bei dieser blieb er dann für den Rest der Saison sowie für die Jahre darauf. Und damit hatte er vollkommen recht, war die letzte Änderung doch eine Überfrachtung, die den Eindruck der Melodie von Grund auf verdarb, während die Triole sie perfekt machte. Der Vogel, Fields (Felder), steckte voller origineller Einfälle; dadurch dass er sich tiefer Stakkato-Töne bediente und andere technische Experimente durchführte, die für den Amselgesang höchst ungewöhnlich sind, grenzten manche dieser Einfälle ans Sonderbare, Kuriose und Rätselhafte. Allerdings scheinen die wirklich guten Komponisten alles innerhalb der Reichweite ihrer Stimme auszuprobieren.

Als ich dieser Amsel beim Komponieren zuhörte, entstand der Eindruck, ihre musikalischen Gaben seien von einem gewissen intellektuellen Verstehen geleitet. Zumindest kam Fields auf dem Gebiet der menschlichen klassischen Musik viel weiter voran als jeder andere Vogel, den ich kannte. Wie bei den meisten Vogelarten gibt es auch bei den Amseln große individuelle Unterschiede in der Begabung. Einmal sang eine Amsel eine Phrase von Bach, die sie vielleicht nachahmte, nachdem sie gehört hatte, wie ich sie auf der Geige spielte. Eine Note wurde mit einem kurzen Triller gespielt, den die Amsel zunächst nicht sauber nachsingen konnte; nach einigem Üben jedoch brachte sie ihn fehlerfrei und flüssig hin. Anschließend begann die Amsel damit, Experimente mit dem Ausschmücken von Bachs Musik durchzuführen: Sie verdoppelte die Länge des Trillers und fügte einer anderen Note der Phrase einen ähnlichen Triller hinzu. Da die Amsel ein außergewöhnlich guter Sänger war, war das Ergebnis ganz bezaubernd – die Phrase klang am Ende wie von einer Flöte gespielt. Drei Jahre lang hatte der Vogel die kunstvolle Melodie im Repertoire. Im zweiten Jahr versuchte eine benachbarte Amsel, Thief, sie abzukupfern, scheiterte jedoch an den Trillern, die die Fähigkeiten ihrer Stimmtechnik überstiegen. Nach einigen piepsigen Bemühungen gab sie den Versuch auf. (Wie versessen Thief darauf war, seinen Artgenossen Melodien zu stehlen, kann in seinem Vogelporträt nachgelesen werden.)

Die Angewohnheit der Amsel, manche ihrer Phrasen mit hohen, piepsenden Tönen zu beenden, erinnert mich an die Gepflogenheit gewisser menschlicher Komponisten, das endgültige Ende eines Satzes durch irgendeine bedauerliche fanfarenartige Ausschmückung zu konstatieren, die bei Geigenkompositionen häufig in Form von hochfrequenten Oberschwingungen daherkommt. Die besten aller Amselsänger lassen ihre Melodien meist jedoch passend enden – ohne affektierte Obertöne!

Der getrillerte Subsong der adulten Amsel hat einen tieferen, mehr an einen Alt erinnernden Klang als der Subsong jeder anderen Vogelart. Die weicheren Melodien, die der Vogel in diese Musik einflicht, stechen mit ihrem Legato-Effekt deutlich hervor aus dem Klangteppich aus »Glucksen«, »Gackern« und anderen Tönen, die die Melodien zu einem langen, kontinuierlichen Gesang vereinen. Das »Glucksen« ist manchmal recht plump auffällig, ist es doch höher als der Rest der Musik. (Drossel und Rotkehlchen binden imitierte Gluckser oder Kichertöne so in ihren fließenden Subsong ein, dass sie nicht auffallen. Das liegt daran, dass ihr Subsong generell höher ist und schneller gesungen wird.)

Junge Amseln, die gerade erst damit beginnen, in dieser Weise vor sich hin zu summen, flechten noch wenig Melodie in die sanfte Musik ein. Hören sie jedoch den Erwachsenen zu, was hin und wieder vorkommt, enthält ihr Subsong plötzlich eine oder zwei Melodien, die später auch im Vollgesang auftauchen, also mit lauter Stimme vorgetragen werden. Das zeigt sich sehr schön an folgendem Beispiel, das ich unmittelbar beim Beobachten der Vögel festhielt.

25. September 1948, fünf Uhr nachmittags. *Eine adulte Amsel, Fields, sitzt hoch oben auf einem Ast, das Gesicht der Abendsonne zugewandt, und summt einen kontinuierlichen, wunderschönen Subsong vor sich hin, bei dem zahlreiche Vollgesangphrasen zwischen andere Töne gewoben sind. Ein junges Männchen fliegt zum selben Baum, setzt sich knapp drei Meter von Fields entfernt auf einen Ast und sieht ihn mit lauschendem Ausdruck im Gesicht an. Fields hört auf zu singen und kehrt dem jüngeren Vogel den Rücken zu. Ein paar Minuten lang ist alles still. Dann wird der Jungspund ungeduldig. Er dreht sich auf seinem Ast um und öffnet und schließt den Schnabel, während er Fields weiter ansieht. (Das tun Vögel oft, wenn sie gefüttert werden oder andere Dinge haben wollen. In diesem Fall zeigte das nachfolgende Verhalten, dass der Vogel Gesang wollte.) Gleich darauf beginnt Fields erneut damit, sein ruhiges Lied zu singen. Der junge Vogel rückt stückchenweise immer näher an ihn heran, dreht sich in dieselbe Richtung und plustert in exakter Imitation von Fields' Haltung das Gefieder auf. Wieder zeigt sich der lauschende Ausdruck auf seinem Gesicht – ich bin mir sicher, dass der Vogel aus dem Gesang des älteren Artgenossen lernen will. Jedes Mal ahmt er selbst die kleinste Veränderung in Fields' Haltung nach. Der Gesang hält eine halbe Stunde lang an, während der beide Vögel beinahe reglos blei-*

ben, außer dass der schwarz gewandete Lehrer den Kopf beim Singen manchmal ganz leicht wendet und die Augen auf den zuhörenden Schüler richtet, der seinerseits den Meistermusiker beständig anblickt. Der Gesichtsausdruck beider Vögel verrät tiefe Zufriedenheit und Versunkenheit. Das erst seit Kurzem schwarze Gefieder des Jungvogels weist noch nicht denselben Farbton auf wie das des Meisters, sein Schnabel ist noch dunkel, der von Fields goldorange. Schließlich beendet Fields seinen Gesang, streckt sich und hüpft ans äußerste Ende des Asts. Der jugendliche Vogel kopiert das Strecken aufs Genaueste, ahmt jedes Detail jeder Bewegung nach, und hüpft dem älteren dann langsam hinterher. Laut ruft Fields: »Skriiiiii!«; damit fliegt er weg, dicht gefolgt von seinem Schüler. »Skriiiiii« wird zu bestimmten Anlässen gerufen, etwa wenn der Vogel Aufmerksamkeit erregen will (siehe Seite 299).

Ich habe von einer Amsel aber auch schon einen ganz ungewöhnlichen Gesang vollkommen anderer Art gehört. Beim ersten Mal war ich sehr beunruhigt, denn er klang wie eine hysterische Singdrossel, die so gequält ist, dass sie beinahe den Verstand verliert und aus schierer Panik schreiend ein Wirrwarr an Rufen von sich gibt. Als ich zu dem Vogel eilte, in dem Glauben, ihn aus schrecklicher Gefahr erretten zu müssen, stellte sich heraus, dass es sich bei dem Geschrei um das leidenschaftliche Liebeslied eines Amselmannes handelte, der in den letzten Zügen seines Werbens um ein aufreizendes Weibchen lag. Die Amselfrau führte ihn buchstäblich an der Nase herum, auf dem Dach meines Holzschuppens in kleinen Kreisen immer rundherum, sie vorweg, er ihr nach. Je schneller die Jagd wurde, desto aufgeregter wurde er: Er streckte den Hals nach vorn, das Kopfgefieder war zerzaust, die Augen blitzten und der Schnabel war aufgesperrt, um die Salven des explosiven Gesangs ungehindert hinauszulassen. Sie warf im Gegenzug häufig Blicke über ihre Schulter, während sie den führenden Part in diesem letzten Tanz übernahm, dem Höhepunkt der vielen Hinterherschleichjagden, die in den letzten Wochen den Rasen hinauf und hinab veranstaltet worden waren. Plötzlich flog sie auf einen Ast neben dem Schuppen, und die Paarung fand statt.

Das Merkwürdige an diesem »Gesang« war, dass er aus vielen kurzen Tönen und Phrasen bestand, die eigentlich typisch für die Singdrossel sind, nicht für die Amsel. Im Gegensatz zum Gesang der Drossel jedoch enthielt er keine Wiederholung und auch keinen Augenblick Pause; Stimme und Vortrag waren ebenfalls ganz ungewöhnlich. Die ganze Aufführung wirkte wie eine Opernszene, bei der die Sänger ihren Part überdramatisieren. Das Schuppendach vor der Kulisse der Bäume gab das perfekte Bühnenbild ab. Die wenigen Male, die ich dieses dramatische Liebeslied hörte, wurde es immer unmittelbar vor der Paarung gesungen – weit verbreitet scheint es nicht zu sein. Die betreffende Amsel nahm ihren gewöhnlichen Gesang erst eine Woche später wieder auf. In der Regel haben sich Amseln bereits gepaart, wenn sie sich dem Vollgesang zuwenden. Im Widerspruch zu der Theorie, ein Zweck des Gesangs bestünde darin, Weibchen ins Revier von Männchen zu locken, die »in der Lage zu brüten und bereit sind, einen Partner zu empfangen«, habe ich festgestellt, dass bei zahlreichen Arten das Weibchen häufig schon einige Wochen vorher zu ihm kommt. (Der Buchfink kommuniziert mit Rufen, sieht er seine Partnerin das erste Mal in seinem Revier – wobei mir aufgefallen ist, dass die Weibchen gelegentlich schon erscheinen, bevor die Männchen mit den zweitönigen Rufen beginnen. Kurz darauf fängt der Vogel dann an zu singen.)

Ein charakteristisches Merkmal des Amselgesangs ist, dass er aus vielen verschiedenen selbst erfundenen Melodien und manchmal einigen Imitationen von Nachbarn derselben Spezies besteht. Eine Amsel von den Feldern gegenüber meines Gartens aber komponierte eine wunderschöne Melodie und sang die ganze Saison hindurch ausschließlich diese. Weder variierte sie die Melodie, noch versuchte sie, etwas anderes zu singen. Der Vogel sang die zauberhafte Melodie immer gleich schön. Gegen Ende der Saison fügte eine andere Amsel sie dem eigenen Rerpertoire hinzu, und im darauffolgenden Frühjahr erklang sie aus den Kehlen vieler weiterer Vögel im Umkreis von einer Meile, von denen einige vielleicht die Nachkommen des ursprünglichen Sängers waren. Doch gelang es nicht einem der Imitatoren wirklich, das Wesen des Gesangs einzufangen, im Vergleich zum Original könnte man sogar von einem bloßen Abklatsch sprechen. Ich habe schon mehrmals festgestellt, dass Amseln eigene Kompositionen viel ausdrucksstärker singen als die, die sie sich lediglich von ihren Nachbarn abhören.

Wie im vorherigen Kapitel bereits erwähnt, kupfern die weniger begabten Amseln oft ab. Thief und zwei seiner Artgenossen beispielsweise waren sehr schlechte Komponisten; ihren eigenen Werken mangelte es an Form und Rhythmus, und ich konnte nicht eine einzige Phrase darin finden, die ich hätte transkribieren können, so ungenau war das Ausgangsmaterial. Es bestand aus einem oder zwei Tönen mit einem Finale, das mit einem schrillen, im Falsett gesungenen kurzen Glucksen oder einer anderen, ähnlich unmusikalischen Kreation vergleichbar war. Die Vögel verfügten auch über ein paar gute Melodien in ihrem Gesang, doch die waren gestohlen – von anderen Amseln wie Fields, Blackie, Darky und Oakleaf – und im Vergleich zu Letzteren schlecht gesungen. Hörte ich dagegen Fields, Blackie, Darky oder Oakleaf zu, konnte ich mit den selbst komponierten Melodien jedes einzelnen Vogels eine ganze Seite füllen. Ich wusste, dass es sich dabei nicht um Imitationen handelte, weil ich mit den Vögeln eng vertraut und den jeweiligen Schritten der Komposition gefolgt war. Sehr selten fügten auch die guten Sänger eine Nachahmung in ihren Gesang ein, doch war das, wie gesagt, eine Ausnahme: Der überwiegende Teil ihrer Musik bestand aus Eigenkompositionen. Nahm Darky eine Idee von Fields auf, wandelte er sie beinahe augenblicklich ab und verwarf sie später wieder. Eine besonders gute Melodie kann natürlich von jedem Sänger aufgegriffen werden, das muss man bei der Identifikation von Individuen anhand des Gesangs immer im Hinterkopf behalten. Man kann erst mit Sicherheit sagen, dass es sich um einen bestimmten Vogel handelt, wenn man den Großteil des Gesangsmaterials wiedererkannt hat. Den Gesang anderer Spezies imitieren Amseln hingegen nicht.

Der hohe, beherzte Gesang der Drossel unterscheidet sich stark von der Musik der poetischen Stimmungen, die die Amsel in ihrer lieblichen Art singt. Die Drossel, die damit beschäftigt ist, Nahrung zu suchen oder zu nisten, ist ein sehr sanfter, zurückhaltender Vogel, der sich häufig so zögerlich bewegt, dass er zu träumen oder nur halb wach zu sein scheint. Desto herrlicher ist der kontrastierende Charakter ihres Gesangs, den sie von hoch oben auf dem Wipfel ihres Lieblingsbaums erschallen lässt, den Kopf zum Himmel gewandt. Die kräftigen Töne hallen laut und klar wider – ein Gesang voller Leben und Energie, der selbst den trübsten Tag heller machen kann, denn die Drossel singt im November, Dezember und Januar sowie in den Nistmonaten und verleiht so dem Zuhörenden, der sich nach dem Frühling sehnt, neuen Mut.

Die Gabe der Drossel liegt in ihrem Vermögen als Künstlerin. Die kurzen, klaren Phrasen sind deshalb so schön, weil der Vogel sie mit solch schwungvollem Rhythmus und in einem so zauberhaften Tonfall vorträgt, weshalb man unweigerlich denkt: »Wie schön sie doch singt!« statt: »Was für ein schöner Gesang!« Und wie es meistens bei den besten Sängern der Fall ist, so sind einige von ihnen den anderen konkurrenzlos überlegen.

Viele Drosseln fügen nachgeahmte Klänge in ihren Gesang ein, nicht nur das, was sie von anderen Vogelarten gehört haben, sondern auch Geräusche, an denen sie Gefallen finden. Eine Drossel imitierte einmal täuschend echt meinen Rasenmäher, eine andere gab eine rhythmisch hämmernde Phrase von sich, die wie das Decken eines Dachs klang. Darüber hinaus ahmen sie auch die Vögel anderer Spezies nach, etwa die rhythmischen Rufe von Meisen, Kleibern und Spechten sowie einige der kraftvollen Töne der Nachtigall.

Im leisen Subsong reihen sich wie beim Subsong der Amsel zahlreiche Phrasen und Noten ohne Pause aneinander. Hin und wieder enthält er bei beiden Spezies eine neue Phrase, die der Vogel im Vollgesang noch nicht vorgetragen hat; er wiederholt sie viele Male ununterbrochen, wie um sie für den späteren Vortrag zu üben. Häufig weichen die gewisperten Töne dabei plötzlich einem lauteren Ausprobieren der Melodie, als wolle der Vogel hören, wie sie mit voller Stimme gesungen klingt. Junge Drosseln und Amseln beginnen ebenso wie einige andere Spezies im Alter von nur wenigen Wochen mit einem einfachen Subsong; später suchen sie sich dann Stückchen aus diesem gedämpften Gesang aus und üben diese lauter für den öffentlichen Vortrag. Bald schon verbessern sich Stimmausdruck und Technik, und es kommen allmählich immer mehr Melodien dazu, bis die Vögel schließlich ihren vollen Stimmumfang ausschöpfen können.

MISTELDROSSEL

Die wunderschöne Klangfarbe der Misteldrosselstimme ähnelt ein wenig der der Amsel, besitzt aber weniger Tiefe und ist weniger abwechslungsreich. Die Stimme hat den kehligen Klang eines Alts oder einer Bratsche und ist zwar weniger strahlend als die der Singdrossel, dafür innerhalb ihrer begrenzteren Lage aber kräftig und satt.

Da die Misteldrossel von Natur aus ein Vagabund ist, befinden sich die Stellen, an denen sie sitzt und singt, häufig zwei oder drei Felder voneinander entfernt. Für gewöhnlich singt sie von den obersten Ästen bestimmter hoher Bäume; der Klang ihres ungezierten Gesangs ist weithin zu hören, wenn die Bäume unbelaubt sind. Tragen sie wieder Blätter, verstummt der Gesang. Der Vortrag der Misteldrossel ist kühn und direkt, ihre ursprüngliche, geradlinige, kraftvolle Musik scheint Aufrichtigkeit und Wahrhaftigkeit zu verkörpern.

Gelegentlich singt die Misteldrossel zwischen ihren Gesängen mit voller Stimme leisere Phrasen, die hin und wieder auch Imitationen anderer Spezies beinhalten. Der Nestlingsruf ist die höhere Ausgabe des adulten Schnarrtons, der dem Vogel seinen volkstümlichen Namen – Schnarre – eingebracht hat. Der Ton scheint vielerlei Zwecken zu dienen. Ist die Misteldrossel alarmiert, wird der Schnarrton harscher und umfasst verschiedene Klangfarbenmodulationen.

Im Frühherbst kann man beobachten, wie alte und junge Vögel gemeinsam in Gruppen umherziehen. In einem September sah ich eine Ansammlung von elf Misteldrosseln auf einem langgestreckten, sehr schmalen, von Bäumen gesäumten Feld. Einer der Vögel schien der Anführer zu sein: Er setzte sich immer am auffallendsten auf die höchsten Wipfel, schnarrte am lautesten und zuckte beständig mit den Flügeln. Zwei weitere hielten sich auf seiner Seite des Felds auf, jeder auf einem anderen Baum hinter ihm, während die restlichen Vögel ebenfalls getrennt voneinander auf Sträuchern und Bäumen auf der gegenüberliegenden Seite des Felds saßen. Als der Anführer auf den nächsten Baumwipfel flog, folgten die anderen entsprechend; alle blickten den Anführer an, der heftig mit den Flügeln zuckte und dabei schnarrte, was das Zeug hielt. Dann flog ein Vogel vom Baum hinter dem Anführer auf dessen Baum, woraufhin zwei Misteldrosseln von der gegenüberliegenden Seite sofort zu schnarren begannen und ebenfalls zum Baum des Anführers flogen. Das wühlte diesen offensichtlich sehr auf, denn er drehte sich um, zuckte noch hektischer mit den Flügeln und rief laut. Sie alle waren derart in ihr Tun vertieft, dass ich mich jedem der Vögel unbemerkt nähern konnte. Es war entweder eine Art Zeremonie oder ein Spiel.

Bei Amseln findet sich unter ihren vielen Freizeitbeschäftigungen manchmal etwas Ähnliches. Bei ihnen ist es häufig ein Weibchen, das dabei den Ton angibt und die Zeremonie – oder das Spiel – leitet. Die Amselfrau setzt sich unübersehbar auf einen Ast, zuckt mit den Flügeln und ruft »Skriiiiii!« – ein Ruf, der nur bei besonderen Anlässen gebraucht wird (siehe Seite 292). Auf ihn hin versammeln sich andere Amseln beider Geschlechter auf dem Baum und sehen sie an, während sie ihnen den Rücken zuwendet und weiter mit den Flügeln zuckt. Ich habe schon gesehen, dass sich insgesamt vierzehn Amseln einfanden, viele in ihrem ersten Jahr, aber auch einige ältere; sie alle hielten sich so weit wie möglich voneinander entfernt, beobachteten die Anführerin aber aufmerksam und antworteten gelegentlich in ganz anderem, geheimnisvollem Tonfall auf ihr lautes, befehlendes »Skriiiiii!«. Manchmal gibt auch ein Männchen den Anführer. Vielleicht haben diese Zeremonien etwas mit der Paarbildung zu tun, vielleicht spielt der Anführer die Rolle des Lehrers der Vögel in ihrem ersten Jahr.

Um zur Misteldrossel zurückzukehren: Mir ist aufgefallen, dass die Spezies in den vergangenen Jahren viel seltener geworden ist. Außerdem singt sie in meiner Umgebung bei stürmischem Wetter weniger, obwohl man den Vögeln das nachsagt. Als eine Misteldrossel einige Jahre lang in meinem Garten nistete, waren es die Singdrosseln, die diesen Part übernahmen. An schönen November- oder ersten Dezembertagen sangen beide, die Singdrossel recht häufig, die Misteldrossel eher selten. Die Singdrosseln sangen den ganzen Winter lang weiter, es sei denn, es lag viel Schnee oder es herrschte anhaltender Frost. Meine Misteldrossel sowie andere in der Umgebung hörten Mitte des Winters auf zu singen und begannen um die erste oder zweite Februarwoche wieder damit.

NACHTIGALL

Obwohl die Nachtigall auch am Tag singt, braucht ihr Gesang das Geheimnisvolle der Nacht. Die Nachtigall ist eine großartige Sängerin mit viel Drama in der Stimme und mehr technischem Können, als jede andere Spezies es besitzt. Ihr sibyllinischer Ton, den sie auf einem Crescendo wiederholt, hat nicht nur eine ganz wundervolle emotionale Wirkung, sondern zeugt eben auch von einem geradezu meisterhaften Beherrschen der Gesangstechnik. Das Schweben dieses ersten gehaltenen Tons ähnelt der Ferne der Sterne in einer stillen Sommernacht; und aus diesen Höhen bringt die dramatische Sängerin mit ihrer großen Lebhaftigkeit den Gesang durch einen brillanten kontrastierenden, dynamischen Rhythmus zurück zur Erde. Hört man den Gesang von Nahem, hat er die Wirkung eines ungeheuer mitreißenden Instruments. Der Vogel trägt seine kraftvollen rhythmischen Phrasen und perlenden Trillercrescendi mit erstaunlicher Begabung und einem solchen Schwung vor, dass seine Vitalität unerschöpflich scheint. Zwischen den einzelnen Phrasen macht er kaum einen Sekundenbruchteil Pause; irgendwann folgt dann jedoch eine längere Stille, eine Stille, die Teil des Liedes ist und die Schönheit der Nacht noch intensiver zum Ausdruck bringt. Danach erklingt der wundervolle Ton erneut, der der Poesie der Nacht entsprungen scheint.

Stellt man sich vor, was ein Fitislaubsänger mit diesem Ton anstellen könnte, würde man denken, er erhielte seine poetische Schönheit das ganze Lied hindurch aufrecht. Die Nachtigall aber hat andere Ideen, wenn es darum geht, Wirkung zu erzielen: Die brillante Sängerin verlässt sich fast ausschließlich auf ihre kraftvolle Stimme und die meisterhafte Technik. Im Gegensatz zu den Amseln, Singdrosseln und Misteldrosseln komponieren die einzelnen Nachtigallen keine eigenen Melodien – der Gesangsstoff ist der gesamten Spezies gemein. Die Individuen variieren lediglich ein wenig darin, wie sie die festgelegten Phrasen singen.

Der Musikstil des Rotkehlchens ist romantisch und recht blumig. Die Stimme des Vogels kann ausgesprochen lieblich sein, besonders zauberhaft ist sein Subsong. Trägt er mit dem Gesang jedoch Streitigkeiten mit anderen Rotkehlchen aus, kann das Timbre, die Klangfarbe, mitunter etwas Schrilles annehmen; dann verzerrt der Vogel Phrasen, die in milderer Stimmung sehr musikalisch gesungen werden. Vor allem bei herbstlichen Revierkämpfen, wenn der Gesang wie Sprache eingesetzt zu werden scheint, klingen bestimmte Phrasen drohend, beschimpfend oder triumphierend – je nachdem, wie sich die Schlacht mit der Konkurrenz entwickelt. Das mag vermenschlichend klingen. Allerdings ist es eine Tatsache, dass man, ohne hinzusehen, allein am Klang des Gesangs – an Stimme, verwendeten Phonen und Phrasen sowie an der Betonung bestimmter Töne in diesen Phrasen – erkennen kann, ob ein eindringender Rivale Ärger macht und wie das ansässige Rotkehlchen darauf reagiert.

Zwar ist der Großteil des Gesangs der gesamten Spezies gemein, doch treten bei einigen Individuen erhebliche Variationen auf. Hin und wieder kann man auch Nachahmungen anderer Vogelarten entdecken, am häufigsten im hypnotisierenden Fluss des gemurmelten Subsongs. Als ich einem Rotkehlchen einmal intensiv lauschte, meinte ich, Anklänge an den Gesang von Bluthänfling, Distelfink, Mönchsgrasmücke, Drossel und Kohlmeise sowie das ferne Echo des Amselkeckerns zu hören – alles nahtlos in den plätschernden Strom des Subsongs eingefügt.

Der Gesang floss so schnell und reibungslos dahin, dass man dieser Nachahmungen nur durch konzentriertes Zuhören gewahr werden konnte, denn sie waren fest mit den Rhythmen des Rotkehlchengesangs verwoben. Das clevere Verblenden machte die besondere Schönheit des Subsongs dieses Vogels aus.

Mich erinnert der Subsong des Rotkehlchens immer an die Musik murmelnder Bäche und rasch strömender Berghangflüsse. Vor langer Zeit, lange bevor der Mensch Häuser baute und Spaten zu seinem Nutzen einsetzte, suchte sich das Rotkehlchen vielleicht geschützte Flussufer als Revier aus – der Vogel scheint zur Kunst des Fischens geradezu geboren zu sein. Ich habe ein Rotkehlchen einmal dabei beobachtet, wie es zu treibendem Schilf auf einem Teich hinausflog und von dieser instabilen Warte aus mit der Geschicklichkeit eines Wasservogels Nahrung aus dem Teich pickte; was der Vogel fing, konnte ich nicht erkennen. Ein anderes Mal warf ich Brot für die Kielrallen auf einen See, und ein Rotkehlchen flog hinterher. Es setzte sich auf einen schwankenden, aus dem Wasser ragenden Halm und fischte wie ein gelernter Angler einige der Brotstückchen heraus. Die meisten Vögel, die nicht am Wasser leben, zeigen sich im Umgang damit längst nicht so geschickt.

Beim Singen ihres geflüsterten Subsongs schließen Rotkehlchen oft die Augen, und der Klang scheint aus weiter Ferne zu kommen. Andere Male wiegen sie vielleicht den Kopf hin und her, während sie dieses fast unhörbare Lied singen, und erwecken so den Eindruck eines öffentlichen Redners, der sich an ein Publikum wendet. Manchmal stellen sie dabei auch leicht die Schopffedern auf, auch wenn weit und breit kein anderes Rotkehlchen in Sicht ist; auch auf mich zielt das Aufstellen der Schopffedern nicht ab, denn ich befand mich, als ich es bemerkte, im Haus, während das Rotkehlchen vor dem Cottage saß.

Außer im Subsong ist das Rotkehlchen kein guter Imitator, auch wenn das eine oder andere Individuum vielleicht kurze Kadenzen singt, die den Tönen einiger Waldsänger ähneln. In außergewöhnlichen Fällen – einer davon ist das »Mönchsgrasmücken-Rotkehlchen« – besteht der Gesang aus wirklich guten Nachahmungen und kaum mehr aus rotkehlchentypischen Melodien. Die Versuche, andere Spezies zu kopieren, zeigen die Grenzen der Rotkehlchenstimme auf, die dann schrill und dünn klingt. Der Vogel hat einen dekorativen Technikstil kultiviert, der zur Klangfarbe seiner Stimme passt; überträgt er diese für seinen Gesang charakteristischen »Rüschen« auf die Nachahmung anderer Vögel, klingen sie fehl am Platz und erzeugen fast keine Wirkung. Probiert er beispielsweise den Gesang einer Meise aus, der stimmlicher Frische und eines spontan klingenden Rhythmus bedarf, klingt seine Stimme dünn und weinerlich, und der Rhythmus ist im Vergleich zu dem der Meise schwach und unentschlossen. Möglicherweise ist sich das Rotkehlchen dieses Misserfolgs bewusst, auf jeden Fall vertuscht es seine Bemühungen rasch durch ein traurig klingendes Rinnsal absteigender Zwischentöne – ein ulkig unpassendes Ende für die freudvolle Phrase der Meise. In ähnlicher Weise verpatzt es die fröhliche Musik des Distelfinken dadurch, dass es in eine Molltonart verfällt. (Traurigerweise singen Rotkehlchen beständig in Moll – zumindest erwecken sie diesen Eindruck. Tatsächlich können unsere

Begrifflichkeiten von Dur und Moll nicht auf die Vogelmusik von Rotkehlchen und Distelfink übertragen werden.)

Meiner bisherigen Erfahrung nach singen weibliche Rotkehlchen den Vollgesang weniger oft als die Männchen, auch sind ihr Gesang und ihre Stimme denen der Männchen unterlegen. Einige Rotkehlchenweibchen singen mehr Subsong, allerdings nicht in der gleichen Qualität wie die Rotkehlchenmännchen. Sie singen überwiegend im Herbst, wenn sie ihr Revier bezogen haben, und natürlich gar nicht, wenn sie nisten.

MÖNCHSGRASMÜCKE

Es gibt keine liebreizendere Musik als den Gesang der Mönchsgrasmücke! Eines Tages Anfang Juni hörte ich eine Mönchsgrasmücke am Rand eines kleinen Wäldchens singen, in dem sich die hellen Grüntöne von Silber-Weide und Esche mit den dunkleren Schattierungen von Erle und Eiche mischen. Zuerst huschte der Vogel von Baum zu Baum und warf dabei klare silbrige, in kurzen Phrasen gesungene Töne so leicht in die Luft, wie der Wind mit den langen silbrigen Blättern der Weide spielte. Dann sang er seinen Vollgesang von einem niedrigen Ast aus, den Kopf dem sonnengetränkten Laub zugewandt, und es schien, als seien Vogel und Bäume in einer großen harmonischen Beseeltheit untrennbar miteinander verbunden. Gemeinsam verliehen sie der Musik in Farbe und Klang einen perfekten Ausdruck, denn die sich im Wind und Sonnenlicht wiegenden Blätter erzeugten kontinuierlich neue Klangfarbenmuster, die den vollkommenen Kontrapunkt zum wunderschön gewebten Gesang der Mönchsgrasmücke bildeten. Phrasen, die zart begonnen hatten, endeten in ungestümer Kraft, gefolgt von einem gedämpften, immer schneller auf und ab schwellenden Gesang, der in den fein gedrechselten Fall der Kadenz mündete.

Ganz in der Nähe des Wäldchens befand sich der Teich des Eisvogels, an dem hellblaue Libellen wie Funken, die der Eisvogel schlug, übers Wasser blitzten. Aus den Bäumen über dem Teich erklangen die gemächlicheren, tieferen Töne einer Amsel. Hört man Mönchsgrasmücke und Amsel gemeinsam mit voller Stimme singen, scheinen ihre Gesänge einander nicht zu ähneln – naturgemäß gestaltet der kleinere Vogel seine Musik feiner. Doch korrespondiert die Qualität seines Gesangs als Mitglied einer Grasmückengattung durchaus mit der der Amsel als Mitglied einer Drosselgattung. Beide Vögel lieben große Melodien. Die Mönchsgrasmücke ergeht sich gern in feinem Trällern, am schönsten aber ist ihr Gesang, wenn sie vom Trällern in eine zauberhafte, widerhallende Melodie wechselt. Die singt sie hin und wieder ohne Vorspiel, häufiger jedoch baut sich der Gesang allmählich auf, und die große Melodie ist für den Höhepunkt reserviert.

Hinsichtlich des Ausdrucks weist der Subsong der Mönchsgrasmücke einige Ähnlichkeiten mit dem Subsong der Drosselgattungen auf. In einem September sangen eine Amsel und eine Mönchsgrasmücke nicht weit voneinander entfernt ihren jeweiligen Subsong. Letztere baute einige nachahmende Phrasen ins eigene Trällern ein, alles hübsch miteinander verbunden und gedämpft gesungen.

Dann plötzlich ließ die Mönchsgrasmücke zweimal hintereinander eine Amselimitation vernehmen, lauter und in der Klangfarbe einer leise singenden Amsel so ähnlich, dass man hätte glauben können, die Vögel hätten die Plätze getauscht. Anschließend fuhr die Mönchsgrasmücke gedämpfter fort, wurde jedoch jedes Mal wieder lauter, wenn sie die Amselimitation sang. Das, so denke ich, tat der Vogel nicht der Amsel in der Nähe zu Ehren, sondern schlicht, weil er die Melodie gern sang und sie ihm gelegen kam, denn ich habe auch schon gehört, dass solcherlei Amselimitationen mit einem Nachdruck gesungen wurden, der darauf schließen ließ, dass sie für den betreffenden Vogel einen besonderen Reiz hatten. Eine Singdrossel kann die Mönchsgrasmücke ebenfalls ganz ausgezeichnet imitieren, wenngleich sie an deren härterem Rhythmus anscheinend weniger Gefallen findet.

GARTENGRASMÜCKE

Der lang anhaltende, trällernde Gesang der Gartengrasmücke ist wunderschön und reich an Trillern, doch mangelt es ihm an der zauberhaften Melodie und den klaren silbrigen Tönen der Mönchsgrasmücke. Vielen Menschen scheint es schwerzufallen, die beiden Spezies voneinander zu unterscheiden. Zwar ähnelt der geträllerte Teil des Mönchsgrasmückengesangs der satteren und über mehr Triller verfügenden Musik der Gartengrasmücke ein wenig, so melodiös wie der Gesang der Mönchsgrasmücke ist der der Gartengrasmücke allerdings nicht: Wie oben beschrieben, singt die Mönchsgrasmücke ihre Melodie, die den größeren Teil ihres Liedes ausmacht, mit unglaublicher Leidenschaft. Etwas Vergleichbares findet sich im Gesang der Gartengrasmücke nicht. Sie konzentriert sich voll und ganz auf ein ergiebiges, dekoratives Trällern, das ihrem gedämpften, kontinuierlichen Lied gleicht, dem, was wir Subsong nennen. Bei manchen Arten lässt sich nur schwer sagen, wo genau der Subsong aufhört und der Vollgesang beginnt.

KLAPPERGRASMÜCKE UND DORNGRASMÜCKE

Neben dem Hauptgesang verfügen Klappergrasmücke und Dorngrasmücke über ein abwechslungsreiches, lang anhaltendes Trällern, das an das der Gartengrasmücke erinnert, an dessen Qualität aber nicht herankommt. Ich nenne es nur ungern Subsong, weil es mitunter recht laut sein kann und hinsichtlich Komposition und Klangfarbe musikalischer ist als ihre dramatischeren und bekannteren Hauptvorträge. Die scheue und ganz reizende Klappergrasmücke kann einen für ihren Hauptgesang überraschend lauten, perlenden Triller von sich geben, auf einem einzigen Ton; ihm geht meist ein leiseres Vorspiel voraus, das in der Regel im Schutz einer Hecke oder eines niedrigen Strauchs gesungen wird. Tatsächlich ist dieses Vorspiel Teil des eben erwähnten anhaltenden Gesangs. Seine Länge variiert und reicht von drei leisen Tönen bis zu einem langen Trällern, das als Flüstern beginnt und im Crescendo endet. Manchmal kann man den lauten, rasselnden Triller auch ohne jegliches Vorspiel hören, vor allem gegen Ende der Saison.

Das bekannteste Lied der Dorngrasmücke ist ihre Flug-Tanz-Melodie, bei der der Vogel pfeilgerade und pfeilschnell hoch über die Hecke springt und anschließend zum leichten, federnden Rhythmus eines kurzen Liedes wieder hinabgleitet. Dieses kurze Lied klingt im Vergleich zum lang anhaltenden Trällern des Vogels eher kratzig. Wie bei vielen anderen Arten besteht auch bei der Dorngrasmücke der Nestlingsruf aus einem spitzen Doppelton, »tschi-ka, tschi-ka, tschi-ka, tschi-ka«, in scharf betontem Rhythmus herausgeschleudert, als hüpfe der Vogel auf quietschenden Metallfedern auf und ab. Die Nestlingsrufe nehmen schon bald an Lautstärke und Lebendigkeit zu, und bereits zu dieser Zeit ist der federnde Rhythmus eng mit der oben beschriebenen Flug-Tanz-Melodie des adulten Vogels verwandt. Man hat das Gefühl, die Töne müssten nur von ihrer monotonen Tonhöhe befreit werden, um sich in die perfekte Begleitung des geflogenen Tanzes zu verwandeln. Auch im Gesang der reifen Dorngrasmücke ist der Nestlingsruf noch zu hören.

Der lang anhaltende Trällergesang der Dorngrasmücke enthält manchmal zahlreiche nachahmende Töne.

WALDLAUBSÄNGER

Dem Trillergesang des Waldlaubsängers zu lauschen, ohne dabei den begleitenden Flug zu sehen, ist wie Schubert-Lieder ohne die Klavierbegleitung zu hören, von der die

Schönheit des Gesangsparts abhängt. Doch leider bleibt der Vogel unseren Blicken nur allzu oft verborgen: Er vollführt seinen Fluggesang zwischen laubbedeckten Bäumen, ein erhaben anmutiges Gleiten in der Luft zum dicht getakteten Rhythmus immer rascher aufeinanderfolgender Töne, die sich beim Aufsteigen des Vogels in die zitternde Bewegung eines Trillers auflösen. Der wunderschöne Triller ist einzigartig bogenförmig vorgetragen, was den Ausdruck noch steigert und der geraden Linie des Gesangs auf einem einzigen Ton die abgerundete Kadenz verleiht, die er braucht. Hier die grafische Darstellung des Waldlaubsängergesangs:

Die Krümmung des Bogens variiert erheblich. Das Lied wird oft zahlreiche Male wiederholt, mit nur einer flüchtigen Pause zwischen den einzelnen Wiederholungen. Sieht man den Flug dabei nicht, klingt es manchmal recht mechanisch – bis man von einem wundervollen Wechsel überrascht wird. Nach einer kurzen Stille wird ein weiteres unwahrscheinlich schönes Lied angestimmt: nur ein Ton mit seltsam ansprechender Klangfarbe, häufig auf einem persuasiven Rallentando gesungen. Die Ernsthaftigkeit des Gesangs ist tief bewegend. Der Vogel bleibt beim Singen dieses Liedes mit erhobenem Kopf sitzen; endet das Lied, dreht der Waldlaubsänger den Kopf manchmal suchend hierhin und dorthin, als erwarte er eine Wirkung seines Gesangs. Anschließend nimmt er seinen Fluggesang noch ein paarmal wieder auf, bis er erneut den tieferen Ton anstimmt. Dieses Lied ist etwas Einzigartiges, es wird im Gegensatz zum Trillergesang nicht wiederholt.

TEICHROHRSÄNGER

Gibt er sein Bestes, gehört der Gesang des Teichrohrsängers zu den schönsten aller Vogelmusiken. Ein guter Sänger dieser Spezies kann in der Wirkung endlos variieren, große Crescendi bilden und seine Nachahmungen so gut in die eigenen Rhythmen einblenden, dass sein Lied ausnahmslos verblüffend originell klingt. Allerdings ist der Gesang von Individuum zu Individuum unterschiedlich, einige Teichrohrsänger sind gesanglich viel besser als andere.

Ich hörte den Gesang des Teichrohrsängers erstmals in einer idealen Umgebung, an einem See, an dem eine Trauerseeschwalbe jedes Jahr im Frühling und Herbst auf ihrer Reise eine Pause von ein paar Tagen einlegt. Die folgenden Zeilen stammen von den Notizen, die ich mir zu jener Zeit machte:

Die glatte Oberfläche des Lye Mere ist nun mit den weißen und goldfarbenen Kelchen der Seerosen übersät, und zwischen ihnen haben Haubentaucher ihr Inselnest gebaut. In Gesellschaft der Blesshühner lassen sich Eltern- und Jungvögel müßig umhertreiben. Die Blesshühner stoßen ihre metallischen Rufe aus, die grell widerhallen, bald laut und nahe, bald wie ein schwaches Echo aus weiter Ferne. Zwei Reiher stehen wie uralte Wächter hoch auf dem gegabelten Ast eines nicht minder alten Baums am Ufer des Sees. Aus dem Röhricht gegenüber ertönt das Pochen eines rhythmischen Liedes, das an den wilden, ungestümen, von Trommelschlägen begleiteten Tanz ursprünglicher Stämme erinnert. In den Bäumen am See singt ein Fitislaubsänger – der Kontrast zwischen den beiden Gesängen könnte größer nicht sein. Das ruhige Lied des Fitislaubsängers ist herrlich abgerundet, seine Stimme erklingt das ganze Lied hindurch rein und süß. Dagegen ist die Musik des Teichrohrsängers ruhelos und irgendwie kantig; obwohl sie viele liebliche, konkordante Phrasen enthält, ist der pulsierende Ton doch häufig harsch. Die rhythmische Wiederholung kantiger, diskordanter Töne verleiht dem Gesang des Teichrohrsängers eine treibende Energie, der Rhythmus erinnert in kleinem Maßstab an die Musik bestimmter moderner Komponisten, die sich verschiedener Schlagzeug- oder Trommeleffekte bedienen.

Ein Beispiel für den Rhythmus des Teichrohrsängers findet sich auf Seite 273.

SCHILFROHRSÄNGER

In meinen Ohren klingt die Musik des Schilfrohrsängers weniger originell und wirkungsvoll als die des Teichrohrsängers. Ein Großteil der Phrasen des Schilfrohrsängers ist nachgeahmt, und meist fügt er seine Nachahmungen nicht so gut in einen ausgewogenen Gesang ein, dass er sich wie eine Eigenkomposition anhören würde. Er scheint die Urheber seiner Imitationen absichtlich zu karikieren, als wolle er sich über sie lustig machen, mit großzügigen Zugaben der Lieblingsstücke! Ich habe aber auch schon herrlich ausgewogene, musikalische Gesänge von Schilfrohrsängern kurz nach ihrem Eintreffen gehört und denke, dass die Spezies vor allem im Eifer der Revierverteidigung zum Karikieren neigt. Es macht Freude, den Vogel in der Nistzeit zu beobachten, wenn er auf einem Schilfhalm sitzt und seinem Rivalen, dem Teichrohrsänger, aufgeregt die Ohren vollsingt, ein Schwall an Phrasen und Schimpflauten, von einem Dutzend anderer Vogelarten stibitzt und mit übertriebenem Gestus vorgetragen.

· KAPITEL 12 ·

Der Gesang von Meisen, Finken, Piepern und anderen

BLAUMEISE

Blaumeisen verfügen über drei Hauptgesänge. Einen davon tragen sie oft in einem gleitenden Flug vor, der an den Waldlaubsänger erinnert. Die Gesänge unterscheiden sich im Detail stark von Individuum zu Individuum. Den am wenigsten bekannten – allgemein nimmt man an, Blaumeisen hätten nur zwei Hauptgesänge – nenne ich die Nestlingsrufmelodie. Sie besteht aus dem zweitönigen Nestlingsruf, der auf freudige Art und Weise mehrere Male wiederholt und in wechselnden Rhythmen aneinandergereiht wird. Dabei variieren die Rufe je nach rhythmischem Muster in der Länge. Dadurch entsteht insgesamt ein Reigen aus zahlreichen Nestlingstönen, die aufeinanderfolgen und sich überschneiden. Meisen sind ausgesprochen hingebungsvolle Eltern und vom Temperament her lebhaft und emotional; so betreiben sie das Nisten anscheinend freudiger und aufgeregter als die meisten anderen Spezies. Sitzt die männliche Blaumeise auf dem Wipfel des höchsten Baums, den sie in Sichtweite des Nests finden konnte, und singt aus vollem Hals, während die weibliche Blaumeise die Eier bebrütet, klingt es, als fließe dem Vogel vor lauter Freude das Herz über. Die Töne, aus denen sie ihre fröhliche Musik komponiert, wird sie bald selbst aus den Kehlen ihrer Sprösslinge hören. Sind die Jungen jedoch einmal geschlüpft, setzt die Blaumeise diesen Gesang nicht fort.

Eine andere Stimmung zeigt sich im Fluggesang. Dabei breitet der Vogel die Flügel aus und lässt sich verzückt durch die Luft gleiten, während er funkelnde Töne versprüht. Manche Blaumeisen verfügen über mehr als drei Gesänge. Bei beiden Geschlechtern finden sich zahlreiche Rufe sowie ein Schimpflaut, den man vor allem hören kann, wenn sich ein Fremder dem Nest nähert. Das Männchen lässt sich aber auch ohne Gesang durch die Luft gleiten – im sogenannten Geisterflug –, wenngleich einige Individuen zu diesem Flug immer singen. Umgekehrt wird der begleitende Gesang häufig auch ohne Flug vorgetragen.

KOHLMEISE

Kohlmeisen verfügen über einen ausgesprochen abwechslungsreichen Gesang sowie über zahlreiche Konversationstöne, die bei bestimmten Anlässen verwendet werden. Einige davon sind der gesamten Spezies gemein, bei vielen jedoch handelt es sich um individuelle Erfindungen, denn der Vogel ist generell ein Individualist und voller Ideen. Hin und wieder setzt er es sich in den Kopf, eine ganz ausgezeichnete Imitation einer anderen Spezies vorzutragen, sei es Stelze, Drossel, Heckenbraunelle, Mönchsgrasmücke oder wovon auch immer er sich gerade inspiriert fühlt.

Diese Imitation wird in der Regel nicht wiederholt. Beobachtet man den Vogel beim Vortrag derselben, entsteht manchmal der Eindruck, er tue es aus Spaß – nicht zuletzt deshalb, weil er gelegentlich sogar ein Publikum hat: mehrere andere Vögel, die sich in der Nähe aufhalten und dem Sänger zusehen, der Kopf und Hals vorwitzig streckt und wie in einer Art Tanz auf den Zweigen hin und her hüpft. Er scheint den Narren zu geben und sich dabei enorm zu amüsieren, während das Publikum interessiert zuschaut. Dies passiert im Herbst, wenn die Meisen freundschaftliche Gruppen bilden und sich oft Freizeitbeschäftigungen ausdenken. Ist die Vorstellung vorbei, wird sie auch nicht wiederholt, und das Publikum zerstreut sich.

Die Phone vieler Kohlmeisenphrasen klingen wie Wörter. Begrüßen sie einander oder mich, rufen sie: »Hi-hoi«. Die Vögel, die mich besonders gut kennen, rufen mir das häufig entgegen, wenn sie mich auf der Straße treffen. Bleibe ich dann nicht stehen und sehe sie nicht an, wiederholen sie den Ruf sehr laut und hartnäckig, bis ich endlich Notiz von ihnen nehme. Gelingt es ihnen damit jedoch immer noch nicht, meine Aufmerksamkeit zu erregen, wechselt das Weibchen zu einem Schimpflaut, während es das Männchen mit einer seiner anderen, sehr dominant klingenden Phrasen probiert. Einmal war ich gerade mit Gartenarbeit beschäftigt, als eine Kohlmeise versuchte, auf sich aufmerksam zu machen, indem sie vor mir herumflatterte und aufgeregt rief. Da ich die Arbeit nicht unterbrechen und mit schmutzigen Händen in meine Tasche greifen wollte, um einen kleinen Leckerbissen für den Vogel herauszuholen, tat ich, als sähe ich ihn nicht und hielt den Blick auf den Boden vor mir gerichtet. Doch eine Kohlmeise weiß sich immer zu helfen, es sei denn, sie hat Angst. Einige Augenblicke später hörte ich den zweitönigen Ruf einer Stelze über meinem Kopf. Angesichts der Perfektion dieser Imitation verblüfft, sah ich die Meise sofort an, und sie hatte gewonnen – wie fast immer! Selbstbewusst und selbstzufrieden setzte sie sich auf meine Hand und ließ sich ihren Leckerbissen schmecken. Ich habe den Stelzenruf von diesem Vogel nie wieder gehört; er hatte ihn in diesem Moment erfunden, um meine Aufmerksamkeit zu erzwingen.

Ein ganz entzückendes Lied, das der gesamten Spezies gemein ist, wird von einem Flügeltremolo begleitet, derselben Art von ekstatischer Vibrierbewegung, wie sie auch im hoch aufsteigenden Flug der Lerche vorkommt, nur dass die Meise dabei sitzen bleibt. Das Lied klingt in etwa so, als fahre man mit einem Finger schnell und leicht über die Saiten einer Gitarre, es ist nur viel höher, und vor jeder Umkehrbewegung wird ganz kurz Luft geholt. Das verleiht dem Lied einen wiegenden Rhythmus, der mich unendlich fasziniert. Es wird immer aus der Deckung heraus gesungen – von unter einem Strauch, aus dichtem Laub, manchmal auch unter einem Stuhl in meinem Zimmer. Wie die anderen Lieder variiert auch dieses in den Intervallen und weiteren Details.

Der bekannte »Zi-tuhi«-Gesang ist von Individuum zu Individuum sehr unterschiedlich, da hält sich jeder Vogel an seine eigene Version. Hier zwei Beispiele – einmal von Twists Gefährtin und einmal von Timpachtano:

Die beiden Gesänge werden jeweils schnell und kontinuierlich mit viel Begeisterung und Schwung wiederholt.

Hier ein weiteres Lied, das bei Kohlmeisen weit verbreitet ist:

Welche Melodie der Vogel auch singt, immer sind die Töne voller Leben und werden guten Mutes vorgetragen.

Im Sommer und im Herbst singen junge Kohlmeisen ein leises, anhaltendes Lied, das ein wenig dem Subsong des Rotkehlchens ähnelt. Wie schade, dass erwachsene Kohlmeisen das zauberhafte kleine Lied nicht mehr singen. Die Weibchen teilen sich einige der Konversationstöne oder -phrasen, und die sanften, langen Rufe, mit denen sie ihre Jungen führen, ergeben eine ganz wundervolle Musik, die den Vergleich mit den Gesängen anderer Vögel nicht zu scheuen braucht. Durch ihre Sanftheit unterscheidet sich diese Musik zwar von den restlichen Kohlmeisengesängen; dennoch ist sie eine Miniaturversion des Notenbeispiels oben.

Letzten Sommer, ich saß gerade im Obstgarten und lauschte einer Mönchsgrasmücke, die aus einer Hecke sang, kam der Kohlmeisenmann Inkey zu mir geflogen, weil er etwas Käse für seine Jungen wollte. Er hatte sich schon auf meiner Hand niedergelassen und war drauf und dran gewesen, sich das Futter zu nehmen, als er sich plötzlich aufrichtete, zu der trällernden Mönchsgrasmücke sah und diese wie hypnotisiert anstarrte. Statt sich den Käse zu nehmen, flog Inkey dann auf einen Ast neben mir und sang eine exzellente Imitation des soeben Gehörten. Er wiederholte sie mehrere Male, schüttelte sein Gefieder, als wolle er damit die Melodie abschütteln, und kehrte dann zu seiner Pflicht zurück: den Käse zu nehmen und ihn seinen Jungen zu bringen. Ich habe ihn das Trällern der Mönchsgrasmücke nie wieder singen hören – es hatte ihn nur einen Moment lang in seinen Bann gezogen. Insbesondere den Rhythmus des Liedes hatte er ungeheuer gut nachgeahmt: Er hatte ihn fast identisch hinbekommen, mit nur etwas mehr Betonung auf den einzelnen Schlägen. Eine enorme Leistung – schließlich ist das Trällern der Mönchsgrasmücke ausgesprochen komplex.

Kohlmeisen scheinen sich eine oder zwei Phrasen mit den Sumpfmeisen zu teilen, sie sind im Repertoire beider Spezies enthalten.

SUMPFMEISE UND TANNENMEISE

Sowohl Sumpfmeisen als auch Tannenmeisen verfügen über Gesänge, die jeweils die ganze Spezies gemein hat, darüber hinaus aber kann man von den individuellen Vögeln auch verschiedene Phrasen hören, die völlig unerwartet kommen. Das trifft besonders auf die Sumpfmeisen zu, die die Zuhörenden mitunter mit einer kühnen, aber gelungenen Imitation des Gesangs einer anderen Spezies überraschen. Der im Folgenden geschilderte ungewöhnliche Vorfall ereignete sich am 7. April 1948. (Ich zitiere aus Notizen, die ich an Ort und Stelle machte.)

> *Von der Stelle aus, an der jedes Jahr eine Nachtigall nistet, trägt eine Sumpfmeise zwei Gesangsphrasen der Nachtigall vor: einen Trillerton und einen lauten Ton, der immer schneller wird, bis ein vibrierender Effekt erzielt wird. Wie gut die Sumpfmeise die Nachtigall nachahmen kann, ist erstaunlich. Sie wiederholt die Phrasen viele Male von einem weit oben gelegenen Ast aus und flattert dabei heftig mit den Flügeln. Anschließend singt sie mit normaler Stimme die eigenen Lieder, während sie von Ast zu Ast hüpft. Sie ruft: »Fitz-i-dju, fitz-i-dju« zwei oder drei Mal und brabbelt dann: »Babbel-na-na-na«. Der Sumpfmeisenmann singt viel heute. Danach fliegt er auf den Wipfel des Baums, um die Klänge der Nachtigall zu wiederholen; er singt sie zehnmal lauter als den eigenen Gesang und mit völlig anderem Timbre. Eine wirklich verblüffende Vorstellung für eine Sumpfmeise. Tatsächlich führte sie mich am Anfang an der Nase herum, denn die Zugvögel sind dieses Jahr früh dran: Der Zilpzalp sang am 7. März, der Fitislaubsänger am 23., und so war ich auch auf eine frühe Nachtigall gefasst. Dass ihre Stimme nicht so schön war wie sonst, erklärte ich mit der Annahme, der Vogel sei gerade erst eingetroffen und noch müde von seiner langen Reise! Es war, soweit ich mich erinnere, das einzige Mal, dass mich eine Imitation täuschte, und es war schon kurios, dass ausgerechnet eine Sumpfmeise,*

der man nicht nachsagt, ein großer Imitator zu sein, mich getäuscht hatte. Allerdings herrscht unter Vögeln eine solche Individualität, dass sie fast nie das machen, was man ihnen nachsagt, sondern stattdessen alle kursierenden Theorien munter über den Haufen werfen.

KUCKUCK

Dieser Vogel singt seinen Namen in allen Intervallen von der Sekunde bis zur Quinte. Ich glaube, dass sich dabei jeder Vogel in der Regel an sein eigenes Intervall hält, dass es im Eifer der Jagd nach dem Weibchen aber häufig zu einem Stottern sowie anderen Abweichungen vom normalen Gesang kommt. Es heißt zwar: »Im Juni ändert der Kuckuck seine Melodie«, doch denke ich, dass die entsprechenden vorübergehenden Wechsel eher der Emotion als dem Kalender geschuldet sind. Allerdings ereignete sich die auffälligste Melodieänderung eines Kuckucks, die ich je gehört habe, tatsächlich im Juni – aber auch als der Vogel sehr aufgeregt war. Am 11. Juni gesellte sich zu den beiden Kuckucken, die sich ständig in der Umgebung meines Gartens aufgehalten hatten, ein dritter dazu. In den darauffolgenden drei Tagen verhielten sich die drei Vögel sehr nervös: Sie machten Drohgebärden, verfolgten einander und gaben seltsame, kehlige Laute von sich. Einer der Kuckucke sang ununterbrochen das folgende Lied mit zwei ungewöhnlichen Phonen und Intervallwechseln:

Ich kam zu dem Schluss, dass es sich bei dem dritten Vogel um ein Weibchen handeln musste und dass das Lied von dem Männchen gesungen wurde, das sich schon länger in meinem Garten befand, denn von den anderen beiden Vögeln hörte man keinen »Kuckuck«-Gesang. Hin und wieder erklangen ein glucksender Ton sowie andere seltsame Laute, die Kuckucke in der Aufregung ihrer Kuckuckseskapaden machen. Nach dem 14. Juni ließ sich kein Vogel dieser Spezies mehr in der Nähe meines Gartens blicken.

Einmal beobachtete ich, wie ein Kuckucksweibchen mit dem glucksenden Ton auf einen Baumwipfel flog und sich auf der markanten Gabelung eines toten Asts anschickte, dort ein Nest zu bauen. Sie drehte sich sehr langsam um und drückte ihre Brust an die nackte Astgabel, genau so, als forme sie ein Nest. Manchmal stellte sie sich aufrecht hin und tat mit ihrem Schnabel so, als arrangiere sie das Nistmaterial um den Nestnapf herum. Ihr Gefährte sah ihr von einer nahe gelegenen Hecke aus zu. Bald darauf begann er zu rufen; dann flog er zu ihr und setzte sich auf eine der Astgabelspitzen. Sie fuhr mit ihren Nestformbewegungen fort, während er auf die gewöhnliche Art Kuckucksgebärden machte. Anschließend flog er davon, und sie folgte ihm. Wenige Minuten später kehrten sie zu der Hecke zurück, in der er zuvor gesessen hatte. Da sie sich auch danach noch häufig in der Nähe der Hecke aufhielten, bin ich mir sicher, dass sie später irgendein Nest dort zur ersten Eiablage nutzten, denn es war noch früh in der Saison. Leider konnte ich die beiden dann nicht mehr aus nächster Nähe beobachten, weil der Bauer, dem das Land gehörte, etwas dagegen hatte.

GIMPEL

Gimpel pflegen einen sehr originellen Gesang, dessen Stil sich deutlich vom Gesang anderer Vogelarten unterscheidet. Ich glaube, dass sogar jedes Individuum eine etwas andere Melodie singt. Das folgende wunderschöne kleine Lied sang Chanter immer in meinem Obstgarten. Ich konnte es nur deshalb in Noten festhalten, weil er die menschliche Tonleiter »korrekt« benutzte und einen Sinn für die Tonart hatte, erweckt die Tonika doch definitiv das Gefühl des Fortschreitens.

So sang er es im April:

Einige Momente Pause

Und so sang er es im Mai:

Er wiederholte diese beiden Noten,

als gefalle ihm seine Kadenz, die auf der Tonika endet, besonders gut. Ebenso wie andere Gimpel pfiff er auch häufig nur die Kadenz. Manchmal sang er nur die erste Hälfte der Melodie; in den Genuss, die gesamte Komposition zu hören, brachte mich der Vogel lediglich einige wenige Male, immer zwischen halb zwei und zwei Uhr nachmittags (Sommerzeit). Später im Jahr sowie im Jahr darauf variierte er die Melodie jeweils noch etwas anders.

Es ist ungeheuer schade, dass Gimpel ihren Vollgesang so selten singen, denn sie können wahrhaft gute Musik komponieren. Für gewöhnlich pfeifen sie Teile ihres Gesangs, während sie sich in den Bäumen bewegen, wie Menschen, die bei der Arbeit geistesabwesend Musikfragmente vor sich hin summen.

Ein anderer Gimpel in meinem Garten sang dieselbe Art von Melodie, fügte statt der Pausen aber immer einen doppeltönigen Ruf ein. Das verlieh dem Gesang eine völlig andere Wirkung. Die erste Melodie (die von Chanter) war vom menschlichen Standpunkt aus betrachtet die bessere Musik, schien der Vogel doch erkannt zu haben, dass Pausen in musikalischen Phrasen manchmal genauso wichtig sind wie die Noten. Die Lücken mit Rufen zu füllen, ist zwar dekorativ, musikalisch aber schwächer – wenngleich das Gimpelweibchen dem vielleicht nicht zustimmen würde!

Ihre Pfeiftöne erinnern eindeutig an eine Panflöte, die sehr leise gespielt wird. Leider tragen Gimpel ihren Gesang nur recht zögerlich vor, wodurch ihre Kompositionen nicht so zur Geltung kommen, wie es ihnen gebühren würde. Hätten die Vögel eine kräftigere Stimme und würden sie rhythmischer singen, wären sie als Sänger wahrlich bedeutend und berühmt. Dennoch sind auch ihre leisen Töne wunderschön, und dem entzückenden Vogel beim Pfeifen seines einfachen Gesangs zuzusehen, gehört sicherlich zu den größten Freuden im Leben.

BLUTHÄNFLING

Schreibt man über den Gesang des Bluthänflings, ist unbedingt auch seine Partnerin zu erwähnen, denn der Vogel bringt ihr sein »Liebeslied« während des Nistens in pointierterer Form dar als die meisten anderen Spezies. Das ist im Übrigen auch sehr schön anzusehen. Der folgende Bericht dreht sich um ein Bluthänflingpaar, das so gar keine Angst vor mir hatte, weshalb es auch leichter war, es aus nächster Nähe zu beobachten.

Aus einem Ginsterstrauch flogen zwei Bluthänflinge auf; sie hielten sich nahe beieinander und zwitscherten leise. Sie landeten auf dem Hang in der Nähe ihres auserwählten Strauchs, wo das Weibchen Nistmaterial sammelte, während das Männchen ihr beständig folgte. Der Bluthänflingmann arbeitete selbst nicht, beobachtete seine Gefährtin aber und schien all ihre Bewegungen mit großem Eifer wahrzunehmen. Als sie genug Nistmaterial im Schnabel hatte, begleitete er sie zurück zu ihrem Niststrauch, wo sie mit dem Bauen des Nests begann und er sich neben sie setzte und mit der Sonne auf seinem purpurroten Brustgefieder und Schopf sang – eine rätselhafte musikalische Sprache der Phrasen, halb gewispert, halb gesungen, durchsetzt von glöckchenartigen Trillern und wehmütig klingenden, liebkosenden Tönen. Die Bluthänflingfrau unterbrach ihre Arbeit immer wieder und sah ihn an. Der Gesang stieg zu einem volleren, anhaltenderen Triller an, und noch bevor er verklang, flogen beide Vögel beschwingt wieder auf. So machte das Nest Fortschritte: Er folgte seiner Gefährtin und sang für sie, während sie arbeitete. Als sie die vier Eier in ihrem ordentlichen kleinen Nest bebrütete, saß er stets an einer Stelle, wo sie ihn gut sehen konnte, und sang, immer zu ihr gewandt. Das Nest war nach oben hin recht exponiert, und als die Sonne später auf die flaumigen grauen Nestlinge fiel, setzte sich ihre Mutter auf einen Zweig über dem Nest und breitete die Flügel wie einen Sonnenschirm über der Brut aus. Derweil versorgte ihr Partner sie mit Nahrung und sang sein schönstes Lied. Doch erspähte eine Dohle das Nest, und so flatterten die armen Bluthänflinge eines Morgens verzweifelt über dem Ginsterstrauch umher und suchten und riefen nach ihren verschwundenen Jungen. Sie riefen den ganzen Vormittag lang über ihrem Strauch schwebend, ein wirklich herzzerreißender Anblick. Dann begann das Männchen zu singen, mit lauterer und vollerer Stimme als zuvor, woraufhin die Mutter ihre Suche aufgab und zu ihrem Partner flog. Zwitschernd blieben sie noch eine Weile auf dem Strauch sitzen, bis sie plötzlich wie aufs Stichwort gemeinsam aufflogen und sich entschlossen vom

Schauplatz ihres Verlusts entfernten, um nie wieder dorthin zurückzukehren. Für sein zweites Gelege suchte sich das Bluthänflingpaar klugerweise einen geschützteren Ort aus.

Die Musik des Bluthänflings ist hinsichtlich der Klangfarbe sehr abwechslungsreich und umfasst die leisesten, zartesten Töne ebenso wie strahlende Trillercrescendi. Versammeln sich die Vögel in der Zeit der Schwarmbildung, um im Chor zu singen, ist die Wirkung des mehrstimmigen Auf und Ab ganz wunderbar, und es scheint, als täten die Vögel ihr Bestes, um genau diese Wirkung zu erzielen. Es ist interessant, derartige Schwarmvorführungen zu beobachten und zu hören. Sie beginnen vielleicht damit, dass rund dreißig Vögel gemeinsam aufgeregt und zielstrebig zu einem Baum fliegen und sich alle gleichzeitig und nahe beieinander darauf niederlassen. Dann fängt einer der Vögel an zu singen, und etwa ab dem dritten Ton stimmt ein weiterer Vogel mit ein. Der Rest folgt dann rasch aufeinander: Immer ungefähr sechs Vögel auf einmal schließen sich dem Chor an. Einige trillern, andere zwitschern, wieder andere singen gebundene, auf- und absteigende Töne, bis sich alle Stimmen in einem großen Crescendo vereinen, das einige Augenblicke lang gehalten wird. Danach nimmt die Laustärke allmählich ab. Von jenseits der Felder kommt ein weiterer Schwarm angeflogen und hält eilig auf den Baum der Bluthänflinge zu. Die Vögel lassen sich neben den Sängern nieder, dann schwillt der Chor erneut an; Schritt für Schritt schließen sich die beiden Schwärme im Gesang zusammen, der in einem verdoppelten Crescendo endet. Der Klang dieses Chors trägt weit und rührt andere Schwärme auf, die auf ferneren Feldern nach Nahrung suchen. Es dauert nicht lange, da sind wieder eilig raschelnde Flügel zu hören, und bald ist jeder einzelne Zweig des blattlosen Baums mit Bluthänflingen besetzt, die alle zu ihrem lautesten Fortissimo anheben. Der Gesang erreicht seinen Höhepunkt, dann fällt und steigt der Klang wieder, bis plötzlich alle Vögel gemeinsam auffliegen – durch den Gesang im Geist aufeinander eingestimmt, lassen sie nun auch den Körper einem gemeinsamen Impuls folgen. Der verlassene Baum steht nackt da, seltsam still und des Lebens beraubt.

Der schrittweise Einstieg der Vögel in den Chorgesang, einer nach dem anderen, dient zweifelsohne dem Zweck, ein Crescendo aufzubauen, denn die Effekte von Crescendo und Diminuendo spielen im Vogelgesang eine große Rolle.

SPERLING

Im Herbst versammeln sich Haus- und Feldsperlinge in Scharen, um gemeinsam im Chor zu singen. Natürlich führen ihre rauen, schnatternden Töne zu einem nicht besonders musikalischen Ergebnis, zumindest scheinen sich die Vögel jedoch zu bemühen, das durch eine gewisse Lautstärke wettzumachen. Im Gegensatz zum Bluthänfling ist der Sperling aufgrund seiner unruhigeren Natur nicht in der Lage, sich lange auf das Musizieren zu konzentrieren, und so sind in dem zwitschernden Chor immer wieder auch unschöne Krächzer zu hören, wenn einzelne Mitglieder des Chors in dem Versuch, den Platz des Nachbarn einzunehmen, grob auf diesen einpicken. Denn Spatzen wollen immer das, was der andere hat, und wenn es nur der Zweig ist, auf dem der andere sitzt! Trotzdem muss man sagen, dass der Chorgesang der Vögel wenigstens von größerer musikalischer Qualität ist, als die Soli es sind, die man kaum als Gesang bezeichnen kann.

DISTELFINK

Der Gesang des Distelfinken ist das musikalische Abbild seiner selbst: voller Charme, Fröhlichkeit und Strahlkraft, kunstvoll mit ruhigeren Tönen verwoben, leicht, schnell und spontan in der Bewegung, lebhaft und unbeschwert in der Wirkung. Drossel, Amsel und Mönchsgrasmücke singen mit zum Himmel erhobenem Kopf, sie lenken in Gesang versunken die Aufmerksamkeit nicht auf ihr schönes Gefieder. Der Distelfink hingegen stellt sicher, dass die leuchtenden Farben, die er trägt, gesehen werden, wenn im Frühling sein Vollgesang vom Wipfel eines Baums erklingt. Er senkt den Kopf und wendet ihn mal hierhin, mal dorthin, um die scharlachrote Oberseite möglichst gut zur Geltung zu bringen. Noch immer singend dreht er sich auf seinem Sitzplatz um und spreizt leicht die Flügel, damit die goldfarbene Bänderung zum Vorschein kommt, während er den Trillern in seinem Gesang zu angemessenem Glanz verhilft.

Wie bei den meisten Spezies befindet sich auch beim Distelfinken der Gesang im Frühling auf seinem Höhepunkt, seine fließende, fröhliche Musik kann aber auch den ganzen Sommer und Herbst hindurch gehört werden. Dann ist sie doppelt kostbar, ist der Gesang anderer Vögel doch inzwischen rar geworden. Vielleicht mehr als jede andere

Vogelart vermittelt der Distelfink den Eindruck von Zufriedenheit, ja Glücklichsein; all seine Handlungen scheinen gewissermaßen vertont, denn sein Ruf, von Jung und Alt beständig wiederholt, ist anmutig musikalisch und für den Zuhörenden ein Genuss. Die Phone seines Rufs klingen wie: »Warte-doch, warte-doch« – eine passende Formulierung, sieht man dem Vogel dabei zu, wie er dem Artgenossen mit leichten, federnden Lufthüpfern hinterherfliegt, als wolle er ihn einholen.

Jugendliche Distelfinken – im Englischen ausgesprochen bildhaft als *grey pates*, »Grauköpfe«, bezeichnet – beginnen schon früh damit, sich im Gesang zu üben. Was zuerst etwas kratzig und unsicher im Ton klingt, reift nach harter Arbeit hoch oben in einer ruhigen Ecke des Baums bald zu sehr viel edlerer Klangqualität heran, und Schritt für Schritt werden dem Gesang immer mehr Noten hinzugefügt.

Manchmal landet eine ganze Schar Distelfinken auf einem Baum und trägt ein mehrstimmiges Lied vor. Ihre Vorstellung davon scheint sich von der der Bluthänflinge zu unterscheiden. Da jeder Distelfink die eigenen Phrasen, Phone und Kadenzen betont, setzen sich die verschiedenen Stimmen kontrapunktisch deutlich gegeneinander ab. Der mehrstimmige Gesang wirkt, als werde er absichtlich so vorgetragen, denn er klingt ganz anders als das Stimmengewirr, das entsteht, wenn die Vögel beim Herauspicken der Distelsamen am Wegesrand zwischendurch immer wieder einzelne Phrasen erklingen lassen. Als ich gestern ihrem mehrstimmigen Gesang lauschte, stach die folgende, für Distelfinken nicht ungewöhnliche Phrase eines Vogels besonders hervor:

Vor dem Hintergrund der schnelltonigen Passagen und Triller der anderen Vögel klang die Phrase ausgesprochen wirkungsvoll. Die Finken hatten den Wert kurzer Pausen nach den Kadenzen erkannt, der vielleicht schlagendste Beweis dafür, dass sie im fühlenden Einklang miteinander musizierten und nicht nur zufällig zusammen einzelne Soli gaben.

Der Gesang des Distelfinken wird hin und wieder mit dem eines Kanarienvogels verglichen, doch ist die Musik des Stieglitzes ebenso wie seine Persönlichkeit weitaus anmutiger als die des Kanarienvogels.

GRÜNFINK

Hinsichtlich der Anmut könnte sich der Grünfink einiges von seinem Familienmitglied, dem Distelfinken, abschauen! Der robuste Vollgesang des Grünfinken, der am schönsten früh in der Saison erklingt, ist angenehm melodisch, doch schon bald wird der Vogel bequem und fängt stur an zu leiern. Monoton wie ein Hausierer, der seine Waren feilbietet, wiederholt er den am wenigsten musikalischen Teil seines Gesangs, zwei oder drei Töne, die mit einem »Briiis«[17] enden. Schreitet die Saison voran, werden alle Töne außer

17 Das »Tswii« des Handbuchs. (Anm. d. Ü.: Der NABU spricht hier von einem »Grüüü«.)

dem »Briiiis« weggelassen, das mit rauerer und gedehnterer Stimme noch immer beständig wiederholt wird. Diese Besonderheit mag einer gewissen Schwerfälligkeit im Charakter des Vogels geschuldet sein, die sich beispielsweise an der Futterstelle zeigt, wenn er mit der Hand, die ihn füttert, vertraut ist und keine Angst vor ihr hat. Dennoch ist es schade, dass er in diesen Trott des dumpfen Leierns verfällt, denn der Grünfink verfügt über Triller und andere melodische Töne, die sehr schön klingen. Im frühen Frühjahr singt er manchmal über Baumwipfeln oder Sträuchern in der Luft schwebend.

Einer seiner Rufe besteht aus einem adretten kleinen Triller, der in der Länge variiert wird. Beim Nestbau dehnen sowohl Männchen als auch Weibchen den Ruf erheblich aus und verwenden ihn häufig, um einander vom Nest aus zu rufen. Die raschen, eng gesetzten, in gleichmäßigem Tonpegel gehaltenen Triller erinnern klanglich stark an winzige mechanische Glöckchen. Singt ein Vogel diesen Triller, antwortet der Partner oder die Partnerin zuverlässig darauf, entweder aus einem entfernten Strauch oder bereits unterwegs zur Gefährtin beziehungsweise zum Gefährten.

In den Abschnitten über den Bluthänfling und den Distelfinken habe ich die gebundenen, auf- und absteigenden Töne in ihrem jeweiligen Gesang erwähnt. Auch das »Briiiis« des Grünfinken wird schleppend nach oben oder unten gesungen, in einem leiernden Glissando manchmal sogar hintereinander auf und ab. Die Phrase scheint allen Finken gemein und wird von jeder Spezies gemäß dem eigenen Temperament und Geschmack vorgetragen. Alle drei Vogelarten verwenden sie sehr häufig, sowohl in den

Gesang eingebunden als auch isoliert, als Solo. Der Bluthänfling, ebenfalls ein Mitglied der Finkenfamilie und gelegentlich auch als Flachsfink bezeichnet, wispert die Phrase oft zwischen seinen raschen Passagen oder singt sie in den zartesten Tönen, die je ein Vogel sang, mit wechselnden Phonen auf den beiden Noten. Der Distelfink singt sie, als riefe er fröhlich:

Dabei verwendet er jedes Mal ein Glissando nach oben oder unten, manchmal abwechselnd, manchmal mehrmals hintereinander nur nach oben oder unten. Das tut jeder der drei genannten Finken. Deshalb ist es nun, so denke ich, an der Zeit, mich bei den Grünfinken dafür zu entschuldigen, dass ich ihre Version der Finkenphrase so rüde als schleppend bezeichnet habe. Der Grünfink singt manchmal wirklich schön, und es bereitet mir immer viel Freude, den Vogel zu beobachten.

GRAUAMMER

Den Gesang der Grauammer hörte ich zum ersten Mal an einem Tag im August, als ich im Windschutz eines Weizenfelds im hohen Hügelland saß. Durch die harten, steifen Kornähren fuhr mit schneidendem Geräusch ein kräftiger, böiger Wind, doch abgesehen davon war es sehr ruhig und kein Vogel weit und breit zu sehen. Auf einmal legte sich der Wind, und ein anderes, mir unbekanntes Geräusch drang von der anderen Seite des Felds zu mir herüber. Einen Augenblick lang hielt ich auch das für den Wind, der mit dem spröden, reifen Weizen spielte, doch dann stand ich auf, um irgendwo in dem großen Feld einen ersten Blick auf den Vogel zu erhaschen. Er saß auf einer hohen Distel, umgeben vom Meer des goldfarbenen Korns, und pfiff seinen Gesang, als hauche er all den reifenden Körnern Leben ein. »Tück tück-zick-zik-zkzkzkzrississsss«[18] – ein kleines Geräusch in der riesigen Weite des offenen Hügellands, und doch, im Zusammenhang mit diesem Feld wachsenden Getreides, von lebenswichtiger Bedeutung.

In der Zeit im Herbst, in der sich die Vögel zu Scharen zusammenfinden, kann man Grauammern ebenfalls gebührend bewundern. Im September und frühen Oktober versammeln sie sich in großer Zahl im schilfigen Sumpfland einige Kilometer von meinem Zuhause entfernt. Dann sitzen sechzig oder mehr Grauammern auf einem Strauch und ziehen ihre kleinen Uhrwerke auf – denn genau so klingt ihr Gesang. Sie scheinen zu beschäftigt, die Vogelbeobachterin in etwa zwei Meter Entfernung zu bemerken oder sich vor ihr zu fürchten, aber ein Schritt näher, und einige der Vögel fliegen mit ihrem Ruf »tück-tück-tück« davon. Andere folgen, bis alle aufgeflogen sind und wie viele kleine, eifrige, aufgezogene Uhren ticken. »Tück« – so lautet ihr Schwarmruf, doch beginnen die Vögel auch oft ihren Gesang damit.

---

18 Die Beschreibung stammt vom NABU (Anm. d. Üb.).

Selbst ihr Flug erinnert an ein Uhrwerk: Die schwirrende Bewegung der Flügel sieht aus wie die Unruh, die sich unfassbar schnell dreht, schwer bemüht, den robusten, kleinen Körper in Bewegung zu halten! Die Grauammer ist zwar keine überragende Sängerin, scheint für das Sumpfland aber ebenso wichtig zu sein wie für das Feld reifenden Korns.

GOLDAMMER

Die Schönheit des Goldammergesangs ist seiner wundervollen Kadenz geschuldet, die aber leider nicht immer gesungen wird, insbesondere in einigen nördlichen Gegenden nicht, wo der Gesang meiner Meinung nach denn auch nicht seine Perfektion erreicht. Vielleicht ist das Klima dort weniger günstig, denn die Spezies singt am besten bei Wärme und Sonnenschein; sie sucht sich gern den mittleren Vormittag sowie den Nachmittag zum Singen aus und hört damit selbst in der Hitze des Sommers nicht auf.

Meist sitzt die Goldammer weit oben, wenn sie ihr kleines Lied aus wenigen raschen, im Tonpegel gleichmäßigen Noten trällert, die zur Kadenz einer hohen, gehaltenen Note und einer finalen Note weit darunter führen. Dieses Intervall-Auf-und-Ab klingt wunderschön, wenn der Vogel sein Bestes gibt. Bei den guten Sängern sind die Töne ausgewogen, sehr deutlich singen sie den zauberhaften Phonwechsel auf dem hohen Ton »no«.[19] Das alles ist offensichtlich jedoch nicht leicht zu bewerkstelligen, und so dauert es auch

19 Der NABU spricht hier von einem »si« (Anm. d. Ü.).

sehr lange, bis sich der jugendliche Vogel erstmals an der Kadenz versucht. Zuerst singt er die raschen Eröffnungstöne; nach ein paar Wochen schleudert er vielleicht unbeholfen den hohen Ton hinaus, so als läge er jenseits seines technischen Könnens. An den letzten, jäh abfallenden Ton wagt sich die junge Goldammer erst im Jahr darauf. Einmal hörte ich eine jugendliche und eine adulte Goldammer aus benachbarten Bäumen singen. Der Kontrast war sehr interessant. In diesem Fall lag der Gesang des Jungvogels um annähernd eine Quinte höher als der des Altvogels; er beendete seine noch nicht ausgereiften Bemühungen mit dem hohen Ton, den er praktisch wie im Stimmbruch herausquietschte. Da der Gesang ohnehin schon so hoch war, lag der oberste Ton vielleicht einfach außerhalb seines Stimmumfangs. Der Vortrag des adulten Vogels hingegen zeigte, zu welchen künstlerischen Höhen sich die Spezies selbst in einem Lied, das von so kurzer Dauer ist wie das der Goldammer, aufschwingen kann.

BRACHVOGEL, ROTSCHENKEL UND ANDERE

Vögel schaffen es, mit nur einem oder zwei Tönen eine jenseitige Atmosphäre zu erzeugen. Das trifft am meisten auf den entzückenden Ruf des Brachvogels sowie auf seine Musik der Crescendi und Diminuendi zu. Sein schwebender Gesang mit den weit klingenden Trillern scheint geradewegs aus der Unendlichkeit zu kommen und die Schönheit, von der wir (noch) nichts wissen, mit allem Liebreiz, den wir kennen, zu verbinden. Die Rufe und Triller des Rotschenkels sind ähnlich weitreichend, ebenso wie die der anderen, kleineren Watvögel, die die Luft mit ihrem Chor klarer, pfeifender Töne vibrieren lassen. Sie selbst bleiben vor der Kulisse ihres graubraunen Nahrungsgrunds dabei geisterhaft unsichtbar, bis die Musik plötzlich verstummt und die Vögel als einziger flackernd-weißer Umriss rasant vorüberfliegen – der Chor, der seine Entsprechung im Schwarmflug findet. Mit mechanischer Präzision wechselt das aufblitzende Weiß die Farbe zu Dunkelgrau, während sich der Schwarm über dem Nahrungsgrund rasch dreht und wendet. Dann lassen sich die Vögel nieder, und der Schwarm scheint im Erdboden verschwunden, so unsichtbar werden die Vögel beim gemeinsamen Aufsetzen wieder. Erneut lassen sie ihre leise Musik ertönen, mit ihren klaren, fließenden Stimmen, die so seltsam berührend sind. Das Band zwischen Musik und Flug ist stark ausgeprägt bei ihnen. Beides ist eine Kunst, die der Freiheit der Luft und des Raums gehört, beides verwandelt Bewegung in Rhythmus durch das Ausbalancieren der Zeit.

BAUMPIEPER

Baumpieper und Wiesenpieper gehören beide zu den Vögeln, die Gesang und Flug miteinander verbinden. Der Gesang beider Arten ist wunderschön, allerdings ist die Musik des Baumpiepers weitaus prächtiger – nicht bei jedem Individuum der Spezies wohlgemerkt, denn manche Baumpieper verzichten auf den Flug beim Gesang. Sie tragen dann nur eine recht affektierte Version des Liedes vor. Zu seinem vollen Ausdruck gelangt der Gesang ausschließlich in Kombination mit dem Flug. Beides hängt derart voneinander ab, dass die besten Gesänge auch von den besten Flügen begleitet werden. Eine abgekürzte Variante wird zu einem sehr kurzen, flatternden Aufsteigen und einer gleitenden Rückkehr zur selben Stelle gesungen, der voll ausgeführte Flug-Gesang kann jedoch eine wunderbare Perfektion erreichen.

Für mich sticht ein ganz bestimmter Baumpieper aus allen anderen, die ich je gehört habe, hervor. Es war an einem Frühlingstag, als die Buchen an den Hängen des Wolstonbury Hill kurz davorstanden, neue Blätter zu treiben – hier und dort zeigte sich bereits ein Fünkchen Grün. Aus einem der Bäume stieg ein kleiner brauner Vogel auf; die Sonne ließ sein Gefieder in einem hellen Rotbraun erstrahlen, das in den eingerollten Knospen der Buchen widerhallte, während die blasse Unterseite des Vogels in derselben Farbe wie die silbrig glänzenden Stämme der Bäume leuchtete. Wie eine Feldlerche schwang sich der Baumpieper mit dynamischen Flügelschlägen empor und schwebte dann zur Begleitung seines exquisiten Vollgesangs einen Augenblick lang in der Luft, bevor er sich mit ausgebreiteten Schwingen in einer vollkommenen Spirale zu einem anderen Baum hinabsegeln ließ und dabei liebkosend »zjia-zjia-zjia« anstimmte. Die Töne kamen langsamer und langsamer, bis der Vogel mit einem letzten, nachklingenden »Zjia« landete. Dann änderte er seine Melodie zu »i-tschaff, i-tschaff, i-tschaff«, was klang, als wäre der Vogel beim Fliegen außer Atem geraten. Bald schon stieg er wieder auf und wiederholte seinen perfekten Flug-Gesang noch mehrere Male;

er beschrieb über den Bäumen eine Kurve in der Luft und glitt mit seinem liebkosenden Lied immer zu einer anderen Buche herab. Für mich erweckte dies den fantastischen Eindruck, als segne der Vogel die Buchen von Wolstonbury Hill, während diese begannen, ihre Blätterpracht zu entfalten. Wie schade, dass der wundervolle Flug-Gesang von bequemen oder weniger begabten Sängern so oft abgekürzt wird.

FELDLERCHE

Die Feldlerche ist eher ein Geschöpf des Himmels denn der Erde: Singt sie, ohne sich dabei in die Lüfte zu erheben, fehlt es ihrem Lied an Inbrunst. Ihr Flug-Gesang wird stets von einem Flügeltremolo – oder -vibrato – begleitet. Einmal sah ich, wie eine Lerche ihren Vollgesang einer kräftigen Brise entgegenschmetterte und dabei mit zitternden Flügeln vom Wind langsam nach hinten getrieben wurde. Als sie sich über einer Hecke am Feldrand befand, hörte sie plötzlich auf zu singen und mit den Flügeln zu flattern und flog mit schnellem, aber festem Flügelschlag dem Wind entgegen. Dabei wechselte sie zwischen Flugpausen mit geschlossenen Flügeln und Flug ab und rief beständig »siep, siep«. Ein recht kurzes Lied der Feldlerche ertönt nahe am Boden oder wenn die Vögel einander jagen; es scheint der Konversation zu dienen und die Erweiterung eines ihrer Rufe, des Trillerrufs, zu sein.

Die Musik der Lerche ist von besonderer Bedeutung für mich. Eine der schönsten Erfahrungen in meinem Leben war die, als ich den Gesang dieses Vogels zum ersten Mal hörte. Ich war damals etwa elf Jahre alt, und zum ersten Mal wurde mir die Schönheit dieser Musik voll und ganz bewusst. Ich lag am Hang einer Düne und hatte gerade ein Buch geöffnet, um zu lesen, als mich das Lied der Lerche plötzlich in seinen Bann zog. Während sich der Vogel weit hinauf in den Himmel schwang, traf mich ihr Gesang wie eine Offenbarung vollkommener Schönheit und der wahren Bedeutung des Lebens. Bestimmte Details dieser Szene sind mir noch heute lebhaft in Erinnerung, der Strandhafer auf dem hohen Sandhügel über mir etwa, die letzte Erhebung der Erde, bevor sie in den blauen Himmel, das Reich der Lerche, überging.

Trotz der inspirierenden Kraft seines Gesangs spricht man dem Vogel im Allgemeinen das ab, was man dem Menschen ohne Weiteres zuschreibt: eine unsterbliche Seele. Doch unter jenen, die die beseelende Wirkung des Vogelgesangs besonders stark empfinden, muss es auch welche geben, die sich folgende Frage stellen: Wie kann die Musik der Vögel die Macht haben, die Seele des Menschen zu berühren, ist nicht ihr Geist, dem sie durch die Musik Ausdruck verleihen, Bestandteil des Göttlichen?

The starry voice ascending spreads,
Awakening, as it waxes thin,
The best in us to him akin:

[...]
Our wisdom speaks from failing blood,
Our passion is too full in flood,

We want the key of his wild note
Of truthful in a tuneful throat[20]

Die Sternenstimme steigt und schallt,
Erweckt, derweil sie schon verhallt,
Das Beste in uns, das ihr gleicht:

[…]
Die Weisheit unser gleicht ihr nicht,
Die Leidenschaft – zu viel Gewicht,
Wir sehnen uns nach ihrem Ton,
Wahrhaftig, voller Klang und Lohn.[21]

---

20 Das Zitat ist ein Auszug aus George Merediths Gedicht von 1881, »The Lark Ascending«/»Die aufsteigende Lerche« (Anm. d. Ü.).

21 Deutsch von Ulrike Kretschmer

DANK DER AUTORIN

Ich danke den Herausgebern von *Countrygoer* und *Out of Doors* für die Nachdruckgenehmigung einiger Passagen der Vogelporträts.

Die meisten Fotos, die in diesem Buch abgebildet sind, wurden eigens für diesen Zweck in Bird Cottage aufgenommen. Ich danke Eric Hosking sehr herzlich dafür, dass er mein Cottage zweimal besucht hat, um die Vögel zu fotografieren.[22]

22 Eric Hosking (1909–1991) war ein berühmter englischer Fotograf. Nach ihm benannte das Natural History Museum in London einen Portfoliopreis für Naturfotografie. (Anm. d. Ü.)

REGISTER

Die englische Originalausgabe erschien 1952 unter dem Titel
Birds as Individuals bei Collins, London

FSC www.fsc.org MIX Papier | Fördert gute Waldnutzung FSC® C014889

Penguin Random House Verlagsgruppe FSC® N001967

1. Auflage

Umschlaggestaltung: semper smile, München,
nach einem Entwurf und einer Illustration von © Stephen Russ
Satz: Uhl + Massopust, Aalen
Druck und Einband: Friedrich Pustet, Regensburg

Printed in Germany
ISBN 978-3-442-76267-5

www.btb-verlag.de
www.facebook.com/penguinbuecher